中华美学全史

第五卷

陈望衡 著

人民出版社

目　　录

第　五　卷

魏晋南北朝编

隋　朝　编

第 五 卷

魏晋南北朝编

导　语

　　魏晋南北朝被公认为中国美学发展的重要时期。我们把汉与魏晋南北朝放在中国美学发展的同一阶段，一方面由于魏晋与汉的密切关系，魏脱胎于汉；另一方面是因为汉代的思想文化为魏晋精神上的腾飞提供了必要的基础和条件。魏晋南北朝在中国历史上是一个非常动乱的年代，但也是思想最活跃、最解放的年代。儒家独尊地位的失落，类似先秦的百家争鸣式的学术自由局面的出现，人性的觉醒，造成了魏晋南北朝美学的新格局。这个新格局大体上可用六个审美觉醒来概括，即人物审美的觉醒、山水审美的觉醒、文学审美的觉醒、绘画审美的觉醒、书法审美的觉醒以及佛教寺庙建筑审美的觉醒。

　　这个时期出现了刘勰的《文心雕龙》这样系统的文艺理论巨著，标志着中国美学已经从哲学的襁褓之中脱胎而出，并且已经相当有力量了。刘勰的"风骨"说是儒家美学的一个新贡献，上承《诗经》传统，下开唐宋古文运动，影响可谓大矣！

　　魏晋南北朝代表性的美学家非陶渊明莫属，他在思想具有儒道综合性，但偏于道家。他仁义忠厚，但不愚忠；超绝世俗，但不做隐士；虽有玄学意味，但不热衷于空谈；他首创田园诗，将自《诗经》以来的农业美学思想发展到一个新的高度；他的《桃花源记》是中国式乌托邦的经典。《桃花源记》所体现的思想是：重农贵生，和谐共处，没有战争，贫而不穷，家和乐居，所有这一切囊括了中国人的审美理想。

　　魏晋南北朝美学最突出的亮色是北朝的汉化和中华美学的兴起。汉化的先锋是鲜卑族建立的北魏王朝。北朝的夷夏融合是中华文化包括中华美学形成的关键时期，它的伟大成果为唐帝国所继承。中国的民族由单一的汉族变成了以汉族为核心的多民族共同体——中华民族，汉族中国变成了中华民族的中国，中华民族美学与中国美学实现了合流，中华美学成了中华民族美学和中国美学的共称。

第 一 章

玄学与中国美学

　　魏晋南北朝是中国历史上一个十分重要的时代，就中国美学发展历程来说，更是一个关键的时代，许多学者对此均有大体一致的看法。宗白华先生说："汉末魏晋南北朝是中国政治上最混乱、社会上最苦痛的时代，然而却是精神史上极自由、极解放、最富于智慧、最浓于热情的一个时代，因此也就是最富有艺术精神的一个时代。"[①] 李泽厚先生说，这个时代在意识形态领域所产生的新思潮的特征是"人的觉醒"[②]，还有什么比"人的觉醒"更重要的呢？而体现"人的觉醒"的新哲学就是玄学。玄学以崇尚"三玄"：《老子》《庄子》《周易》而得名，代表人物为何晏、王弼、阮籍、嵇康、向秀、郭象等。"玄学"又称新道家，而就其哲学内蕴来看与早期道家有很多不同，除了嵇康表现出强烈的反儒倾向外，其他玄学代表人物对儒家并不持排斥的态度。从骨子深处看，他们是尊儒的，不过，对儒学也有所革新。他们的基本哲学立场则是：以道家思想改造儒家，尊重个体人格，肯定人的情感价值，也肯定自然人性。这种新的人生哲学对美学和艺术产生了巨大影响，其中有些命题还直接通向美学。

---

① 宗白华：《美学散步》，上海人民出版社 1981 年版，第 177 页。
② 李泽厚：《美的历程》，文物出版社 1981 年版，第 87 页。

第一节 以 无 为 本

"有无"是玄学的基本问题。玄学家们大致分为两派：王弼、何晏、嵇康、阮籍、张湛等皆"贵无"，向秀、郭象等皆"崇有"。"贵无""崇有"，貌分而神合，都以"自然"为旨归。

"贵无""崇有"两派，还是"贵无"派影响大，其首要代表人物是王弼。王弼（227—249），三国魏国正始年间哲学家，中国文化史上罕见之天才。他出身贵族世家，祖父系汉皇室刘表的女婿，叔祖父王粲为汉代著名学者、诗人，父王业为尚书郎。王弼十余岁就爱好老子之学，精研深思，颇有建树，当时任吏部尚书的大玄学家何晏本来也在注《老子》，见到王弼的注本后，自愧不如，遂放弃这一工作。

魏晋嘉峪关墓室壁画：出行图

王弼注《老子》，虽然以老子的思想为基础，但对老子思想有很重要的改造。这主要表现在对"道"的解释，以及"以无为本"思想的提出。

"道"在《老子》一书中的含义主要为两个方面：一是宇宙本体，它是天地万物之母；二是自然法则，它是人活动的基本依据。"道"有"天道""人道"，"人道"法"天道"，"天道"无为，故人道亦应"无为"，却"无为而无不为"。"道"是"有""无"二者的统一，"两者同出而异名，同谓之玄，玄之又玄，众妙之门"①。在《老子》第二十一章，老子对"道"的形象做了一个描写："道之为物，惟恍惟惚。惚兮恍兮，其中有象。恍兮惚兮，其中有物。窈兮冥兮，其中有精；其精甚真，其中有信。"② 从这些描写不难看出，"道"不是抽象的精神，它有"物"，有"精"，"精"在"物"之中，可见，它是"物"与"精"的统一体。道"恍兮惚兮"，似是变动不居，然"其中有象"，"其中有物"，可见也有相对静止的一面。

王弼注《老子》，对"道"做了新的解释。他说："名也者，定彼者也；称也者，从谓者也，名生乎彼，称出乎我。故涉之乎无物而不由，则称之曰道。"③ "夫'道'也者，取乎万物之所由也。"④ 所谓"万物之所由"，即"万物所由以产生"的意思，即宇宙本体。王弼非常注重"道"作为宇宙本体的意义，而老子原本赋予"道"作为自然法则的意义，在王弼的《老子指略》中悄悄地消失了。

"道"是什么？王弼的说法也不同于老子。老子的"道"，我们上面说过，它是"有""无"的统一，精神与物象的统一。可是王弼说的"道"，"物象"这一性质没有了，仅留下"精神"；"有"这一性质没有了，仅留下"无"。他说："道者，无之称也，无不通也，无不由也，况之曰道。寂然无体，不可为象。"⑤ 他还说："道无形不系，常不可名，以无名为常，故曰'道常无名'也。"⑥ 于是，经过王弼改造过的"道"，成了一种"无形无名无声无味"的精神本体。王弼进而将老子以道为本改造成"以无为本"，他说："天下之物，皆以有为生。有之所始，以无为本。将欲全有，必返于无。"⑦

所谓"以无为本"又可分成三层意义。

---

① 《老子·一章》。

② 《老子·二十一章》。

③ 王弼：《老子指略》。

④ 王弼：《老子指略》。

⑤ 王弼：《论语释疑》。

⑥ 王弼：《老子道德经注·三十二章》。

⑦ 王弼：《老子道德经注·四十章》。

第一，宗主与统属的关系。王弼认为"无"为"宗主"，万物即"有"为统属。他说："夫物之所以生，功之所以成，必生乎无形，由乎无名。无形无名者，万物之宗也。"① "无"之所以能成为"万物之宗"，不只是因为它是万物之母体，还因为它"听之不可得而闻，视之不可得而彰，体之不可得而知，味之不可得而尝"②。

第二，"一"与"多"的关系。王弼认为"无"是"一"，万物是"多"，而这"一"又能统"多"。他说："万物万形，其归一也。何由致一？由于无也。由无乃一，一可谓无？已谓之一？岂得无言乎？"③ "万物之生，吾知其主，虽有万形，冲气一焉。"④

第三，"兼"与"分"的关系。王弼认为"无"是"兼"，"万物"是"分"。"无"正因为是"兼"，所以"不温不凉，不宫不商"⑤。"若温也则不能凉矣，宫也则不能商矣。形必有所分，声必有所属。"⑥ 王弼认为，"无"所具有的"兼"的性质，使得"无"作为"道"的代名词，可以"包通天地，靡使不经"，整个宇宙无不囊括在内。任何有形的物体，都"未足以府万物"，即使是"奔雷之疾犹不足以一时周，御风之行犹不足以一息期"，这只有"无形""无声""无味"的"无"即"道"，才能达到。

王弼把"无"精神化、抽象化、本体化，并明确提出"崇本以息末""宗母以存子"，在中国哲学史上，以前所未有的精巧思辨将精神的意义提到新的高度。特别值得指出的是，王弼所"崇"的"本"——"无"，不是上帝，不是神。它是精神，但不是主观精神，而是客观精神，王弼用这种客观精神论对抗两汉的神学目的论。

王弼的"以无为本"论是对老庄的"道"哲学、《易传》"太极"哲学的重

---

① 王弼：《老子指略》。
② 王弼：《老子指略》。
③ 王弼：《老子道德经注・四十二章》。
④ 王弼：《老子道德经注・四十二章》。
⑤ 王弼：《老子指略》。
⑥ 王弼：《老子指略》。

大发展,对中国文化精神的建构具有重大意义。《晋书·王衍传》将这个哲学做了精辟的概括:

> 无也者,开物成务,无往而不存者也。阴阳恃以化生,万物恃以成形。贤者恃以成德,不肖恃以免身。故无之为用,无爵而贵矣。

中国的"实用理性"文化传统明确地将"以无为本"的哲学当作中国人立身处世的基本原则,自然也将它作为文艺的原则。

刘勰的《文心雕龙》首篇即为《原道》,他认为:

> 文之为德也大矣,与天地并生者何哉?夫玄黄色杂,方圆体分,日月叠璧,以垂丽天之象,山川焕绮,以铺理地之形,此盖道之文也。仰观吐曜,俯察含章,高卑定位,故两仪既生矣。惟人参之,性灵所钟,是谓三才。为五行之秀,实天地之心。心生而言立,言立而文明,自然之道也。傍及万品,动植皆文,龙凤以藻绘成瑞,虎豹以炳蔚凝姿,云霞雕色,有逾画工之妙;草木贲华,无待锦匠之奇。夫岂外饰?盖自然耳。至于林籁结响,调如竽瑟;泉石激韵,和若球锽,故形立则章成矣,声发则文生矣。夫以无识之物,郁然有彩;有心之器,其无文欤?人文之元,肇自太极。幽赞神明,易象惟先。包牺画其始,仲尼翼其终。而乾坤两位,独制文言,言之文也,天地之心哉!

刘勰这段文章可看作对王弼"以无为本"的创造性运用。刘勰认为天地万物的绚丽色彩、千变万化,均是"道之文",即"无"的具体显现。而文章作为人的创造,其实也不过是体现"天地之心",即"道"罢了。

"文以载道"的"道"有两种:一种是儒家的"礼义之道",另一种是道家、玄学家的"天地之道"。刘勰说的"言之文也,天地之心哉",即为后一种"文以载道"。前一种"文以载道","文"只是"道"的工具,"文"实际上在"道"之外,恰如马车之载货,马车是马车,货是货;后一种"文以载道","文"与"道"合而为一,"文"是"道"之表现。前一种"文以载道"是伦理学、政治学的,表现为一种外在的功利性;后一种"文以载道"是艺术学、审美学的,表现为一种内在的必然性。

刘勰的文学观已明显地表现出对宇宙本体的重视,将文看作宇宙本体

(道)的显现,阮籍的《乐论》亦持同样的观点。阮籍说:"夫乐者,天地之体,万物之性也。合其体,得其性,则和;离其体,失其性,则乖。"[①] 这就是说,乐也是宇宙本体——自然之道的体现。

对宇宙本体的兴趣与追求在魏晋成为一种文艺思潮。绘画中的重视传神,可看作这一思潮的具体表现。所谓传神不只是传出人物的精神气质,还应传出生命意味,传出自然之道,传出宇宙本体来。魏晋时山水画、山水诗之兴起,玄学起了很大作用。所谓"以玄对山水""山水以形媚道",都表明了魏晋人已经认识到,自然山水中存在着一种无形、无声、无味然而又至高至圣的"道"或者说"玄"。而能感悟、表现这种"道"或"玄"的意味,对于人来说,是莫大的精神愉悦。

所有这些,都与王弼的"以无为本"有着十分重要的内在联系。正是王弼的这个理论,为魏晋美学迅速走向自觉提供了精神武器。只有到魏晋,审美才真正摆脱政治、伦理的束缚,成为一种高层次的精神愉悦。

第二节　玄冥之境[②]

郭象,字子玄,河南洛阳人,约生于魏齐王曹芳嘉平四年(252),死于西晋怀帝永嘉六年(312)。关于郭象的生平事迹,史书上没有详细的记载,仅《晋书》《世说新语》和《世说新语》(刘孝标注)等史籍中略有说明。据记载,郭象著述有《老子注》《庄子注》《论语体略》《论语隐》《致命由己论》和《碑论》(12篇)等。但除了《论语体略》和《老子注》尚辑有部分佚文流传后世外,现存比较完整的郭象著作唯有一部《庄子注》。

郭象把《庄子》一书改编成为流传至今的33篇定本,并对之做了注释。郭象的《庄子注》,在思想史上曾一度引起广泛的争议。据《世说新语·文学》载,"初,注《庄子》者数十家,莫能究其旨要。向秀于旧注外

---

① 阮籍:《乐论》。

② 此节,笔者的博士生陈琰参与写作。

为解义,妙析奇致,大畅玄风,唯《秋水》《至乐》二篇未竟,而秀卒。秀子幼,义遂零落,然犹有别本。郭象者,为人薄行,有隽才,见秀义不传于世,遂窃以为己注,乃自注《秋水》《至乐》二篇,又易《马蹄》一篇,其余众篇,或定点文句而已。后秀义别本出,故今有向、郭二《庄》,其义一也"①。人们大多据此认为,郭象的《庄子注》有剽窃向秀的《庄子注》的嫌疑。另一方面,人们还认为郭象的《庄子注》在很大程度上曲解了《庄子》思想的本意。对此,目前学术界比较一致的看法是,郭象是在总结向秀等数十家注庄研究成果的基础之上,根据自己的思想对《庄子》进行了新的解读,其《庄子注》既是魏晋时期《庄子注》的集大成者,同时也是魏晋玄学思想的总结。

郭象的主要思想可以用一个核心的命题来表明,即"神器独化于玄冥之境"②。"神器"一词出自老子,"天下神器,不可为也,不可执也"③。在老子这里,神器是指国家政治,而郭象所说的神器则是在广义上指天下的万事万物。郭象认为,天下的万事万物无不"独化于玄冥之境"。

所谓"独化",就是事物的独自生成和变化。郭象反对玄学贵无派以无为本的思想,他说:

> 无既无矣,则不能生有;有之未生,又不能为生。然则生生者谁哉?块然而自生耳。自生耳,非我生也。我既不能生物,物亦不能生我,则我自然矣。自己而然,则谓之天然……故天者,万物之总名也,莫适为天,谁主役物乎?故物各自生而无所出焉,此天道也。④

物各自生、物皆自然是"独化"的主要含义,它旨在强调每一事物的存在都是没有任何外在根据的。"谁得先物者乎哉?吾以阴阳为先物,而阴阳者即所谓物耳。谁又先阴阳者乎?吾以自然为先之,而自然即物之自尔耳。吾以至道为先之矣,而至道者乃至无也。既以无矣,又奚为先?然则

① 又见《晋书·列传第二十·郭象》,义同,文字有异。
② 郭象:《庄子注·序》。
③ 《老子·二十九章》。
④ 郭象:《庄子注·齐物论篇》。

先物者谁乎哉？而犹有物无已，明物之自然，非有使然也。"① 在这里，郭象否定了事物存在的一切外在根据。

　　郭象的"独化"说否定了一切外在的根据，强调事物自身存在的自然本性，对于事物的审美观照而言，它在理论上为人们真正脱离儒家的"比德"审美模式和道家的"体道"审美模式提供了可能。这在美学上无疑具有重要的意义，因为事物的本性之美、本色之美由此得到充分的肯定，并被提到了较高的地位。但是，"独化"说在理论上仍然存在一些独断的嫌疑，因为它实际上是直接把事物的自然存在预先设为了前提，人们于此还是可以继续追问事物的自生或独化是如何可能的？正是在这里，郭象进一步提出了他的"玄冥"说。

魏晋嘉峪关新城墓室壁画：剪布图

　　"玄冥"一词不是郭象的首创，《庄子·大宗师》说："于讴闻之玄冥，玄冥闻之参寥，参寥闻之疑始。"郭象对"玄冥"的解释是：

　　　　玄冥者，所以名无而非无也。②

　　这似乎是说"玄冥"既是"无"（名无）又是"有"（非无），是无和有的

①　郭象：《庄子注·知北游篇》。
②　郭象：《庄子注·大宗师篇》。

统一。但这是在何种意义上的无和有的统一？郭象说得并不明白。虽然郭象反对玄学贵无派的以无为本，但可以肯定的是，他这里所说的"无"既不是一无所有的空无或者缺失了的某物，也不是纯粹抽象的形式即纯无，而是必须理解为自身否定的一种生成活动，这种活动作为本原性的生成，它同时就是有。而"玄冥"就是在本原性的生成活动意义上的无和有的统一，亦即那个"生"本身。郭象有时把"玄冥"称作"玄冥之境"，在本原性的生成意义上，玄冥之境就是生生不息的化境，"神器独化于玄冥之境"是说天下万物在生生不息的化境中自身生成却又彼此共在。郭象以此命题所揭示的是，在现实具体的事物之中存在着一个本性化的生成着的世界，这个本性化的生成着的世界作为"玄冥之境"，它一方面让万物成为万物，另一方面又直接显现于世界万物。在郭象看来，"玄冥之境"作为本性化的世界，它同时也是一个心灵化了的世界；因为，虽然"境"字在汉语中的本义是指地域和疆界，但郭象是在心灵所经验的世界这一意义上来理解的。人和万物在此世界中独自生成而又本源性的统一，是人生的最高理想境界。

玄学贵无派，特别是王弼的"以无为本"，是中国传统美学境界说的理论基础之一，但王弼所说的"无"作为无限的精神本体，主要侧重于外在的超越。和王弼不同的是，郭象认为真正的无限超越不在事物之外，而在有限的事物之中。"玄冥之境"所侧重的正是内在超越的这一方面，所谓"是以涉有物之域，虽复罔两，未有不独化于玄冥者也……明斯理也，将使万物各反所宗于体中而不待乎外……故任而不助，则本末内外，畅然俱得，泯然无迹"①。这实际上是说，"玄冥之境"就是在现实事物的独化之中所实现的一种主客不分、物我合一的无差别审美境界。因此，"玄冥之境"也可以说是中国传统美学境界美学思想的重要理论来源之一，它强调审美的最高状态既是对主客体对立的克服，也是无限和有限的统一。

---

① 郭象：《庄子注·齐物论篇》。

第三节　得意忘象

"言""意"关系是玄学家们热衷于讨论的又一个重要问题，号称"言意之辨"，其由来为《周易·系辞上》中这样一段话：

> 子曰："书不尽言，言不尽意。"然则圣人之意，其不可见乎？子曰："圣人立象以尽意，设卦以尽情伪，系辞焉以尽其言。变而通之以尽利，鼓之舞之以尽神。"

这段话的要点有二：一是"言不尽意"；二是"立象以尽意"，强调卦象在"尽意"上优于"言"。魏晋之时，清谈盛行，《周易·系辞上》中所提出的"言""象""意"三者的关系引起了玄学家们的兴趣。据《三国志·魏志·荀彧传》注引何劭《荀粲传》云：

> 粲诸兄并以儒术论议，而粲独好言道，常以为子贡称夫子之言性与天道，不可得闻。然则六籍虽存，固圣人之糠秕。粲兄俣难曰："《易》亦云圣人立象以尽意，系辞焉以尽言，则微言胡为不可得而闻见哉？"粲答曰："盖理之微者，非物象之所举也。今称立象以尽意，此非通于意外者也。系辞焉以尽言，此非言乎系表者也；斯则象外之意，系表之言，固蕴而不出矣。"

荀粲与其兄俣难的辩论包含一些很重要的观点，反映出玄学中"言意之辨"的某些真实情况。

首先是"言"能不能"尽意"的问题。玄学家们大多认为"言"不能"尽意"，进而对儒家典籍的真理性提出质疑："六籍虽存，固圣人之糠秕。"显然，"言不尽意"这个命题本身就具有一种批判精神，是玄学家用来否定儒家传统束缚，求取精神自由的武器。玄学家们大谈"言不尽意"，其论所出与其说是《周易·系辞上》，倒不如说是道家经典《庄子》。《庄子·天道》有轮扁见齐桓公的故事，轮扁见桓公读书，曰："君子所读者，古人之糟粕已夫。"标举"绝圣弃知"的庄子将书中所言视为糟粕，是可以理解的。对此，庄子还特意做了解释。他说："语有贵也，语之所贵者意也。意有所随，意之所随者,不可以言传也。"① "可以言论者,物之粗也;可以意致者,物之精也。"② 的确,人的意识中某些精微的深层次东西是很难用语言表述的。现代语言学将语言的功能区分为"所指""能指"两个层面,"所指"与"能指"并不完全重合,西方语言学家拉康将人的语言结构与意识结构的对应关系总结成如下模式:

能指——表层——显梦——意识——超我

所指——深层——隐梦——无意识——本我

按拉康的观点,属于深层次隐梦的无意识领域是语言很难表述的,语言所能表述的只是人的心理活动的表层。其实,就是人的心理活动的表层,语言所能表述的也只是一部分,特别是人的情感领域。庄子和魏晋玄学家们将这个本来正确的语言学道理,推向极端,将语言表意功能极力贬低,认为语言只能表达"物之粗者",进而将"六籍"看成"圣人之糠秕",这就不对了。实事求是地说,对于人类意识领域最深刻的部分特别是思维的部分,语言仍然有着特定的表述功能。

"言不尽意"这一命题的美学价值也许更应重视。人们的审美经验非常丰富,除了有大量的显意识外,还有相当一部分属于隐意识。上面我们谈到过,隐意识是语言比较难以表述的。就是显意识领域,比如情感、情绪、感觉、瞬间印象等,用语言表述也常令人感到捉襟见肘。这在艺术创作中表现得特别明显,即使是语言大师,在驱遣语言表情达意时都会有力不从心之感。陆机在《文赋》的序文中说:

余每观才士之所作,窃有以得其用心。夫其放言遣辞,良多变矣。妍蚩好恶,可得而言,每自属文,尤见其情。恒患意不称物,文不逮意,盖非知之难,能之难也。

刘勰也有同感,他说:

方其搦翰,气倍辞前,暨乎篇成,半折心始。何则? 意翻空而易奇,

---

① 《庄子·天道》。

② 《庄子·秋水》。

言征实而难巧也。①

审美欣赏亦如此,人们在欣赏某一音乐作品、自然山水时,尽管心领神会,却常常感到"妙处难与君说"。

荀粲在与其兄的讨论中还谈到了"立象以尽意"的问题。"立象以尽意"是《易传》概括的《易经》思维方式和表述方式。"象"指卦象,《易经》用特有的一套符号系统(乾☰、坤☷、震☳、巽☴、坎☵、离☲、艮☶、兑☱)构制出一个巨大的卦象系统工程。凭借这个工程,《易经》表述宇宙、人生的基本规律。《易经》中也有"言",那是指卦爻辞,按《易传》的看法,言是用来说明卦象的,而卦象是用来表意的。关于这一点,王弼说得最清楚:

> 夫象者,出意者也。言者,明象者也。尽意莫若象,尽象莫若言。言生于象,故可寻言以观象。象生于意,故可寻象以观意。意以象尽,象以言著。②

按《易传》和王弼等玄学家的看法,"象"的表意功能优于"言"。显然,此话是针对《易经》来说的,无意将其看成一个普遍的真理。令我们感兴趣的是,此话用在艺术领域倒具有某种普遍意义。艺术是用形象来反映生活、表达思想感情的,形象思维是艺术的主要思维方式。本来,用概念、形象都可以反映生活、表情达意。概念和形象各有长处、短处。概念的长处是比较明晰、概括,易于揭示事物的实质;短处是不够全面、丰富、生动,特别是,它过于明确的指定性往往束缚了人们的想象自由。形象的短处是比较模糊、芜杂,但是,它最接近生活本身,故而有着概念远为不及的丰富性、复杂性、生动性,而且正是它的模糊性给人们带来了想象、再创造的自由。正是在这个意义上,形象大于概念,也优于概念。

不过,"象"虽然在表意的丰富性、生动性等方面优于言,但"象"对于"意",也未必能做到密合无隙。言不尽意,象也未必能尽意。王弼说"意以象尽",看来不妥当。荀粲说得比王弼好,他认为"盖理之微者,非物象

---

① 刘勰:《文心雕龙·神思》。

② 王弼:《周易略例·明象》。

之所举也。今称立象以尽意，此非通于意外者也。系辞焉以尽言，此非言乎系表者也，斯则象外之意，系表之言，固蕴而不出矣"。那就是说，虽然象未必能尽意，但象可以通向"象外之意"。象外可以有象，意外也可以有意。当然，不是所有的象都有这种功能。也许是荀粲的这段言论给了司空图以启发，他提出著名的"象外之象、景外之景""韵外之致""味外之旨"等概念。也就是说，优秀的艺术作品，其艺术形象应该是开放性的，让欣赏者从有限中见出无限，因而艺术形象的选择、提炼至关重要。

在魏晋玄学的"言意之辨"之中，最重要的观点也许还不是"言不尽意""立象以尽意"，而是"得意忘象"。王弼对此观点做了如下的阐述：

> 象者，所以存意，得意而忘象。犹蹄者所以在兔，得兔而忘蹄；筌者所以在鱼，得鱼而忘筌也。然则，言者，象之蹄也；象者，意之筌也。是故，存言者，非得象者也；存象者，非得意者也。象生于意而存象焉，则所存者乃非其象也；言生于象而存言焉，则所存者乃非其言也。然则，忘象者，乃得意者也；忘言者，乃得象者也。得意在忘象，得象在忘言，故立象以尽意，而象可忘也。重画以尽情，而画可忘也。①

"得意"为什么要"忘象"？"存象"又为什么不能说"得意"？就《周易》的研究来看，王弼属于义理派，他对汉代盛行的象数派易学十分不满，认为那是把《周易》研究引向邪路上去了。他认为，象数只是"存意"的载体，好比捕兔用的"蹄"、捕鱼用的"筌"，只不过是个工具罢了，只要兔、鱼捕得，"蹄"与"筌"均可忘之脑后。如果念念不忘"蹄"，说明兔还未捕得。同样，研《易》只要获得《易》理就行，根本无须再去记住那些象数。王弼就是凭"得意忘象"这一条理论去横扫象数的，在这方面无疑取得了很大的成功。义理派易学自此以后一直在易学中占据主流地位，而玄学亦正是借横扫象数开始的。

"得意忘象"的意义当然不只是体现在对《周易》的研究上，正如汤用彤所说的，它"成为魏晋时代之新方法，时人用之解经典，用之证玄理，用

---

① 王弼：《周易略例·明象》。

之调和孔老,用之为生活准则,故亦用之于文学艺术也"①。

　　作为一种研究方法,"得意忘象"强调的是"得意",即得事物之精髓。这个"得意",主观性很强。"得意"主体须充分发挥自己的创造性,去领悟事物的"意",以己"意"去把握、化解物"意"。实际上得到的"意"不是纯粹的物"意",而是己"意"与物"意"共同化合的产物,究其本质还是己"意"。魏晋玄学这种重在主体创造性的研究方法与审美活动倒是相通的。不管是在艺术创作还是在艺术欣赏中,审美主体的创造作用,对客体的精神上的化解作用都是很突出的。郑板桥谈画竹说,晨起看竹,见到烟光日影雾气中的翠竹,"胸中勃勃,遂有画意"。所谓"有画意",其实是对竹进行审美观照,成果则是"胸中之竹,并不是眼中之竹也"。在将"胸中之竹"变成画笔下的"手中之竹"时,审美观照阶段结束,审美创作开始,主体的创造作用仍在发挥,于是"手中之竹,又不是胸中之竹也"。郑板桥将这种创作方法叫作"意在笔先""趣在法外"。实际上,手中之竹即画面上之竹是通过两次"忘象"而获得的。一是"忘""眼中之竹";二是"忘""胸中之竹",而"手中之竹"虽有"象"实是"意"。

　　"得意忘象"作为玄学家们的生活准则,体现了他们对精神世界的注重,对精神自由的无限追求。要真正获得精神的自由,在玄学家们看来又必须对物质世界有所超越,而这对物质世界的超越,亦可以看作"忘象"。值得我们注意的是,物质世界实际上是不能做到全然超越的,那种全然超越只有在宗教中才能实现,在道教叫成仙,在佛教叫涅槃。其实,"成仙""涅槃"也只是虚拟的,并不能真正做到。玄学家们比较实际,对物质世界不采取全然否定的态度,只是要求在主观态度上"忘",即不放在重要的位置上,在精神上给予忘却。汤用彤说得好:"本来吾人所追求、所向往之超世之理想,精神之境界,玄远之世界,虽说是超越尘世,但究竟本在此世,此世即彼世,如舍此求彼,则如骑驴求驴。盖圣人'常游外以弘内,无心而顺有,故虽终日挥形而神气无变,俯仰万机而淡然自若也'。魏晋时,中国人

---

① 汤用彤:《理学佛学玄学》,北京大学出版社1991年版,第320页。

之思想方式亦异于印度人之思想方式，玄学家追求超世之理想，而仍合现实的与理想的为一。其出世的方法，本为人格上的、内心上的一种变换，是'结庐在人境，而无车马喧'，'神虽世表，终日域中'，'身在庙堂之上，心无异于山林之中'，盖'名教中自有乐地'也，而非'不识庐山真面目，只缘身在此山中'。如具此种心胸本领，即能发为德行，发为文章，乐成天籁，画成神品。"①

如果不拘泥于字面上的意义，也不局限于本义（《周易》的研究方法），"得意忘象"的含义是极为丰富，又极为深刻的。作为生活方式的"得意忘象"，也是通向美学的。审美的人生态度应是通脱、潇洒的，即如苏轼所说的"君子可以寓意于物，而不可以留意于物"。② 何劭《王弼传》谈到王弼的人生态度时说："以为圣人茂于人者神明也；同于人者五情也。神明茂，故能体冲和以通无；五情同，故不能无哀乐以应物。然则圣人之情，应物而无累于物者也。"③ 这"应物而无累于物"，与苏轼的"寓意于物，而不可以留意于物"，是一致的。王弼明确地将"神明茂"看作圣人异于常人的特点，这与他强调研《易》贵在"得意"是相通的。"无累于物"，即是"忘象"；重在"神明茂"，即是"得意"。

第四节　越名教而任自然

名教与自然的关系是魏晋玄学中谈得很多的问题，其由来是先秦儒道两家的论争。"圣人贵名教，老庄明自然。"儒家倡导正名分，以"仁""礼"教化天下；而就每一位君子来说，须以"内圣外王"为己任。所谓"内圣"，就是内心修养力求达到圣人的标准；所谓"外王"，就是外在成就王业。"内圣"是"外王"的前提，儒家经典《大学》把这二者的关系表述得十分清楚，即"古人欲明明德于天下者，先治其国；欲治其国者，先齐其家；欲齐其家

---

① 汤用彤：《理学佛学玄学》，北京大学出版社 1991 年版，第 320—321 页。
② 苏轼：《宝绘堂记》。
③ 《三国志·魏书·钟会传》注引何劭《王弼传》。

者，先修其身；欲修其身者，先正其心；欲正其心者，先诚其意；欲诚其意者，先致其知。致知在格物，物格而后知至，知至而后意诚，意诚而后心正，心正而后身修，身修而后家齐，家齐而后国治，国治而后天下平"。要做到"内圣"是很不容易的，要进行刻苦的修炼，孟子讲"养气"，荀子讲"伪"，都是修炼，修炼就是有为。道家的观点与之相反，认为天下之所以纷纷扰扰，是因为"有为"在作怪。既然人为地设置了名分地位的区别，就自然会有人争名争利；既然人为地创造了"五色""五音""五味"，就自然会有人去追求声色犬马之乐。按道家的观点，将所有这一切人为的东西尽皆取消，让每个人尽其自然本性生活，天下就太平了。道家的创始人老子、庄子都尖锐地批判了儒家"仁""礼"的虚伪性、危害性。

儒、道两家的斗争在汉代继续进行。汉初黄老之术盛行，实行无为而治，道家略占上风。汉武帝时，提出"独尊儒术"，谶纬神学猖獗，且与儒学相结合，道家势力受到抑制。东汉统治者把儒家的"孝悌""孝廉"作为取士的重要标准，许多知识分子为博取好名声以获进身之阶，不惜伤身害性，欺世盗名。魏晋时司马氏集团大讲"以孝治天下"，而其自身所作所为则完全不仁不义。于是，儒家的声望在知识分子中大为下降。正是在这种背景下，倡导道家自然无为的玄学应时而起，给污浊肮脏的社会吹来一股清新之风。

玄学虽称举道家学说，然对待儒家学说却缺乏先秦道家学说的那种批判性，这体现在名教与自然的关系问题上是以调和者占多数。魏晋玄学中"贵无"派代表王弼以道为无，以无为本，举本统末，守母存子。从其基本立场看，他倡导自然，反对人为。"自然"即本，是母。他说："自然之道，亦犹树也。转多转远其根，转少转得其本。多则远其真，故曰'惑'也。少则得其本，故曰'得'也。"① 那么，名教呢？王弼认为它是末，是子。他说："仁义，母之所生，非可以为母。"② 王弼并不否定名教，他只是认为名教应建立在自然的基础上，如果能够"载之以大道，镇之以无名，则物无所尚，志无所营，

① 王弼：《老子道德经注·二十二章》。
② 王弼：《老子道德经注·三十八章》。

各任其贞事,用其诚,则仁德厚焉,行义正焉,礼敬清焉"①。在骨子深处,王
弼认为"名教"与"自然"是可以统一的,这种统一实际上是以道家的自然
无为来改造儒家的纲常名教。

魏晋嘉峪关新城墓室壁画:狩猎图

　　玄学中的"崇有"派代表郭象则不谈"本""末",他认为"名教"与"自
然"没有什么矛盾,按"名教"行事就合乎"自然";反过来,合乎"自然"也
即合乎"名教"。郭象对道家的"自然"概念做了严重曲解,他将人的社会
属性诸如仁义礼智、贫富贵贱、祸福荣辱等都看成"自然"。这样,"名教"
与"自然"还能有什么矛盾呢? 庄子明明反对人为,反对"落马首、穿牛
鼻",认为这是"以人灭天",主张自然天放,一任牛马本性。可郭象说:"人
之生也,可不服牛乘马乎? 服牛乘马,可不穿落之乎? 牛马不辞穿落者,天
命之固当也。"② 显然,郭象此说是完全违背《庄子》本义的。

　　魏晋文人中,大倡自然率真、反对名教的也不乏其人,最有代表性的是
嵇康。嵇康,字叔夜,谯郡铚(今安徽濉溪)人,"竹林七贤"之一。他是曹
魏宗室女婿,由于拒绝与司马氏合作,抨击当时虚伪礼法和趋炎附势之士,

---

① 王弼:《老子道德经注·三十八章》。
② 郭象:《庄子注·秋水篇》。

为司马昭所杀。《文士传》这样介绍嵇康：

> 康性绝巧，能锻铁，家有盛柳树，乃激水以环之，夏天甚清凉，恒居其下傲戏，乃身自锻。家虽贫，有人就锻者，康不受直，唯亲旧以鸡酒往，与共饮啖清言而已。①

又，《魏氏春秋》云：

> 钟会为大将军兄弟所昵，闻康名而造焉。会，名公子，以才能贵幸。乘肥衣轻，宾从如云。康方箕踞而锻，会至，不为之礼，会深衔之。后因吕安事而遂谮康焉。②

从以上两段材料可见出嵇康的为人，在《幽愤诗》中，他坦言志向："爰及冠带，冯宠自放，抗心希古，讬好老庄，贱物贵身。志在守朴，养业全真。"嵇康认为"六经"与"人性"是对立的：

> 六经以抑引为主，人性以纵欲为欢。抑引则违其原，纵欲则得自然。③

那么，到底是要"六经"，还是要"人性"呢？嵇康明确提出"越名教而任自然"的主张，他说：

> 夫称君子者，心无措乎是非，而行不违乎道者也。何以言之？夫气静神虚者，心不存乎矜尚；体亮心达者，情不系于所欲。矜尚不存乎心，故能越名教而任自然；情不系于所欲，故能审贵贱而通物情。物情通顺，故大道无违；越名任心，故是非无措也。是故言君子，则以无措为主，以通物为美；言小人，则以匿情为非，以违道为阙。④

所谓"越名教而任自然"，就是要冲决名教礼法的约束，而一任人性的自然发展。从追求个体自由人格言之，它无疑是一种进步的人生态度；从美学的角度看，其首要的意义在于倡导一种自然天放的率真美，一种无拘于礼法、不重利禄的旷达美。中国知识分子向来推崇的"法天贵真、不拘于

---

① 刘义庆：《世说新语·简傲·注》。
② 刘义庆：《世说新语·简傲·注》。
③ 嵇康：《难张辽叔自然好学论》。
④ 嵇康：《释私论》。

俗"的君子人格美，虽然肇源于先秦老、庄，但真正在社会上形成风气、为众多的人认可，却是在魏晋。要率真，要旷达，要通脱，必然要与束缚个性、压抑情感的儒家礼法作斗争。本来先秦儒家并不失真诚，也未将礼法与人之本性执意对立起来；反过来，还尽力在人的本性上找到礼法的根据。但是，汉代魏晋的儒家已经将先秦儒家那份可贵的真诚抛弃了。在实际生活中，儒家礼法已经变得很虚伪、残酷，正如嵇康的好友、魏晋另一名士阮籍所痛斥的："汝君子之礼法，诚天下残贼、乱危、死亡之术耳，而乃目以为美行不易之道，不亦过乎？"① 那时候的儒生，"外厉贞素谈，户内灭芬芳，放口从衷出，复说道义方"②，可谓满口仁义道德，一肚子男盗女娼。"委曲周旋仪，姿态愁我肠"③，其猥琐卑劣、屈膝逢迎的丑态真让人为之感到羞耻。嵇康、阮籍、刘伶、阮咸、山涛、王戎、向秀等"竹林七贤"，不仅以其言论批判儒家礼法，倡导自然率真的君子人格，而且身体力行之：

　　阮籍嫂尝还家，籍见与别。或讥之，籍曰："礼岂为我辈设也！"④

　　阮公邻家妇，有美色，当垆酤酒。阮与王安丰常从妇饮酒，阮醉，便眠其妇侧。夫始殊疑之，伺察，终无他意。⑤

　　刘伶恒纵酒放达，或脱衣裸形在屋中。人见讥之，伶曰："我以天地为栋宇，屋室为裈衣，诸君何为入我裈中！"⑥

这种无视礼法而放达通脱的生活作风一时成为风气，不仅在野隐士以之标榜，而且不少达官贵人也风流自赏，曹操就是其中一个。据《三国志·魏书·武帝纪》注引《曹瞒传》载，"太祖为人佻易无威重，好音乐，倡优在侧，常以日达夕……每与人谈论，戏弄言诵，尽无所隐，及欢娱大笑，至以头没杯案中，肴膳皆沾污巾帻，其轻易如此"。曹操的儿子曹丕雅好诗

---

① 阮籍：《大人先生传》。
② 阮籍：《咏怀诗》。
③ 阮籍：《咏怀诗》。
④ 刘义庆：《世说新语·任诞》。
⑤ 刘义庆：《世说新语·任诞》。
⑥ 刘义庆：《世说新语·任诞》。

文,与文友交往也极通脱。王粲死,曹丕为之送葬,"顾语同游曰:'王好驴鸣,可各作一声以送之。'赴客皆一作驴鸣。"① 如此放诞任性,难怪古今传为美谈。

魏晋玄学影响下所产生的这种以率真、旷达、通脱为特征的君子人格,与先秦儒家所倡导的以弘毅、循礼、忧国为特征的君子人格,是不一样的。前者以个体为本位,重在个体自由之张扬;后者以社会为本位,虽并未抹杀个体人格的意义,但强调对国家、社会的责任感。这两种人格虽然有对立的一面,但却是可以统一的,所以后世知识分子在培养自己的理想人格时,总是力图将二者统一起来,于是形成中华民族人格美的传统。

第五节　大美配天而华不作

魏晋玄学崇尚自然,自然有两义。一是指自然物,往往用"天地"概言之,郭象说:"天地者,万物之总名也。天地以万物为体,而万物必以自然为正。自然者,不为而自然者也。"② 二是指自然而然,即本色、本性,往往用"素""朴"代言之。

王弼"贵无","无"在他的哲学中即为"道"。"道"是精神本体,无形,无声,无味;但"道"又不是什么也不存在,而是万物之本。那么,"道"又如何产生万物呢?王弼不能不借助于"自然"来阐述,他在注释《老子》第三十七章"道常自为"时说,"顺自然也"。所谓顺自然,就是自然而然,与人为相对。《老子》第二十五章讲"人法地,地法天,天法道,道法自然",王弼是这样注释的:

> 法,谓法则也。人不违地,乃得全安,法地也。地不违天,乃得全载,法天也。天不违道,乃得全覆,法道也。道不违自然,乃得其性,法自然也。法自然者,在方而法方,在圆而法圆,于自然无所违也。自然者,

---

① 刘义庆:《世说新语·伤逝》。
② 郭象:《庄子注·逍遥游篇》。

无称之言,穷极之辞也。

在这个注释中,"自然"的两义就较为明显。"道不违自然,乃得其性,法自然也。"这"性",就是自然本性,各物皆有其本性,各物皆能顺其本性而存在,即为"法自然"。这一层"自然"含义是功能性的。王弼解释"法自然者",说是"在方而法方,在圆而法圆,于自然无所违也",这"自然"就是指自然界了。自然界中的万千事物,其存在是不以人的意志为转移的,或圆或方各依其性。"自然"这样的两重意义,使得它与作为万物之母的"道"("无")往往处在互训的地位,故王弼说"自然者,无称之言,穷极之辞也"。

"贵无"派讲"自然",比较注重"自然"的"本性""自为"这一重意义,有意无意地忽视"自然物"这一重意义;相对而言,"崇有"派倒是比较明确地从"自然物"本身来谈"本性""自为"的。郭象说:"谁得先物者乎哉?吾以阴阳为先物,而阴阳者即所谓物耳。谁又先阴阳者乎?吾以自然为先之,而自然即物之自尔耳。吾以至道为先之矣,而至道者乃至无也。既以无矣,又奚为先?然则先物者谁乎哉?而犹有物无已,明物之自然,非有使然也。"① 郭象不同意以"无"为本,认为"无"不能生"有",已经是"无"了,怎么能为先?那么,先于万物的是什么呢?郭象认为还是"物"。那种无须有母而自生的物,即为"自然",就是"不生天地而天地自生"②。

首先肯定自然物作为原始物质的存在,然后再来谈"自为",就容易为人所接受了。郭象说:

> 天者,自然之谓也。夫为为者不能为,而为自为耳;为知者不能知,而知自知耳。自知耳,不知也;不知也,则知出于不知矣。自为耳,不为也;不为也,则为出于上为矣。③

玄学家们对"自然"的推崇,不管是重在自然的功能义、物质义,还是兼顾二义,都对魏晋时期的美学思潮产生了重大影响。这些影响主要有四

---

① 郭象:《庄子注·知北游篇》。
② 郭象:《庄子注·大宗师篇》。
③ 郭象:《庄子注·大宗师篇》。

个方面：

第一，肯定人的自然本性，肯定人的自由意志，反对礼法对合理人性的戕害，提倡自然天放的人性美。这一点，上一节已经谈及。

第二，山水自然美的发现。一方面是旅游在士大夫中蔚然成风；另一方面是大量优秀的山水文学、山水画应运而生。《世说新语》载：

> 顾长康从会稽还，人问山川之美，顾云："千岩竞秀，万壑争流，草木蒙笼其上，若云兴霞蔚。"①

> 袁彦伯为谢安南司马，都下诸人送至濑乡，将别，既自凄惘，叹曰："江山辽落，居然有万里之势！"②

这两条记载，第一条侧重于自然山水本身的美，既不牵涉"比德"，也不牵涉"畅神"，体现出自然美已经独立成为堪与艺术美并列的另一种美；第二条侧重于谈自然美欣赏中主客体的相互作用："凄惘"之情发现了"江山辽落"之景，而"江山辽落"之景又恰好生发了"凄惘"之情。

《梁书·昭明太子传》载：

> 性爱山水，于玄圃穿筑，更立亭馆，与朝士名素者游其中。尝泛舟后池，番禺侯轨盛称："此中宜奏女乐。"太子不答，咏左思《招隐诗》曰："何必丝与竹，山水有清音。"侯惭而止。

昭明太子萧统把山水之乐看得胜过女色、音乐之乐，可见，山水美至少可以与艺术美相提并论了。山水清音中所体现的美学情趣如此丰富、迷人，这不只是萧统一个人的看法，而是那个时代许多士人共同的看法。名士王子猷爱好竹子，借别人的空宅暂住几天，还要种竹。有人问："暂住何烦尔？"他"啸咏良久，直指竹曰：'何可一日无此君！'"。③ 著名的"竹林七贤"也是非常喜爱竹子的，他们常在竹林中聚会，因此而得名。

魏晋南北朝是中国山水诗、山水画的发端期，也是第一个繁荣期。中国山水诗鼻祖谢灵运、田园诗鼻祖陶渊明，均出现在这个时期。山水画虽

---

① 刘义庆：《世说新语·言语》。

② 刘义庆：《世说新语·言语》。

③ 刘义庆：《世说新语·任诞》。

然因保存不易的原因，传世之作极少，但从产生于这个时期的画论来看，山水画正是在这个时期兴起，并取得辉煌成就的。

第三，重在自然天成的艺术创作论。艺术创作向来有雕琢与自然两种原则，所谓"雕琢"，就是煞费苦心，精雕细刻，人为求巧求奇；所谓"自然"，就是有感而发，不事刻削，浑然天成。前一种创作法，尽管也有长处，但缺点也是很明显的，许多理论家认为雕刻过甚，有伤元气；后一种创作法，更多地为诗人、作家、理论家所赞同。唐代李德裕《文章论》说："文之为物，自然灵气，惚恍而来，不思而至。"宋代苏东坡认为，好文章不是有意作出来的，"非能为之为工，乃不能不为之工也"。他说他与弟苏辙虽作文很多，其实"未尝有作文之意"，那些文章都是有感而发，用他的话来说，就是犹"山川之有云雾，草木之有华实，充满勃郁而见于外，夫虽欲无有，其可得耶"？①

推崇自然天成的创作方法，溯其源，当是先秦道家贵在天工的哲学观念。《庄子·骈拇篇》云：

> 天地有常然。常然者，曲者不以钩，直者不以绳，圆者不以规，方者不以矩，附离不以胶漆，约束不以缰索。

庄子认为"天地有大美"，美就美在自然无为，或者说自为。庄子赞扬庖丁解牛技艺达到"道"的境界，美妙胜过音乐舞蹈，就在于庖丁解牛"依乎天理"，"因其固然"。

魏晋玄学大谈老庄自然天成说，王弼说："顺自然而行，不造不施"，"顺物之性，不别不析"，"因物之数，不假形也"②。"天地任自然，无为无迹，万物自相治理"③。郭象大谈"不为为，自然而生"④。他说："夫天籁者，岂复别有一物哉！即众窍比竹之属接乎有生之类，会而共成一天耳。"⑤他倡导"天

---

① 苏轼：《苏轼文集·南行前集叙》。
② 王弼：《老子道德经注·二十六章》。
③ 王弼：《老子道德经注·二十六章》。
④ 郭象：《庄子注·大宗师篇》。
⑤ 郭象：《庄子注·齐物论篇》。

然"，所谓"天然"即"自己而然，则谓之天然"①。

魏晋玄学这种观点对魏晋的文学创作产生了巨大影响。谢灵运、陶渊明的诗篇之所以为后人所推崇，原因之一就在于其创作不见雕琢而且自然。宋代诗论家叶梦得谈谢灵运的"池塘生春草，园柳变鸣禽"两句之妙，说妙就妙在"正在无所用意，猝然与景相遇，借以成章，不假绳削，故非常情所能到"②。苏东坡赞赏陶渊明"采菊东篱下，悠然见南山"，说是"初不用意，而景与意会，故可喜也"③。在文学理论建构上，魏晋南北朝的大理论家刘勰、陆机等也将玄学崇尚自然的观点引入文学创作理论。刘勰的《文心雕龙·原道》说："心生而言立，言立而文明，自然之道也。"他强调艺术的美应与自然的美一样："夫岂外饰，盖自然耳。"陆机的《文赋》认为作文应"因宜适变"，不必拘守成规，一切顺其自然，"譬犹舞者赴节之投袂，歌者应弦而遣声，是盖轮扁所不能言，亦非华说之所能精"。关于这段话，清代方苞在阐述时突出为文须自然天成的思想，他说："文章变化，不可端倪。技之神者，盖未容以法度论也。……要其俯仰先后，曲折步趋，协于声音，本乎天籁。当止者未能流，当流者不可止。所谓舞者赴节以投袂，歌者应弦而遣声。"④

第四，大美无华的审美情趣论。

老庄喜用"朴""素"来谈"道"，谈"自然"，"朴""素"遂成为道家美学的核心。

王弼用"无"来谈"道"，又用"朴"来谈"无"。他说："朴之为物，以无为心也，亦无名，故将得道，莫若守朴。"⑤ "朴"即本色，即"素"。朴素的对立面是"华"，王弼既然持"守朴"的人生观，在美学上必然主张朴素无华。王弼认为上天最具备这种品质，故"大美配天而华不作"⑥。在《周易注》中，

---

① 郭象：《庄子注·齐物论篇》。
② 叶梦得：《石林诗话》。
③ 胡仔：《苕溪渔隐丛话前集》卷三。
④ 转引自张少康：《文赋集释》，上海古籍出版社1984年版，第155页。
⑤ 王弼：《老子道德经注·三十二章》。
⑥ 王弼：《老子道德经注·三十八章》。

王弼进一步阐明这种美学观：

> 处履之初，为履之始。履道恶华，故素乃无咎。处履以素，何往不从，必独行其愿，物无犯也。①

> 履道尚谦，不喜处盈，务在致诚，恶乎外饰者也。②

> 处饰之终，饰终反素，故其质素，不劳文饰，而无咎也。以白为饰，而无患忧，得志者也。③

王弼在这里谈了几个比较重要的观点：

一是"处履以素，何往不从"。"履"本义是行路，可引申为人生处世，"素"不假修饰，即为诚。按王弼的解释，一个人如果能以诚待人，不虚伪，无矫饰，当凡事顺遂。

二是"履道尚谦"，"恶乎外饰"。"谦"是谦虚义，"履道"乃为人处世之道。王弼将"谦虚"与"恶乎外饰"联系起来，按他的观点，"谦"亦为"素"。

三是"饰终反素"。这是化绚烂为平淡的意思，"白"是"素"，然而"白"又是最高的"饰"。

王弼这些关于朴素的观点对魏晋南北朝的审美情趣、文风均产生了很大影响。在人物品藻上，时人广泛地运用"清"这个概念，或"清远"，或"清通"，或"清简"，或"清举"，或"清易"，这"清"就包含自然朴素、不假雕饰的意思。在诗文评论中，倡导清新自然的艺术风格。钟嵘《诗品》记载，汤惠休这样评论谢灵运、颜延之二人的诗风："谢诗如芙蓉出水，颜诗如错采镂金"，这"芙蓉出水"的风格就是自然清新。刘勰虽然不排斥艳丽繁富的美，但他明确提出这种美也必须出自自然："傍及万品，动植皆文；龙凤以藻绘呈瑞，虎豹以炳蔚凝姿；云霞雕色，有逾画工之妙；草木贲华，无待锦匠之奇；夫岂外饰，盖自然耳。"④陆机的弟弟陆云也是清新文风的重要倡导者，他自叙为文的体会："往日论文，先辞而后情……今意视文，乃好清省，

---

① 王弼：《周易注·履卦》。
② 王弼：《周易注·履卦》。
③ 王弼：《周易注·贲卦》。
④ 刘勰：《文心雕龙·原道》。

欲无以尚,意之至此,乃出自然。"① 他针对陆机《文赋》文辞华丽雕饰,委婉地向兄长提出批评:"《文赋》甚有辞,绮语颇多,文适多,体便欲不清。"②

在文学创作上,最能体现朴素自然文风的,当数陶渊明。元好问《论诗三十首》曾这样赞美他的诗:

> 一语天然万古新,豪华落尽见真淳。
>
> 南窗白日羲皇上,未害渊明是晋人。

诗贵自然,朴素为美,是中华民族重要的美学传统。魏晋之后,有关论述更是不可胜数。

第六节　声无哀乐论

魏晋玄学中,音乐是否有哀乐之情,是一个重要题目。《世说新语·文学》载:"旧云,王丞相过江左,止道声无哀乐、养生、言尽意三理而已,然宛转关生,无所不入。"这里提出"三理",为首的是"声无哀乐",可见此问题在士大夫心目中占有重要地位。

"声无哀乐"为何具有如此重要的地位? 可能与三个问题有关。第一,与儒家乐论有关。儒家乐论向来强调音乐是人的情感的表现,音乐具有很强的社会教化功能,可以移风易俗;而且音乐可以反映社会政治状况,所谓"治世之音安以乐,其政和;乱世之音怨以怒,其政乖;亡国之音哀以思,其民困"③。我们知道,魏晋时代士林风气的一个重要特点就是对儒家传统某种程度的悖逆,儒家乐论自然也是矛头所指之一。第二,可能与玄学热衷讨论圣人"有情还是无情"问题有关。《魏志》卷二十八《钟会传》注云:"何晏以为圣人无喜怒哀乐,此论甚精,钟会等述之。弼与不同,以为圣人茂于人者神明也,同于人者五情也。"音乐与人的情感有关,曹丕说:"盖闻琴

---

① 《全晋文》卷一百零二。
② 《全晋文》卷一百零二。
③ 《乐记》。

瑟高张,则哀弹发;节士抗行,则荣名至。"① 这样讨论音乐与人的情感的关系,很自然地成为士大夫们的话题。第三,音乐与魏晋玄学很感兴趣的养生密切相关。嵇康既爱音乐,又重养生,他的音乐论文有《声无哀乐论》,养生方面则有《养生论》。他认为,音乐是非常好的养生之道,因为音乐的本质是"和",这"和"又是养生最需要的,所谓"养之以和,和理日济,同乎大顺"②。

"声无哀乐"最先是嵇康在《声无哀乐论》一文中提出来的。嵇康工音乐,善琴,曾作《琴赋》,关于他被害时的情形,有这样一段记载:

> 康将刑东市,太学生三千人请以为师,弗许。康顾视日影,索琴弹之,曰:"昔袁孝尼尝从吾学《广陵散》,吾每靳固之,《广陵散》于今绝矣。"时年四十。③

《声无哀乐论》是嵇康重要的美学论文,在这篇文章中,他提出:

> 声音自当以善恶为主,则无关于哀乐;哀乐自当以情感而后发,则无系于声音。

> 声之与心,殊途异轨,不相经纬。

嵇康论述这个观点,主要从两个方面着手。第一,情均同而声万殊。就是说,同样的情感,按理应发出同样的声音,可实际上,它发出的声音是很多的,可见情感与声音并没有相应的固定关系,声音无关于情感。嵇康为了充分说明这个道理,还这样说:

> 何以明之? 夫殊方异俗,歌哭不同。使错而用之,或闻哭而欢,或听歌而戚,然其哀乐之情均也。今用均同之情,而发万殊之声,斯非音声之无常哉?

这种情况的确有,由于习俗的不同,特别是语音的差别,人们运用语言、声音表达情感的方式不同,这就造成思想情感交流上的困难。"闻哭而欢""听歌而戚"的倒错,不是不可能;但因此而断定,声音与情感没有固有

---

① 《全三国文》卷七。
② 《晋书·嵇康传》。
③ 《晋书·嵇康传》。

的联系,似乎不可。事实上,另一面的情况也有,不同民族、地域的人,虽习俗不同、语言不通、交流思想困难,但听到音乐以后,大体上还是可以辨别出这音乐表达的是欢乐的情感,还是悲哀的情感。音乐具有极强的感染力,它是可以打破民族、地域、习俗、语言的界限的。

　　嵇康在这个问题上的可贵,是看到了声音表达情感的不确定性。的确,同一声音可以表现多样的情感,而同一情感又可用多种声音来表达。正是因为情感与声音不具有很固定的对应关系,就会出现这样的情况:

　　　　夫会宾盈堂,酒酣奏琴,或忻然而欢,或惨尔而泣。非进哀于彼,导乐于此也。其音无变于昔,而欢戚并用,斯非吹万不同耶? 夫唯无主于喜怒,亦应无主于哀乐,故欢戚俱见。①

　　同一首歌曲,为什么有的听了欢喜,有的听了悲伤呢? 按嵇康的看法,是因为歌曲本没有什么哀乐。听者之所以产生或哀或乐之情,是因为听者本身的因素在起作用。嵇康在这里无意中涉及接受美学的问题了。按现代接受美学理论,读者的"理解视野"对作品的实现起着重要作用。艺术作品原就具有多义性,加上接受者理解的多义性,就显得更丰富了。这正是艺术作品区别于科学作品的特殊点,也是它的优点,"诗无达诂"说的也正是这种情况。嵇康的深刻正在这里,他的缺点是把文本所具有的相对的规定性忽视了。事实上,虽然接受者可以根据自己的理解对作品进行各种不同的再创造,但那再创造也不是宽泛到没有边的。比如,我们都看《红楼梦》,每人头脑中都有自己的林黛玉形象,这些形象都会有一些差异,但大致应是一样的。

　　嵇康认为情感与声音没有必然关系的第二个理由,是情与声所出不同,它们实为二物。声是自然形成的,"若论其体势,详其风声,器和故响逸,张急故声清,间辽故音庳,弦长故徽鸣"②。情则由心所生,与物发出的声音实属两码事。那么,由人发出的声音呢? 比如歌、哭,嵇康认为歌、哭也不

---

① 嵇康:《声无哀乐论》。

② 嵇康:《琴赋》。

是指欢乐与痛苦之哀乐，只不过是人为它取的名字罢了，好比孔子用"钟鼓"称乐，用"玉帛"称礼一样，"玉帛非礼敬之实，歌舞非悲哀之主"①。人们喜欢用对物的情感态度给物取名，把没有情感的物说成有情感的东西，久而久之，就误以为物是有情感的了。嵇康认为人们对声音的态度就是如此，声有哀乐的观念就是这么形成的。为了说明这个道理，他打了一个比方：

> 夫喜、怒、哀、乐、爱、憎、惭、惧，凡此八者，生民所以接物传情，区别有属，而不可溢者也。夫味以甘苦为称，今以甲贤而心爱，以乙愚而情憎，则爱憎宜属我，而贤愚宜属彼也。可以我爱而谓之爱人，我憎而谓之憎人，所喜则谓之喜味，所怒则谓之怒味哉？②

味本来只能以甘苦为称，难道因为你喜欢这种味道就可叫作"喜味"，你憎厌这种味道就叫作"怒味"吗？同样，声音只有善与不善即好与不好、美与不美的区别，难道因为你喜欢这种声音就叫作"乐声"，你憎厌这种声音就叫作"哀声"吗？

嵇康的论述，是非对错夹杂在一起。诚然，声音与情感为二物，一为物质，一为精神，应加以区别。声音有自然的声音，有人的声音，二者有所不同。但是，情感作为一种心理感受，是可以通过人的外部活动加以表现的，比如通过外部表情、形体动作，还有声音。尽管表现的方式多样，但也并非毫无规律可循。格式塔心理学就发现，凡表现高兴情感的动作一般都有上扬的特点，而表现悲哀情感的动作都有向下的特点。声音也是这样，表示欢乐的声音与表示痛苦的声音其调质、旋律均有明显的不同。具有共同人性结构的人，虽然习俗不一，语言不通，凭声音还是可以大致知道对方的情感，这说明情感可以借助声音而外化。声音当然不能等同于情感，但声音可以在一定程度上表现情感。嵇康没能认识到情感可以在一定程度上外化、物化，这是其理论上的欠缺。

---

① 嵇康：《声无哀乐论》。

② 嵇康：《声无哀乐论》。

嵇康虽不同意声音即情感，或声音即情感的表现，但嵇康并不否定声音与情感的联系。对于声音与情感的联系，嵇康用"感发"论、"因借"论来解释，他说：

> 心动于和声，情感于苦言，嗟叹未绝而泣涕流涟矣。夫哀心藏于苦心内，遇和声而后发，和声无象而哀心有主。夫以有主之哀心，因乎无象之和声而后发，其所觉悟，唯哀而已。

> 至乎哀乐，自以事会先遘于心，但因和声以自显发。

嵇康的意思是，"和声"（音乐）、"苦言"均可感发心志，产生情感；但是，情感并非来自"和声"，它原本就藏于人心中，只是遇到"和声"，给激发出来了。"和声无象"，音乐没有确定的形象和内容；"哀心有主"，情感则是固有的，且是起主导作用的。情与声的关系是一个双向反馈的过程，其一是"心动于和声"，由声到情，声动情发，先声后情；其二是因情去择声，由情到声，不同的情感选取、偏爱不同的音乐，这是先情后声。

嵇康"声无哀乐"论的片面性是明显的，但片面中有深刻之处，在美学上至少有两大意义。

第一，它是对儒家"乐教"某种程度上的批判。《乐论》《乐记》等儒家典籍均强调乐由心生，乐是人的情感和社会情绪的反映，因此听音乐可以观政。《左传》中不是有季札观乐大论政治的记载吗？这种乐论所注重的是音乐的政治伦理方面的内容，而忽视了音乐的审美形式。在嵇康看来，音乐的本质是形式，音乐的美与不美，不在于它表现了什么政治伦理内容，也不在于它传达了什么情感，而在于它的构成是不是"和"，是不是"善"（此"善"不是伦理意义上的善，而是指形式上的"好"）。对于先秦两汉儒家都一致批评的郑卫之声，嵇康从纯音乐角度给予很高的评价："若夫郑声，是音声之至妙。"①

由此看来，嵇康是中国第一个主张美在形式的学者。音乐是一种相当特殊的艺术，形式因素十分重要。不少西方音乐家、美学家主张，音乐的本

---

① 嵇康：《声无哀乐论》。

质在于乐音的形式。比如,19 世纪的奥地利音乐美学家汉斯立克就认为,音乐的美"是一种不依附、不需要外来内容的美,它存在于乐音以及乐音的艺术组合中"①,"音乐的内容就是乐音的运动形式"②。

第二,强调了艺术欣赏者的主导作用。一般认为,艺术作品完成于艺术家的创作,当代接受美学则认为艺术作品的完成应加上欣赏者的再创作,强调接受者的接受。嵇康的理论正好是这样的,他认为,同一种音乐,不同人听之就有不同的感受:

> ……是故怀戚者闻之,则莫不憯懔惨凄,愀怆动心……其康乐者闻之,则欤愉欢释,抃舞涌溢……若和平者听之,则怡养悦愉,淑穆玄真……③

虽然嵇康未能将这种心理现象提升到理论的高度,但在距今 1700 多年的古代能有如此认识,已经是很了不起的了,当时的西方根本没有人谈到此问题。"声无哀乐"作为一个玄学命题,其意义还在于它对音乐本体的认识。追究事物的本体是玄学的一大特色,玄学家不仅对天地万物即整个宇宙的本体有着浓厚的兴趣,对文学艺术的本体问题也兴致盎然。嵇康的《声无哀乐论》涉及音乐本体问题,他认为:

> 夫天地合德,万物资生,寒暑代往,五行以成。章为五色,发为五音。音声之作,其犹臭味在于天地之间,其善与不善,虽遭浊乱,其体自若,而不变也……④

> 夫五色有好丑,五声有善恶,此物之自然也。⑤

由此看出,嵇康认为音乐是客观的物质性存在,其本源为自然。音乐的特质为"和",他说"声音有自然之和","声音以平和为主","和"即美:

> 美有甘,和有乐。然随曲之情,尽于和域;应美之口,绝于甘境,

① [奥] 爱德华·汉斯立克:《论音乐的美》,人民音乐出版社 1980 年版,第 3 页。

② [奥] 爱德华·汉斯立克:《论音乐的美》,人民音乐出版社 1980 年版,第 3 页。

③ 嵇康:《琴赋》。

④ 嵇康:《声无哀乐论》。

⑤ 嵇康:《声无哀乐论》。

安得哀乐于其间哉？　①

"和声"亦即音乐。嵇康并没有就"和"的构成展开论述。不过,他在《答张辽叔释难宅无吉凶撮生论》一文中说过:"古人仰准阴阳,俯协刚柔,中识性理,使三材相善,同会于大通"。由此看来,他说的"和"是阴阳的协调。这种由阴阳协调所构制的"和",是音乐美的本质,亦是嵇康所认为的人生最高境界。

嵇康的"声无哀乐"论在后世有一定的影响,唐代《贞观政要·礼乐》记有一段趣事:

> 太常少卿祖孝孙奏所定新乐。太宗曰:"礼乐之作,是圣人缘物设教以为撙节。治乱善恶,岂此之由?"御史大夫杜淹对曰:"前代兴亡,实由于乐。陈将亡也,为《玉树后庭花》;齐将亡也,而为《伴侣曲》。行路闻之,莫不悲泣,所谓亡国之音。以是观之,实由于乐。"太宗曰:"不然,夫音声岂能感人? 欢者闻之则悦,哀者听之则悲,悲悦在于人心,非由乐也。将亡之政,其人心苦,然苦心相感,故闻之则悲耳,何乐声哀怨,能使悦者悲乎?"

看来,唐太宗是赞同"声无哀乐"的。

---

① 　嵇康:《声无哀乐论》。

第 二 章
人物审美的觉醒

　　人物美学的问题自古以来为社会所重视,大体上,先秦社会早期重德,后期开始重才,这在秦国最为明显。汉朝社会基本上沿袭先秦风气,在独尊儒家的背景下,德行成为衡人的首要甚至唯一标准。汉末天下大乱,枭雄四起,或打着堂皇的旗号,以匡扶正统王朝为己任;或挟天子以令诸侯,图谋篡位;或割据一方,争霸天下。种种乱象,让人才问题的重要性得以突出,号称善于知人之士应运而出,他们的工作就是为朝廷、诸侯、枭雄推荐人物;更有甚者,还会为人才选拔提供理论指导,刘劭的《人物志》就是这样的理论著作。这个时候,人物审美突出地以“才”为核心。于是,先秦至汉朝,维持上千年的“德行为美”转变为“才华为美”。既然“唯才是举”,人物清议就由尚德向尚才方向发展,而“才”又是最能见出人的个性的,于是,个性、风度、气质乃至容貌也就进入了清议的视野。当时玄学风行,谈《老》、议《庄》、说《易》甚为时髦。《老》《庄》《易》涉及的都是一些哲学味很浓的话题,这也就在一定程度上影响到清议的内容。玄学是通向美学的,它重个性,重情感,重思辨,重自由,重放达,重自然。在玄风的影响下,人物清议转变为人物品藻。人物品藻不再以“才”为中心,而是以“情”为中心,情与仪容、趣味相联系,最后归之于风度,于是,人物品藻具有鲜明的美学色彩。与之相关,“才华为美”转变到"风度为美"。到这个时候，我们有理由说，人物审美已经实现了真正的觉醒。

人物审美以空前规模进入品藻的视野，无疑具有重要的美学意义，这正是魏晋时代文化主题——"人的觉醒"的重要体现。在中国历史上，不仅在此之前而且在此之后，都没有出现过对人物的内美外美如此兴味盎然议论风发的时代。就是在世界文化史上，似乎也难以找到一个堪与媲美的时代。

第一节 人 物 之 美

关于人物的美，中国自古以来都在探索，这种探索大体上分成德、才、貌三个方面。

一、以德论美

评论人物美，自古以来德是主要的方面。将德看作人物美的内核，不仅儒家如此，道家也是如此。《庄子·大宗师》中说了许多德行高尚而外貌丑陋甚至肢体残疾的人，按通常标准，他们不应该是美人，但是他们却赢得了女子的芳心。这种赢得不是持的道德观，而是持的审美观，就是说，在这些女子看来，这就是美。

事实上，在中国先秦儒家学说中，在概念使用上，"善"常常被当作"美"来使用，我们可以在儒家的典籍中找到无数以善为美的例子，而将善美分开来使用的，寥寥可数。

孔子对人物的美只是偶尔涉及，比如"宋朝之美"，并没有做阐释。估计孔子不太可能过多地重视人物外形的漂亮，因为他自己就不漂亮。孟子倒是认真地论述过人物的美，他说：

浩生不害问曰："乐正子何人也？"孟子曰："善人也，信人也。""何谓善？何谓信？"曰："可欲之谓善，有诸己之谓信，充实之谓美，充实而有光辉之谓大，大而化之之谓圣，圣而不可知之之谓神。乐正子，二之中、四之下也。"①

这段文字评论的人物是"乐正子",为了给乐正子评定一个位置,孟子列出六个级别:善、信、美、大、圣、神。六个级别中,善是最低层次,标准是"可欲",什么叫"可欲"?杨伯峻解释为"值得喜欢"。其实,还没有这样高,就是大家还需要他的意思,大家需要他,说明他有一定的社会价值,是好人。"有诸己",这是从主体自身方面说的,主体能重视自己这种让人"可欲"的价值,不愿放弃这份价值,这就叫作"信"。"充实",一在"充",二在"实"。充的是"善"与"信","善"与"信"在心中充满了,见之于现实,就可以称为"美"了。"大"是"美"的进一步发展,主要是有了"光辉","光辉"指社会影响很大。"圣"是"大"的发展,它的特点是"大而化之"。"大"是"善"与"信"的增加,虽然"善"与"信"大了,还是有形的,有限的;而到"大而化之"这一层次,"大"就从有限成了无限,从有形成了无形,这就无法把握了。"神"是"圣"的发展,是人格发展的至高层次,到了这一层次,人的"善"与"信",不要说不能把握,而且不可理解了。

如此分析下来,孟子论人物的美,其实还是局限于德行,并没有谈到人物的仪容,也没有谈到人物的情感。

儒家论人物的美,大体上沿袭孟子的路子。儒家好谈君子,君子重在德行。儒家的君子论在汉代有所发展,主要体现在开始强调君子的仪容。贾谊著有《容经》,对君子的仪容做了具体的规定,有各种各样的容:立容、坐容、行容、趋容、跘旋之容、跪容、拜容、伏容、坐车之容、立车之容等。值得说明的是,贾谊的《容经》并不全是新创,孔子曾说过"文质彬彬然后君子",这"文"就有容。另外,贾谊所重视的容,仍然在儒家的礼制范围之内,是礼的具体规定。如果超出了礼,不管是什么样的容都要遭到否定。

从总体来看,汉代的君子论没有太大的发展,仍然以遵道守礼为准则,以内敛谦逊为家风。汉代早期大儒陆贾说:"是以君子握道而治,据德而行,

---

① 《孟子·尽心章句下》。

席仁而坐,杖义而强,虚无寂寞,通动无量。"①

君子论最大发展是在魏晋,"竹林七贤"之一的嵇康著有《释私论》,对君子做了新的阐述。嵇康说:

> 夫称君子者,心无措乎是非,而行不违乎道者也。何以言之? 气静神虚者,心不存于矜尚;体亮心达者,情不系于所欲。矜尚不存乎心,故能越名教而任自然;情不系于所欲,故能审贵贱而通物情。物情畅通,故大道无违;越名任心,故是非无措也。是故言君子,则以无措为主,以通物为美。

> 君子既有其质,又睹其鉴,贵夫亮达……不以爱之而苟善,不以恶之而苟非。心无所矜,而情无所系,体清神正,而是非允当。……寄胸怀于八荒,垂坦荡以永日。斯非贤人君子,高行之美异者乎? ②

这里所说的君子显然与儒家所说的君子不同。

第一,不以"名教"为言行依归。这里说的"心无措乎是非"就是不以名教的是为是,不以名教的非为非。

第二,以"任自然"为最高指导思想。这里的"任",不是遵从,而是任从,心之所欲与自然之道合二为一。这种"任自然",称之为"通物"。

概括起来,君子的两大品质就是无措、通物。而君子之美则突出体现为"亮达"。这种亮达,内为君子之质即无措、通物,外为君子之观即"鉴"(有些版本作"观")。

君子之美美在胸怀,这种胸怀于社会是"忠感明天子,而信笃万民";而于宇宙来说,空间上"寄胸怀于八荒",时间上"垂坦荡以永日"。这种君子观既超越儒家,又超越道家,是一种新的道德观,也是一种新的审美观,

二、以才论美

以才论美,应该说先秦也有,但总是为儒家德行至上观所压制。有才

---

① 陆贾著,王利器校注:《新语校注·道基第一》,中华书局1986年版,第32页。

② 嵇康著,戴明扬校注:《嵇康集·释私论一首》,中华书局2018年版,第368、371页。

干的人物,一般来说总难做到德行无缺,大抵都有某些可以联系到德行的问题,因此评价不会太高。先秦时期,真正重视才干的国家只有秦国。到汉代,衡量人物仍然以德行为重。但这种情况到汉代末年发生了重大变化。因为天下大乱,为了治理天下或为了争夺天下,人才问题成为社会最急迫的问题;而人才问题中起决定性作用的不是德行,而是才干。

汉代察举人才原本也是按照儒家传统以"德行"为重的,曹操主政后,这一原则发生了重大变化。曹操用人的原则是"唯才是举",他先后下过四次求才令,令中说:"士有偏短,庸可废乎?"① 明确提出,看人不能要求十全十美。在几个发布于不同时期的求才令中,曹操反复强调真才实学是用人的重要标准。他举历史事例说:

> 昔伊挚、傅说出于贱人,管仲,桓公贼也,皆用之以兴。萧何、曹参,县吏也,韩信、陈平负污辱之名,有见笑之耻,卒能成就王业,声著千载。吴起贪将,杀妻自信,散金求官,母死不归,然在魏,秦人不敢东向,在楚则三晋不敢南谋。今天下得无有至德之人放在民间,及果勇不顾,临敌力战;若文俗之吏,高才异质,或堪为将守;负污辱之名,见笑之行,或不仁不孝而有治国用兵之术;其各举所知,勿有所遗。②

曹操明确表示不在乎"不仁不孝",也不在乎出身微贱,"负污辱之名",只要有"治国用兵之术",皆可重用。曹操用此办法,果然征集了一大批人才,这对曹魏政权统一天下无疑起了重大作用,曹魏"唯才是举"的人才制度激发大批人才脱颖而出,与之相关,人物品评发生了重要变化,由重德而重才。

在这个时候,社会上对于人物审美发生了很有意义的变化。过去,人们认为君子是社会美的代表;而现在,人们不只甚至不再视君子为人物美的代表,而视英雄为人物美的代表。

---

① 《三国志·武帝纪》。
② 《三国志·武帝纪》注引《魏书》。

曹操就是那个时代的英雄。《世说新语》有这样一条有趣的记载：

> 魏武将见匈奴使，自以形陋，不足雄远国，使崔季珪代，帝自捉刀立床头。既毕，令间谍问曰："魏王何如？"匈奴使答曰："魏王雅望非常；然床头捉刀人，此乃英雄也。"[1]

英雄审美虽然在先秦可以找到源头，但殊少使用这一概念。目前能够找到的最早使用这一概念的是班彪的《王命论》，文中曰："英雄陈力，群策毕举，此高祖之大略所以成帝业也。"《后汉书》卷七《袁绍传》也说："若收豪杰以聚徒众，英雄因之而起，则山东非公之有也。"三国时魏国刘劭著《人物志》设专章论述"英雄"，由此可见，英雄概念在三国时代已经普遍使用了。

三、以貌论美

以貌论美，同样可以推至先秦，但先秦以貌论美主要用于女性，而女性貌美多引起事端，在先秦正面肯定的言论殊少。孔子曾与子夏讨论过《诗经·硕人》中的女子之美，对其中两句描绘女性美的诗句很欣赏，这两句诗是"巧笑倩兮，美目盼兮"。但他们所讨论的，最终不是女性美，而归结于"绘事"与"礼后"之类的问题。《论语·雍也》中说到的"宋朝之美"倒是男性美，孔子说"难乎免于今之世矣"，这话字面上的意思是宋朝不在人世了。至于对他的美丽应如何看，孔子没有说。

战国后期，楚国的宋玉写有《登徒子好色赋》，正面地接触到人物美的问题。其一，关于男性美，宋玉只说了一句"体貌闲丽"。其二，关于女性美，宋玉说了好几句："东家之子增之一分则太长，减之一分则太短，著粉则太白，施朱则太赤，眉如翠羽，肌如白雪，腰如束素，齿如含贝，嫣然一笑，惑阳城，迷下蔡。"从对东家之子的描写来看，宋玉认为的女性美为女性标准美，所谓标准就是恰到好处。此外，宋玉还写有《神女赋》，此赋对女性美有详细的描绘，基本上持的也是标准观。

---

[1]　刘义庆：《世说新语·容止》。

汉朝正面描写女性美的诗篇不少，主要有曹植的《神女赋》《杂诗》，民歌《陌上桑》。这些诗篇对女性美仍然持有标准观，缺少个性。

汉朝对女性美基本上持正面肯定的态度。《陌上桑》中那位美丽的采桑女引起了诸多人的好感："行者见罗敷，下担捋髭须；少年见罗敷，脱帽著帩头。耕者忘其犁，锄者忘其锄；来归相怨怒，但坐观罗敷。"

魏晋南北朝在人物美方面有突出的发展。

第一，对男性形象美开始重视。《世说新语》中说了很多人物的仪容之美，多为男性美。《世说新语·容止》记载：

> 潘岳妙有姿容，好神情。少时挟弹出洛阳道，妇人遇者，莫不连手共萦之。左太仲绝丑，亦复效岳游遨，于是群妪齐共乱唾之，委顿而返。

不知这故事有多少真实性，但确实反映了当时社会对美的重视。正因为社会重视貌相，所以，对于学者，也都少不了介绍他的貌相。当时有位玄学家名王夷甫，《世说新语》这样介绍他："王夷甫容貌整丽，妙于谈玄，恒捉白玉柄麈尾，与手都无分明。"又这样介绍当时的文学家潘安仁、夏侯湛："潘安仁、夏侯湛并有美容，喜同行，时人谓之连璧。"[1] 对于"竹林七贤"中的刘伶，介绍时特别提到他的丑陋："刘伶身长六尺，貌甚丑悴，而悠悠忽忽，土木形骸。"[2]

第二，对男性形象美多看重人物的精神。《世说新语·容止》载："裴令公目王安丰：'眼烂烂如岩下电。'"王安丰就是"竹林七贤"之一王戎，此人其实长得矮小，并不漂亮，但因为眼睛有神，受到赞美。

第三，对男性形象美多注重人物的风度。风度是人物内在精神与外在形象的综合，它体现为一种气度，一种意味，因为不易说明，常用自然形象来比喻。《世说新语》有诸多这方面的记载，比如：

> 季方曰："吾家君譬如桂树生泰山之阿……"[3]

---

① 刘义庆：《世说新语·容止》。

② 刘义庆：《世说新语·容止》。

③ 刘义庆：《世说新语·德行》。

　　有人叹王恭形茂者:"濯濯如春月柳。"①

　　庾子嵩目和峤:"森森如千丈松……"②

　　第四,对男性形象美多看重"清雅""潇洒"等,具有鲜明的道家风味。神仙是当时所极力推崇的人生理想,而这也影响到人物品藻。《世说新语》载:"王右军见杜弘治,叹曰:'面如凝脂,眼如点漆,此神仙中人。'"③

第二节　人才标准

　　汉代政府选拔人才有"征辟"与"察举"两种方法,"征辟"是中央政府自上而下的考察选拔,"察举"是各地官吏、士绅、名流自下而上的推荐。由于汉末宦官专权,政治黑暗,任用私党之风横行,因而知识分子强烈不满,所谓"匹夫抗愤,处士横议"④,形成了颇有影响的"清议"之风。出于"清议"的压力,朝廷对官吏的任用也常常征询社会上有重大影响的名士的意见。一些人物一经品题,则身价百倍,很快脱颖而出。比如,曹操出身于宦官家庭,本来社会地位不高。然而,经当时名士许劭品题:"治世之能臣,乱世之奸雄",很快就知名了。

　　人物清议形成了一批专著,据《隋书·经籍志》,这类著作有:《士操》一卷,魏文帝曹丕撰;《人物志》三卷,刘劭撰;《士纬新书》十卷,姚信撰;《九州人士论》一卷,卢毓撰;另,还有无名氏的《刑声论》一卷,《通古人物论》一卷。这些书籍中,唯有刘劭的《人物志》得以流传下来。

　　刘劭(约182—约190),广平邯郸人,建安二十二年,居官时为太子曹丕的"舍人",后任秘书郎,为太子党核心人物之一。曹丕登基后,任尚书郎、散骑侍郎。魏明帝曹叡时代,任陈留太守、骑都尉、散骑常侍。他的《人物志》大约成书于曹丕黄初元年(220)至曹叡青龙四年(236),可以说,这部

---

① 刘义庆:《世说新语·容止》。

② 刘义庆:《世说新语·赏誉》。

③ 刘义庆:《世说新语·容止》。

④ 《后汉书·党锢列传序》。

著作是应当时对于人才的迫切需要而产生的。

《人物志》构建了一个完整的人才理论体系,这个体系的核心君主如何识才。第一,按阴阳分类法,他从气质上将人才分成若干类型,这不同类型的人才对应什么样的工作岗位。第二,按用途,他将人的能力分成若干种,同样,指明这不同类型的人才适应什么样的工作岗位。第三,站在理想君主——"主德"的立场,他详细地阐说如何观察各类人才——"偏才",认识人才并使用人才。

刘劭的人才理论体系有五点值得重视。

一、用阴阳五行学说解释人才素质

一是用阴阳释"聪明"。聪明是人才的核心,但聪明是什么? 他说为"阴阳之精","阴阳清和,则中睿外明"①。

二是用五行释品德。他首先将人的五种生理素质——骨、筋、气、肌、血派属为五行:"木——骨,金——筋,火——气,土——肌,水——血。"②进而,他将人物的五种品德派属于五行:"温直而扰毅,木之德也;刚塞而弘毅,金之德也;愿恭而理敬,水之德也;宽栗而柔立,土之德也;简畅而明砭,火之德也。"③再进而,他将仁、礼、信、义、智套进五行:

木:仁

火:礼

土:信

金:义

水:智

这样一个框架显示出先秦以来阴阳五行家的深刻影响,种种似是而非或似非而是的解释,颇见出勉强,经不起推敲。但在当时,没有这种哲学为基础,人才学建立不起来。也许在刘劭是勉力为之,而且也不得不如此。

---

① 刘劭:《人物志·九征》。

② 刘劭:《人物志·九征》。

③ 刘劭:《人物志·九征》。

二、从内质与仪容结合上看人物——重"情味"

刘劭认为，"虽体变有殊，犹依乎五质，故其刚柔、明畅、贞固之征，著乎形容，见乎声色，发乎情味，各如其象"①。这里说到人的形象的内与外，内为质，外为象。从象不仅见出其质，而且见出"情味"，这就很有审美的意义了。

"情味"，按上面的引文，似乎来自对象的质，这当然也对；但情味的产生，离不开主体的欣赏；于是，客体的情味激发了主体的情味，而主体的情味又加强了客体的情味。人物审美中，象只是进入的渠道，重要的是"情味"的产生。

刘劭具体描述不同心质的人物，会有不同的仪容，有不同的情味。比如，"心质亮直，其仪劲固。心质休决，其仪进猛。心质平理，其仪安闲"②。意思是说，心质真诚爽直，则仪容刚劲稳固；心质大气果断，则仪容勇猛进取；心质平和理智，则仪容安详悠闲。

三、从精神与目光结合上看人物——重"征神"

在内质与仪态结合看人物的基础上，刘劭提出，对于人物，要着重看其精神，而人物的精神又突出地体现在他的目光上。他说：

> 色见于貌，所谓征神。征神见貌，则情发于目。故仁，目之精，悫然以端。勇，胆之精，晔然以强。③

这话的意思是，人的形象（色）主要是通过面貌表现出来的，而所谓"征神"即察神，则是观貌，神见于貌。观貌，最重要的是看他的眼睛，精神就是通过眼睛显示出来的。所以，仁爱，是眼光的精魂所在，那眼光必然透出忠厚老实的神色；勇敢，是胆气的精魂所在，那眼光必然透出强烈闪灼的神色。

---

① 刘劭：《人物志·九征》。

② 刘劭：《人物志·九征》。

③ 刘劭：《人物志·九征》。

重神，这是汉代美学一个重要亮点。对于神的重视，源于先秦哲学。《周易系辞上传》说"阴阳不测之谓神"，这神已经不是神灵，而是神奇。汉代哲学将神归之于人内在的精神，将物的美导向人的美，这又是一个发展。至于目光，在先秦也是很重视的。《孟子·离娄章句上》云："胸中正，则眸子瞭焉；胸中不正，则眸子眊焉。听其言也，观其眸子，人焉廋哉？"刘劭可以说继承了孟子的"观眸"观，在他主要也是为了观人，而在人物画家那里，"观眸"则为了画人。东晋画家顾恺之很重视画眼睛，称之为"点睛"，说"有一毫小失，则神气与之俱失"。《世说新语·巧艺》记载，他画人数年不点睛，人问其故，他说："四体妍蚩，本无关妙处；传神写照，正在阿堵中。"

四、从中和和偏才两个类型看人物——重"一味之美"

刘劭认为人物有两种类型，一种为中和型，另一种为偏才型。

中和型，禀受阴阳二气达到中和平衡的地步。刘劭说："中和之质，必平淡无味。故能调成五材，变化应节。"[①] 刘劭这里说的"平淡"，与道家说的"平淡"不同。道家说的"平淡"是对功名利禄的超越，是回归自然；刘劭说的"平淡"却是对有限的超越，是"至"的意思，至高无高，至宽无宽，至有无有，至浓无浓……刘劭说："中庸之德，其质无名"，"中庸"是对中和型人才另一种定位。如果说"平淡"指的是"至"的意思，那么，"中庸"指的是"当"——合适、准确。这样的人物是无名定名的，所以说"其质而无名"。这样的人物，为圣人，为领袖，世上极少。

偏才型，禀受阴阳二气不能达到中和平衡的地步，或偏阴或偏阳。这种人物为人物中的绝大多数，刘劭将它们分成12种：6种阳性，6种阴性，一阴一阳，性格相反，形成对子。刘劭将性格的区分全拢在阴阳的框架中，一方面见于哲学观念上的整一性，另一方面也见出程式上的死板性。他的方法不是很可取，但是他的具体论述却是比较深刻到位的。比如，他说偏才之人"不止揉中庸以戒其材之拘抗，而指人之所短以益其失"，这是很符

---

① 刘劭：《人物志·九征》。

合实际的。他具体说了好几种情况,其中之一为"沉静之人"。他说:"沉静之人,道思回复,不戒其静之迟后,而以动为疏,美其懦。"① 意思是,沉静的人,一件事总是反反复复地思考,不担心自己想得过多过细会误事。反以行动迅速为粗疏,总是赞美自己的怯懦、小心、谨慎。

刘劭也为十二种偏才找到了合适的工作,包括:(1)"清节家"(道德教化型偏才);(2)"法家"(建法立制型偏才);(3)"术家"(战略谋划型偏才);(4)"国体"(综合决策型偏才);(5)"器能"(综合事务型偏才);(6)"臧否"(批评督察型偏才);(7)"伎俩"(工程设计型偏才);(8)"智意"(通达权变型偏才);(9)"文章"(著述编辑型偏才);(10)"儒学"(教育型偏才);(11)"口辩"(雄辩型偏才);(12)"雄杰"(军事型偏才)。

所有这些分析,其意义是承认人的性格、才华、品性是差异的,即承认"人材不同,能各有异"②。这种承认,不仅为人才的识别、使用构建了原则,而且在美学上肯定了人物的美,不仅美在一般人性,而且美在个性。《人物志》对"中和型"的人才谈得极简略,这种人才只能是圣人,是领袖,实际上也极少。《人物志》谈的人才,基本上都是偏才。偏才中也有兼才的,比如"国体"之才,多兼有"清节""法家""术家"之才。

《人物志》没有提出要将偏才提升为中和型人才,因此,其所肯定的人物美,实际上具有个性美。这一点,刘劭也明确提出来了:

　　　　偏材之美,皆一味之美。③

值得我们注意的是,刘劭也并不认为偏才只能偏于一,他也以偏达正,以一协多:

　　　　夫一官之任,以一味协五味;一政之政,以无味和五味。④

这种以"一味协五味""以无味和五味"的思想十分深刻,不仅在人才学上具有重要意义,在哲学上和美学上也具有更为重要的意义。从来的和

---

① 刘劭:《人物志·体别》。
② 刘劭:《人物志·材能》。
③ 刘劭:《人物志·材能》。
④ 刘劭:《人物志·材能》。

谐观都是协五味于一味,如《左传》所说"和如羹也",种种食料、种种味道在水与火的共同作用下,成为一种食物、一种味道。有与无的关系,也都以《老子》所说的"有生于无"为唯一准则,无是根,是本,而有是枝,是叶;刘劭说"以无味和五味",在这里,无不是根,不是本,倒成了实现五味和谐的工具。

五、从"英"和"雄"两个维度看英雄——英雄之美

刘劭从人才学的维度论英雄,包括:

(一)"英"与"雄"的分析

英为文的成分,雄为武的成分。

(二)"英"的分析

"聪明者英之分也",聪明分为两个部分,"聪"在于善"谋","明"在于识"机","英从其聪谋始,以其明见机"。虽然英从聪开始,但只有聪没有明,不能洞察时机,顶多只能为人做咨询,不能做实事。

(三)"雄"的分析

刘劭说:"聪明秀出谓之英,胆力过人谓之雄"[1],可见"胆"是重要的,"雄以胆行之";不过,"胆"只是促成了"雄"的行,而雄更重要的是"力"与"勇","雄以其力服众,以其勇排难"。

(四)"英""雄"之互济

只有英而没有雄的成分,或只有雄而没有英的成分,都干不了事,"英"与"雄"要互济。雄对于英的济,主要是"勇"。只有英而没有勇,可以按常规办事;但一旦出现变故,即使有主意,也没有勇气实行。英对于雄的济,主要是"智"。力能过人,勇能行之,如果没有智就不能断事,只能做冲锋在前的战士,不能做领兵的将帅。

(五)"英雄"的分析

刘劭最推崇的是既英又雄的人物,这种人物他称为"英雄"。英雄是不

---

① 刘劭:《人物志·材能》。

多的,他举的例子是刘邦、项羽。英雄,虽然既英又雄,他们相较也还有英
多还是雄多的问题。刘邦与项羽相比较,前者英气多,后者雄气多。在英
气与雄气两者之间,英气更重要,故刘邦与项羽相争,最后胜利的是刘邦。

刘劭对于英雄的分析非常精辟,于人才学的意义无疑是很大的。它给
予我们美学方面的启示是:刘劭在推崇一种人物美——英雄美。虽然自有
人类开始,英雄就是社会的风云人物,也一直得到赞颂;但是,在学术上对
英雄的素养进行如此深入的分析,这在以前是没有的;之所以会这样,是因
为这是一个极需要英雄的时代。时代在呼唤英雄,时代也在造就英雄。魏
晋南北朝时代,国家分裂,民不聊生。为了结束这个混乱的局面,群雄并起。
但到底谁才是英雄,大家都在关注,都在探寻。《三国演义》中曹操与刘备
青梅煮酒论英雄的故事,虽然未必真有其事,却真实地反映了时代对于人
才的需求。

众所周知,各种不同的学派,对于人才均有自己的标准,那些标准不能
说没有一点时代性,但更多的是学派性。于是,儒家就有了圣人、君子之说,
而道家则有至人、仙家之名。这些学派性的人才观,《人物志》中没有。《人
物志》的价值是在构建时代、社会、人民所需要的英雄,这种人才观直接转
化成美学观。刘劭实际上提出了一种新的人物审美标准,什么是时代与社
会最美的人? 刘劭的回答是:英雄。

第三节　人物品藻

人物品藻见之于魏晋南北朝的许多著作之中,而以《世说新语》一书最
为集中,也最为精彩。《世说新语》不管就其内容还是形式来说,都堪称一
本奇书。《世说新语》的作者是刘义庆,他是南朝开国君主刘裕仲弟长沙景
王道怜的儿子,出嗣给临川烈王道规,袭封临川王。此书辑录汉末、三国、
两晋士族阶层趣闻逸事,真实生动地展现那个时代士人的生活风貌、精神
风貌,具有重要的史料价值、文学价值和美学价值。

从美学角度看,《世说新语》中的人物品藻,有这样几点新发现。

一、注重情致

情感是人的本质力量的重要部分,审美领域不出情感的领域。从某种意义上说,对情感的注重正是对审美的注重。儒家礼教虽然不抹杀情感对于人的重要意义,但其基本立场是以理节情,对情感的产生与发展有诸多限制,所谓"发乎情,止乎礼义"是也。

从《世说新语》中的大量故事,我们发现在魏晋南北朝不怎么讲"以理节情",而特别注重真情、深情。王戎的儿子死了,山简去看望,发现王戎悲不自胜,安慰道:"孩抱中物,何至于此。"王戎说:"圣人忘情,最下不及情,情之所钟,正在我辈。"① 山简为之叹服,也不禁为之悲痛。王戎在这里提出一个很重要的观点:"情之所钟,正在我辈。"人是有感情的,这是人之所以为人的本质力量之一。肯定情的地位、意义,强调真情、深情,正是魏晋南北朝精神文化的重要特点之一。《世说新语》这方面的记载其多:

> 王子猷、子敬俱病笃,而子敬先亡。子猷问左右:"何以都不闻消息?此已丧矣。"语时了不悲。便索舆来奔丧,都不哭。子敬素好琴,便径入坐灵床上,取子敬琴弹,弦既不调,掷地云:"子敬,子敬,人琴俱亡!"因恸绝良久,月余亦卒。②

> 卫洗马以永嘉六年丧,谢鲲哭之,感动路人。咸和中,丞相王公教曰:"卫洗马当改葬。此君风流名士,海内所瞻,可脩薄祭,以敦旧好。"③

值得我们注意的是,《世说新语》中的情感,常常表现为一种很富有审美意味的情致。比如:

> 桓公北征,经金城,见前为琅琊时种柳皆已十围,慨然曰:木犹如此,人何以堪。攀枝执条、泫然流泪。④

> 过江诸人,每至美日,辄相邀新亭,藉卉饮宴,周侯中坐而叹曰:"风

---

① 刘义庆:《世说新语·伤逝》。
② 刘义庆:《世说新语·伤逝》。
③ 刘义庆:《世说新语·伤逝》。
④ 刘义庆:《世说新语·言语》。

景不殊,正自有山河之异!"皆相视流泪。①

　　袁虎少贫,尝为人佣载运租。谢镇西经船行,其夜清风朗月,闻江渚间估客船上,有咏诗声,甚有情致;所诵五言,又其所未尝闻,叹美不能已。②

　　桓子野每闻清歌,辄唤奈何。谢公闻之,曰:"子野可谓一往有深情。"③

以上引的四个人物活动片段都体现出深厚诚挚的情感。这情都是有感而发的,且与自然风景融为一体,具有浓郁的美学意味。特别是桓公北伐睹柳伤怀:"木犹如此,人何以堪",情与景相反相成。千古之下,尚令人感叹唏嘘!

二、注重雅趣

魏晋思潮主题——"人的觉醒",不仅表现在对人生价值的思辨上,也表现在对人生的享受上。也许是自东汉末年以来长期的社会动乱所致,人们倍感生命之无常,即使是雄才大略的曹操也不禁为人生苦短、功业难竟而慷慨悲歌:"对酒当歌,人生几何? 譬如朝露,去日苦多。慨当以慷,忧思难忘。"④ 既然生命如此短促,生逢乱世,又如此无常,不少士人就倍觉人生之可贵,转而对生活情趣热烈追求。虽然这种追求难免有几分醉生梦死的悲凉意味,但较之先秦、两汉片面强调人生价值建功立业这一面,明显见出对人生价值另一面——享受人生的重视。魏晋时期嗜酒成风,"竹林七贤"之一的刘伶酒中作诗云:"天生刘伶,以酒为名。一饮一斛,五斗解酲。"⑤ 刘伶这样,既是佯狂,以逃避种种难以预知的栽赃加诬;又是放达,任感性生命遨游。东晋南渡,士人们随之渡江,念故园千里,有家难归,更是感慨

① 刘义庆:《世说新语・言语》。
② 刘义庆:《世说新语・文学》。
③ 刘义庆:《世说新语・任诞》。
④ 曹操:《短歌行》。
⑤ 刘义庆:《世说新语・任诞》。

系之，只能以酒色排遣。同时，东南一带的民富物阜、风景佳丽又使得南渡士人常常忘却亡国之痛，偏安江左，转而更热衷于生活的享受。

自东汉开始进入中国的佛教，到魏晋南北朝已相当盛行。老庄哲学的影响，加上佛教的浸润，六朝玄风更见淫靡。较之魏晋，南渡士人对生活的享受更具高雅色彩。

追求雅趣是魏晋南北朝审美风尚的一个重要特点，亦是此时人物品藻的一个重要方面。《世说新语》载：

> 谢太傅寒雪日内集，与儿女讲论文义，俄而雪骤，公欣然曰："白雪纷纷何所似？"兄子胡儿曰："撒盐空中差可拟。"兄女曰："未若柳絮因风起。"公大笑乐。[1]

谢太傅就是谢安，他与家人赏雪饮酒作诗之情趣，确实优雅得很。同是赏景饮宴，然而刚渡江时，士人们相邀至江边新亭饮宴，遥望北方，却是感叹"山河之异"而"相视流泪"。那种情感与这种情感真是大相悬殊！

当然，要论雅趣，魏晋士人中第一当推王子猷。他的"乘兴而行，兴尽而返"的故事脍炙人口：

> 王子猷居山阴，夜大雪眠觉，开室命酌酒，四望皎然，因起彷徨，味左思《招隐》诗。忽忆戴安道，时戴在剡，即便夜乘小船就之。经宿方至，造门不前而返。人问其故，王曰："吾本乘兴而行，兴尽而返，何必见戴！"[2]

这趟旅行持纯粹的审美态度，无丝毫功利目的，纯然为了"尽兴"，"无所为而为"。这份"雅"，称得上雅之至了。

《世说新语》中记载大量的"雅"的故事，各种"雅"，其意味不同。这里试再摘三例：

> 王安丰妇常卿安丰，安丰曰："妇人卿婿，于礼为不敬，后勿复尔。"妇曰："亲卿爱卿，是以卿卿。我不卿卿，谁当卿卿！"遂恒听之。[3]

---

[1] 刘义庆：《世说新语·言语》。
[2] 刘义庆：《世说新语·任诞》。
[3] 刘义庆：《世说新语·惑溺》。

顾长康啖甘蔗,先食尾,人问所以,云:"渐至佳境。"①

郝隆七月七日出日中仰卧,人问其故,答曰:"我晒书。"②

这三则都是日常生活中的事,本为俗,然化俗为雅,颇能见出魏晋士人任诞而又不失儒雅的风度。第一则记王安丰妻称王为"卿"尤见雅趣。本来,按礼法,"卿"是上对下的爱称,夫呼妻尚可,妻呼夫则不可。可在魏晋这种用法乱套了,王安丰妻亲昵地称夫为"卿",并且说:"亲卿爱卿,是以卿卿,我不卿卿,谁当卿卿!"夫妻间的恩爱跃然纸上。"卿",这一称呼让王安丰妻编成诗来唱,雅趣盎然。

三、重容貌

魏晋人物品藻最能见出美学色彩的是对人物容貌的重视。先秦诸子虽然也谈到容貌美,但多与人物的德行、才能相对而言,而且都表现出重德行、才能而轻容貌的倾向。魏晋对人物容貌美空前地予以注重,这种对容貌的注重首先表现在离开德行、才能等内在品质专门品评容貌的美丑,且明显地表现出对容貌美的赞赏。如:

时人目王右军"飘如游云,矫若惊龙"。③

嵇康身长七尺八寸,风姿特秀。见者叹曰:"萧萧肃肃,爽朗清举。"④

从《世说新语》看,魏晋时代已经看重化妆,不仅女人描眉涂粉,男人也这样,"何平叔美姿仪,面至白,魏明帝疑其傅粉。"⑤ 不过,魏晋时代更看重的还是人的天生丽质的美。那个"面至白"的何平叔(即大玄学家何晏),虽然"动静粉帛不去手",其肤色倒是天生的。一个夏日,他吃热汤饼,大汗淋漓,"用朱衣自拭,色转皎然"⑥。

---

① 刘义庆:《世说新语·排调》。

② 刘义庆:《世说新语·排调》。

③ 刘义庆:《世说新语·容止》。

④ 刘义庆:《世说新语·容止》。

⑤ 刘义庆:《世说新语·容止》。

⑥ 刘义庆:《世说新语·容止》。

在魏晋，爱貌美已成社会风气。潘岳"妙有姿容，好神情"，出游时，妇女遇见，"莫不连手共萦之"。左思虽然才情不弱于潘岳，但貌"绝丑"，因而出游时，"群妪齐共乱唾之"①。

四、注重风度

魏晋社会风气不仅注重容貌，而且注重风度。风度包括容貌，但不只是容貌，还包括从人的外在容貌言谈举止所透出的精神气概。风度是人的内在素质与外在表现的统一，理性内容与感性形式的统一。风度在人物品藻上最具美学意义，它比单纯的外貌美品鉴要深刻，要全面。由于风度总不离感性形式，因而又与单纯的德行品评有很大不同，这是一种真正的美学品评，充满情感观照而又不失理性深度。《世说新语》中有很多这样的美学品评，如：

李元礼风格秀整，高自标持，欲以天下名教是非为己任。②

王公目太尉："岩岩清峙，壁立千仞。"③

王平子目太尉："阿兄形似道，而神锋太俊。"太尉答曰："诚不如卿落落穆穆。"④

顾悦与简文同年，而发蚤白。简文曰："卿何以先白？"对曰："蒲柳之姿，望秋而落；松柏之质，经霜弥茂。"⑤

范豫章谓王荆州："卿风流倮望，真后来之秀。"⑥

从以上可以看出，魏晋南北朝时代已经很重视用美学尺度品评人物了。相对于先秦两汉只是用德行尺度品评人物，这是个很重要的进步，也正是魏晋时代"人的觉醒"的一个重要标志。

---

① 刘义庆：《世说新语·容止》。
② 刘义庆：《世说新语·德行》。
③ 刘义庆：《世说新语·赏誉》。
④ 刘义庆：《世说新语·赏誉》。
⑤ 刘义庆：《世说新语·言语》。
⑥ 刘义庆：《世说新语·赏誉》。

美学尺度也有各种各样的,《世说新语》中所体现出来的美学趣味显然是玄学的。它很看重"清"这一审美标准,很喜欢用"清通""清畅""清蔚""清新""清和""清真""清省""清鉴"等概念来品评人物。如:

> 武元夏目裴、王曰:"戎尚约,楷清通。"①

> 王戎目阮文业:"清伦有鉴识,汉元以来未有此人。"②

> 友人王眉子清通简畅。③

> 世称"荀子秀出,阿兴清和"。④

"清"后来广泛用于艺术品评。李白将"清"与"真"联系起来,他说:"自从建安来,绮丽不足珍。圣代复元古,垂衣贵清真。"⑤ 这"清真"即是清新、本色,重在"真"。宋代词出现繁荣,张炎总结词学,提出"词要清空"。这"清空"即是清丽、空灵,"所咏了然在目,且不留滞于物"⑥,重在"空"。不管是"清真",还是"清空",其本质都是道家的思想,都通向于"道""无""自然"。明代胡应麟专论"清",他说:"清者,超凡绝俗之谓,非专于枯寂闲淡之谓也。"⑦ 他又说:"诗最可贵者清。"⑧ 于是,"清"就成了诗美的最高标准。胡应麟还将"清"分成"格清""调清""思清""才清"四类,并结合诗人论述这"四清"的关系:"才清者,王、孟、储、韦之类是也。若格不清则凡,调不清则冗,思不清则俗。王、杨之流丽,沈、宋之丰蔚,高、岑之悲壮,李、杜之雄大,其才不可概以清言,其格与调与思,则无不清者。"⑨ 在胡应麟看来,才清最重要,"才大者格未尝不清,才清者格未必能大。"⑩ 胡应麟说的才清,

---

① 刘义庆:《世说新语·赏誉》。

② 刘义庆:《世说新语·赏誉》。

③ 刘义庆:《世说新语·赏誉》。

④ 刘义庆:《世说新语·赏誉》。

⑤ 李白:《古风》。

⑥ 张炎:《词源》。

⑦ 胡应麟:《诗薮·外编》卷四。

⑧ 胡应麟:《诗薮·外编》卷四。

⑨ 胡应麟:《诗薮·外编》卷四。

⑩ 胡应麟:《诗薮·外编》卷四。

即诗人秉性、才气之清。这是为总的原则，有了才清，就会有思清；有了思清，就会有调清、格清。

《老子》《庄子》中都没有"清"这一概念，谈"清"无疑是魏晋玄学的一个贡献。尽管"清"就其本质来说与道家的"道"相通，但它又不能直接等同于"道"，它可以视为"道"的一种属性、功能。有了"清"这个概念，道家哲学与审美、艺术就搭起了一座桥梁。"清"遂成了玄学美学、道家美学的重要范畴。

《世说新语》在品藻人物时也用上了"神""神王""神锋""风骨""正骨""骨气"等概念，这些概念后来也被广泛地运用于艺术美学，丰富了中国美学的范畴。

第 三 章
山水审美的觉醒

在中国美学中，自然审美占据很重要的地位，是中国美学较之西方美学的一个突出特点。这与中国最早的哲学学派相关，中国人的哲学学派为儒道两家，儒家以社会人生为基点，道家以自然本性为基点。自然本性虽然重在本性，但本性为自然的存在，而自然的存在，当其为物而存在时，就是自然界。因此，崇尚自然的道家，必然由崇尚本性延伸到崇尚自然界。值得说明的是，先秦时对于自然的崇尚多局限于哲学领域，汉朝开始延及审美领域。到魏晋南北朝，对于自然的审美就比较突出了。这个时候，言及自然审美中的自然，总是以山水来代替；于是自然审美就成了山水审美。虽然汉朝以及汉朝前的自然审美也以各种不同形式在不同意义上存在着，但没有独立。直到魏晋，自然山水独立的美学价值方才得到人们充分的认识。这不仅体现在游山玩水成了人们的赏心乐事，而且更体现在山水诗、田园诗、山水画的产生与发展。这一时代留下了大量文献资料，足以说明中华民族山水审美的觉醒。

第一节　山水美的发现

中华民族对于自然山水的感受，魏晋之前可以分为三个时期。

史前时期，自然进入人们的生活，人们已经感受到自然对于人的生活的极端重要性，而基于当时人们的认知水平的低下，不可能科学地认识自然现象，因而普遍地奉行自然崇拜。在自然崇拜中蕴含着某些审美因素，这大体上有两种情况。一是原生态的自然崇拜，集中体现在岩画之中。二是人化的自然物的崇拜，主要体现在陶器、玉器中的纹饰。距今6000年前的河姆渡文化的陶器上有稻穗、猪的形象；同样距今6000年前的大汶口文化的陶器上有精美的玫瑰花瓣形的纹饰，某些陶器还成为鸟、狗的造型；距今5000—4000年前的马家窑文化中有旋涡的形象，也有青蛙、鹿的形象。

先秦时期，龙凤等想象性的动物形象成为青铜器的纹饰，这既是史前自然崇拜的继续，也是潜在的自然审美意识的进一步积淀。而在文字广泛地进入人们的生活后，自然在各种不同的文字作品中得到显示。一是功利性的，或为疆域，或为资源，或为环境，如《尚书》《山海经》的自然物。二是准审美性的，这主要体现在《诗经》《楚辞》之中。《诗经》《楚辞》是文学作品，其中的自然描写有些是故事发生的背景，有些是气氛情调的渲染，有些是充当人格或神格的象征，不管哪一种，都不是作品的主要描写对象，它们有审美的意味，但基本上属于准审美。

《论语》中有孔子与学生关于志向的对话，其中曾皙说他的志向是："莫春者，春服既成，冠者五六人，童子六七人，浴乎沂，风乎舞雩，咏而归。"[1]这是最早见诸文字的关于旅游的记载，据此也可以说，在先秦旅游就有了。但没有形成风气，孔子对于它的肯定，不是因为它是旅游，当然也不是因为这属于欣赏自然美。

汉代时期，对自然山水的审美应该有了。张衡的《归田赋》中云："于是仲春令月，时和气清。原隰郁茂，百草滋荣。王雎鼓翼，鸧鹒哀鸣；交颈颉颃，关关嘤嘤。于焉逍遥，聊以娱情。"这种游乐就是对自然山水美的欣赏，张衡认为这种快乐"苟纵心于物外，安知荣辱之所如"，物我两忘，具有

---

[1] 《论语·先进》。

超功利性，属于"极般游之至乐"。

汉朝，自然山水审美确实存在了，不只张衡的《归田赋》描写了自然山水的美，还有诸多的辞赋，如枚乘的《七发》、司马相如的《上林赋》、班固的《两都赋》，都描写了自然山水的美。

值得说明的是，汉朝这种对于自然山水的欣赏，一是缺乏社会广泛性，多局限于皇家与知识分子之中；二是多依附于某种哲学或道德的意义，缺乏世俗性，上面所引张衡对自然山水的欣赏，明显地见出其对道家人生的向往与追求。

到魏晋，这种情况发生了很大的变化，主要体现两个方面。

一、游山玩水的世俗性

游山玩水不一定为了悟道，更不一定为了寻仙，而就是欣赏，就是审美。《世说新语》载：

> 顾长康从会稽还，人问山川之美，顾云："千岩竞秀，万壑争流，草木蒙笼其上，若云兴霞蔚。"[1]

这里说的"会稽"即今浙江东部一带，这个地方气候温润，林木葱郁，溪流纵横，风景优美，由于中国的政治中心一直在北方，它的美一直没有得到认识。晋室南渡，绍兴成为陪都，达官贵人多喜欢在此地居家。因此，这个地方的自然山水美很快地为人所发现。顾长康当然不是首先的发现者，但他的话具有强大的宣传效应。值得注意的是，他从会稽回来，人家问他的不是悟道，不是寻仙，而是"山川之美"。这一问，极见出当时的社会风气，山川之美比之于悟道、寻仙更具世俗性，也更具吸引力。

顾长康即顾恺之，著名画家，他去会稽游览，于他绘画的重大意义不言而喻。顾恺之是中国山水画之祖，山水画之美源于自然山水之美，没有现实中山水的审美，哪会有山水画的产生？

浙东不只是吸引了顾长康，还吸引了著名的书法家王羲之的儿子王敬

---

[1]　刘义庆：《世说新语·言语》。

之。《世说新语》载：

> 王子敬云："从山阴道上行，山川自相映发，使人应接不暇，若秋冬之际，尤难为怀。"①

自东晋以来，山阴道一直是闻名遐迩的旅游道。唐朝时不少诗人来此观光、小住，其中不乏著名的诗人如李白、杜甫、孟浩然、白居易等，他们写下了诸多优秀的诗歌，据统计多达400多首，因而此道被后人誉为"唐诗之路"。

二、游山玩水的审美性

中华民族是世界诸民族中最早以审美的眼光看待自然山水的民族之一。从《世说新语》等著作所记载的情况看，魏晋时代对自然山水已经能够持一种比较纯粹的审美态度。所谓比较纯粹的审美态度，主要表现有四个。

(一) 情感交流

移情于物。自然物本无情，人将自己的情感移之于它，将自然物看成情感之物，于是人与物进行着情感交流，实际上这是人对自身的情感认同，虽然具有浓厚的主观性，却最富有审美意味。

《世说新语》中有这样一段记载：

> 简文入华林园，顾谓左右曰："会心处不必在远，翳然林木，便自有濠濮间想也，觉鸟兽禽鱼自来亲人。"②

简文帝说"觉鸟兽禽鱼自来亲人"，这话很重要。它不只是表现出在自然山水欣赏中移情的态度，而且强调了在欣赏中人与自然山水的亲和感。《世说新语·言语》云："支道林常养数匹马，或言：'道人畜马不韵。'支曰：'贫道重其神骏。'""神"一般用于人，支道林用到马身上，从马身上看出"神骏"，实际上他将马看成人了，他与马的交流，属于人与人的交流。

《世说新语·言语》还有一个故事：

---

① 刘义庆：《世说新语·言语》。
② 刘义庆：《世说新语·言语》。

> 支公好鹤,住剡东岇山。有人遗其双鹤,少时翅长欲飞,支意惜之,乃铩其翮。鹤轩翥不复能飞,乃反顾翅垂头,视之如有懊丧意。林曰:"既有陵霄之姿,何肯为人作耳目近玩!"养令翮成,置使飞去。

支遁喜欢鹤,一天有人送了一对小鹤给他。这鹤逐渐翅膀长长了想飞走,支遁舍不得,便将其翮剪短。这鹤不能再飞了,经常回头看自己的翅膀,懊恼的样子。支遁说,既然有凌霄之志,怎么会给人当作玩物呢?于是,待鹤的翅膀恢复了,就让它们飞走了。故事很动人,关键处是支遁看出鹤有"懊丧意"。鹤当然对于失去长翮会有伤感,但此伤感,人是不懂的。支遁能够看出鹤的"懊丧意",是以己度人,属于美学上的移情。也许正是因为这移情,让这样一个故事具有浓郁的美学意味。

人物互移。美学上的移情论包含两个方面,一是人移于物,二是物移于人。最后出现的是人物互移,互移的结果是人获得更大的美感享受,而物在人眼中更美了。《世说新语·言语》中有这样一则:

> 王司州至吴兴印渚中看,叹曰:"非唯使人情开涤,亦觉日月清朗。"[1]

王司州即王胡之,是东晋名臣王廙之子,历任吴兴太守、西中郎将、司州刺史等职。此则故事,是说他去吴兴郡一个名叫"印渚"的地方欣赏风景。关于"印渚",《吴兴记》云:"于潜县东七十里,有印渚,渚傍有白石山,峻壁四十丈。印渚盖众溪之下流也。印渚已上至县,悉石濑恶道,不可行船;印渚已下,水道无险,故行旅集焉。"[2] 王司州来到这个地方,欣赏溪流之景,首先情为景所感发,"人情开涤",继而移情于景,"觉日月清朗"。

睹物生情。《世说新语》载:

> 桓公北征,经金城,见前为琅邪时种柳,皆已十围,慨然曰:"木犹如此,人何以堪!"攀枝执条,泫然流泪。[3]

桓公即桓温,东晋大臣,北征指的是太和四年(369)伐北燕。他路经

---

① 刘义庆:《世说新语·言语》。

② 刘义庆:《世说新语·言语》。

③ 刘义庆:《世说新语·言语》。

金城,看见当年为琅邪太守时种的柳树,已经长成十围大树,感慨岁月易逝。而南北仍然分治,国恨未消,抚摸着柳枝,说道:树都长这么大了,逆胡未灭,事业未立,真不堪回首啊! 睹物生情,这是日常生活常有之事。《世说新语》将这种事情予以彰显,它的意思就不是一般的了。它是否在表达自然与人的一种关系——情感关系? 物本无情,但物可以引人生情。这样的事例在《世说新语》中很多,类似的还有:

> 卫洗马初欲渡江,形神惨悴,语左右云:"见此芒芒,不觉百端交集。苟未免有情,亦复谁能遣此!"①

卫洗马为卫玠,东晋大臣,官至太子洗马。随晋王室南渡以来,一直思念恢复国家。一日他来到长江边上,眺望北方,苍茫一片,非常感伤,神色惨淡。他对跟从他的人说,看这茫茫的景象,心中百感交集,只要是有情人,怎能不伤心欲绝呢? 卫玠本内蕴亡国之痛,抱雪恨之思,面临长江,因见江水茫茫,心中之"百端"被激发出来。因景生情,情又增景,二者相互生发,达审美之极致。卫玠这种观江之感是属于他个人的,未必所有人都有此感。

睹物生情,情与景基调一致,卫玠见到的江景为茫茫,他的情亦是茫茫。《世说新语》载荀中郎在京口,登上北固楼眺望大海的感受是:"虽无睹三山,便自使人有凌云志",这"凌云志"与北固楼的峻高是一致的。情景的一致性,有些是外在的,有些是内在的。刘尹云:"清风朗月,辄思玄度"②,这"清风朗月"之景怎么会生发出对玄度的思念呢? 这是因为在刘尹的心目中,玄度这人的品格是可以用"清风朗月"来做比喻的。

(二) 比喻人品

以山水喻品德。《世说新语》中以自然山水喻人的审美观,是先秦"比德"说的一个发展。先秦"比德"说,比较地局限于以自然山水比喻人的品德,而魏晋以自然山水喻人则不限于品德,而重在人的风姿、神韵,是内在品质与外在形貌的统一,因而更具审美意义。

---

① 刘义庆:《世说新语·言语》。
② 刘义庆:《世说新语·言语》。

《世说新语·言语》云：

> 顾悦与简文同年，而发蚤白。简文曰："卿何以先白？"对曰："蒲柳之姿，望秋而落；松柏之质，经霜弥茂。"

蒲柳未及秋天，就落叶了；而松柏即使到了冰雨雪天，仍然青翠。顾悦对简文帝说这话，意思是简文帝与他质地不一样，简文帝是松柏，而他是蒲柳。这当然是在拍简文帝的马屁，但拍得很文雅，这也是一种本事！

以山水喻风度。《世说新语》中的以山水喻人，不只是喻人的品德，还喻人的风度。相较于喻品德，喻风度更多，这是先秦以来自然审美观的一个重要发展。

风度不只是品德，它是人的整体气象，包括内在的品德、气质、情感，但突出的是人物的容貌、言语、行动方式，乃至衣着服饰等。

关于用自然山水喻人的风度，《世说新语》有众多的事例：

> 刘尹云："人想王荆产佳，此想长松下当有清风耳。"[1]
>
> 裴令公目夏侯太初："……见山巨源，如登山临下，幽然深远。"[2]
>
> 庾于嵩目和峤："森森如千丈松，虽磊砢有节目，施之大厦，有栋梁之用。"[3]
>
> 王公目太尉："岩岩清峙，壁立千仞。"[4]

(三) 地灵人杰

在魏晋士人眼中，自然山水像人一样充满生机，充满活力，人与自然浑然一体。山水美与人物美是统一的，故而经常一并予以评鉴：

> 王武子、孙子荆各言其土地、人物之美。王云："其地坦而平，其水淡而清，其人廉且贞。"孙云："其山嶵巍以嵯峨，其水泙渫而扬波，其人磊砢而英多。"[5]

---

[1]　刘义庆：《世说新语·言语》。

[2]　刘义庆：《世说新语·赏誉》。

[3]　刘义庆：《世说新语·赏誉》。

[4]　刘义庆：《世说新语·赏誉》。

[5]　刘义庆：《世说新语·言语》。

这种品评包含一个很重要的观点,即自然山水风貌与人物风度、才性不仅可以相比,而且正是自然山水孕育、培植了与之相应的人物性格、气质。中国传统的"地灵人杰",说的正是此。

(四)见慧论道

从自然山水中获得智慧的启迪或者道德的感召,也是审美中的常见的现象。这种现象的产生,一般对于审美主体与审美客体均有较高的要求。于审美主体来说,审美潜质要优秀;于审美客体来说,审美潜质要丰富。《世说新语》记载了这种情况,我将它概括为从天道悟人道;但更多是借自然景象来阐发自己的某种见解,以天道证人道。

> 司马太傅斋中夜坐,于时天月明净,都无纤翳,太傅叹以为佳。谢景重在坐,答曰:"意谓乃不如微云点缀。"太傅因戏谢曰:"卿居心不净,乃复强欲滓秽太清邪?"[1]

这里讨论的对象是两种景,一是"天月明净",二是在"天月明净"基础上所加的"微云点缀"。应该说,两种景各有其美,就其物理属性而言不能分其高下。而在这里,讨论者司马太傅、谢景重却要分个高下,最后归结到赏景人的心理上去了。司马太傅虽然有些强人所难,而且也表明,他的话为戏言,但也耐人寻味。确实,自然山水的美不只在自然山水本身,还在欣赏者的修养和当下的心境。

于是,我们可以得出结论,自然美有两种构成因素,即来自客体的客观因素、来自主体的主观因素。客观因素多为物理性的,主观因素既有文化性的,也有生理性的。于是,对自然美的品鉴,就因人的主观因素不同而有所不同。虽然自然山水本身的物理性质不受人的解释而改变,但它的审美性质却可以因人的解释而有所改变。

在这里,也许讨论天月之景已经不重要了,重要的是两位玄学家在此所论的道。

类似的例子在《世说新语》的"文学"编中也可见到:

---

[1] 刘义庆:《世说新语·言语》。

　　褚季野语孙安国云："北人学问渊综广博。"孙答曰："南人学问清通简要。"支道林闻之，曰："圣贤固所忘言。自中人以还，北人看书如显处视月，南人学问如牖中窥日。"

　　对话前部分说"北人学问渊综广博"，"南人学问清通简要"。后部分将北人学问比喻为"显处视月"，将南人学问比喻为"牖中窥日"。如果细细比较，就会发现这种比喻其实并不恰切。

　　"渊综广博"怎么是"显处视月"？同样，"清通简要"怎么是"牖中窥日"？原来，喻底并不是前面说的"渊综广博""清通简要"，而是"渊综广博""清通简要"的引申：宏大显豁，丰富蕴藉。

　　以自然风景为喻面，以见慧论道为喻底，是《世说新语》阐释玄理的重要方式。这种方式不仅见出玄学的高妙，也见出审美的趣味。

第二节　山水诗的确立

　　魏晋对自然山水美重视的第二个突出表现，则是山水诗的确立。

　　首先，需要对山水诗做一个大概的定义。顾名思义，山水诗是以自然山水为描写、吟咏对象的诗。问题是，自然山水进入诗，早在先秦就有了，《诗经》《楚辞》均大量地描写自然山水，能说这是山水诗吗？显然不能。

　　自然山水进入诗，有多种情况。作为比兴的手法进入，作为象征的手法进入，作为事件的背景进入，作为气氛渲染进入……凡此等等，自然山水虽进入了诗，但没有成为诗歌意象的主体。这类诗不能称之为山水诗。除此以外，还有一种情况：有些诗虽然自然山水成为诗歌意象的主体，但是这一意象的灵魂与审美无关。这类诗，同样不能称之为山水诗。按笔者的看法，只有自然山水成为诗歌意象的主体，且诗歌的内在意蕴中审美占据重要地位，才能称之为山水诗。

　　这样严格的山水诗先秦没有，汉代也不多，《古诗十九首》有几首有山水诗的意味，但仍然算不得标准的山水诗。但是到汉代末，标准的山水诗有了，如曹操的《观沧海》。到魏晋南北朝，山水诗就比较多了，且成为时代的风气。因此,山水诗的真正确立是在魏晋南北朝时期。

山水诗的确立,突出体现出自然审美的觉醒。魏晋南北朝的山水诗的确立,体现在如下四个方面。

一、游赏山水

这可以谢灵运(385—433)为代表。谢灵运,陈郡阳夏人(今河南太康附近),东晋名将谢玄之孙,《宋书谢灵运传》介绍:"灵运少好学,博览群书,文章之美,江左莫逮。"① 他特别喜欢游览山水,《宋书》云:"出为永嘉太守,郡有名山水,灵运素所爱好,出守既不得志,遂肆意游遨。"② 为游山玩水,他特制登山"木屐","上山则去前齿","下山则去后齿"。当时江南许多山岭无路可通。为探景,谢灵运让人伐木开路,自始宁直到临海。跟随谢灵运的人多达数百,以致临海太守惊骇不已,误以为来了山贼。

正因为主旨是爱自然,所以他的山水诗对于自然风景有着极为真切的描绘。比如:

> 白云抱幽石,绿筱媚清涟。③
> 池塘生春草,园柳变鸣禽。④
> 云日相辉映,空水共澄鲜。⑤
> 昏旦变气候,山水含清晖。⑥
> 林壑敛暝色,云霞收夕霏。⑦

仅从上面所引的几个例子看,谢灵运对自然物的美有着深切的体察。

第一,他注意自然美景色彩的组合,如"白云抱幽石,绿筱媚清涟""云日相辉映"。

---

① 沈约:《宋书·列传第二十七·谢灵运》。
② 沈约:《宋书·列传第二十七·谢灵运》。
③ 谢灵运:《过始宁墅》。
④ 谢灵运:《登池上楼》。
⑤ 谢灵运:《登江中孤屿》。
⑥ 谢灵运:《石壁精舍还湖中作》。
⑦ 谢灵运:《石壁精舍还湖中作》。

第二，他注意自然美景时令的变化，如"园柳变鸣禽""昏旦变气候""云霞收夕霏"。

第三，他特别喜欢静谧然而富有生命力的景观，如"池塘生春草"。

第四，他特别喜欢清新、明媚、通透的景观，如"空水共澄鲜""山水含清晖"。

谢灵运的诗鲍照说是如"初发芙蓉，自然可爱"，诚如也。

谢朓（464—499）是谢灵运的族人，也是一位优秀的山水诗人，在自然美的发现与自然美的创造上，较之谢灵运有新的开拓。

第一，他特别注意自然的动景。这种动景，有的以气势胜，如"大江流日夜，客心悲未央"①，"秋河曙耿耿，寒渚夜苍苍"②；有的以精微胜，如"鱼戏新荷动，鸟散余花落"③。

第二，他常将人们的视线引向遥远的无限，如"天际识归舟，云中辨江树"④，"风云有鸟路，江汉限无梁"⑤。

第三，他特别注重炼字炼境，如"余霞散成绮，澄江静如练"⑥。这一景观取之自然，但经过他的炼字炼境，表现为艺术美，实在是超过了自然美。

二、隐逸山水

隐士们多喜欢选择荒野居住，他们与山水有一种特殊的关系。左思有《招隐诗》一首，可以看作代表。诗云：

> 杖策招隐士，荒涂横古今。岩穴无结构，丘中有鸣琴。白云停阴冈，丹葩曜阳林。石泉漱琼瑶，纤鳞或浮沉。非必丝与竹，山水有清音。何事待啸歌，灌木自悲吟。秋菊兼糇粮，幽兰间重襟。踌躇足力烦，聊

---

① 谢朓：《暂使下都夜发新林至京邑赠西府同僚》。
② 谢朓：《暂使下都夜发新林至京邑赠西府同僚》。
③ 谢朓：《游东田》。
④ 谢朓：《之宣城郡出新林浦向板桥》。
⑤ 谢朓：《暂使下都夜发新林至京邑赠西府同僚》。
⑥ 谢朓：《晚登三山还望京邑》。

欲投吾簪。

左思为北朝齐国临淄（今山东淄博）人，生卒年不详，与陆机、潘岳同时。作为隐士，他藏身于荒山之中，诗中说这地方"荒涂横古今"，从没有人来过，山洞也从没有人搭过梁木类的结构，而这就是他的家了。于是，这山水就不只是游览对象，它还多了好几重含义：也不只是避风遮雨的家，还是他的亲人，他的好友，经常安慰着他，温馨着他，鼓励着他。山水与他可谓惺惺相惜。作为隐士，他无疑以清自许，而山水既然是他的家，他的亲人、好友，自然也就是清的了。于是，他说道："非必丝与竹，山水有清音"。

"山水有清音"不只道出了隐士眼中、心中的山水，还道出了所有人心中的山水。在隐士，清与浊相对。清的是不慕荣利，不同流合污的干净与高尚；浊的是世俗的争名夺利、尔虞我诈、贪赃枉法、欺压百姓的恶浊。如果将"清"理解为非人工、最天然，那么，这"山水有清音"也道出自然美的真谛。自然有自身的天然素质，只有它才是最纯、最真、最美的，这种美称之为"清音"。

优秀的隐士诗人还可以举东晋诗人孙绰（314—371）为例。作为隐士，因为长年累月生活在山水之中，他对于时令所造成的山水的变化特别敏感。他在《诗曰》一诗中写道："萧瑟仲秋月，飂戾风云高。山居感时变，远客兴长谣。疏林积凉风，虚岫结凝霄。湛露洒庭林，密叶辞荣条。抚菌悲先落，攀松羡后凋。垂纶在林野，交情远市朝。淡然古怀心，濠上岂伊遥。"诗中对自然美的描写较之左思《招隐诗》多了一层意味：悲，有悲凉，也有悲愤、悲壮，这壮含有自励、自慰、自乐等多种意味。而自然界本然的美，则多了一份高奇、冷峭的风格，"萧瑟仲秋月，飂戾风云高"。一个"高"字，包含多少感慨！既是赞美自然的"风云"高，也在标榜自己的品格高！

三、游仙山水

中国自先秦就有神仙说的流行，庄子的藐姑射山上的神人也就是仙人。中国古籍中的神与仙常混在一起，汉代开始有所分别，但并不强调。大抵上，神人与凡人有一定的距离，多高居于天上或水底，它们原本不是人。而仙人则多出入凡间，与世俗之人有交往，而且仙人中有一部分还来自人。仙人最大的优势在于不死。秦始皇在历代君王中不是第一位寻仙者，却是最有影响的寻仙者。成仙，是中华民族普遍的人生理想，不独君王然。东汉建立的道教之所以很快在社会上产生广泛的影响，就是因为它把神仙学纳入其内。成仙途径很多，主要有炼丹、服药。"竹林七贤"之一嵇康很相信此道，他说，"又闻道士遗言，饵术黄精，令人久寿，意甚信之"①，他说的"黄精"是一种可以成仙的药。炼丹有炼内丹、外丹之分，炼外丹为制药，而炼内丹则为修身养性，也还有一些养形的方法如"导引"。《庄子·刻意》说："吹呴呼吸，吐故纳新，熊经鸟申，为寿而已矣！"成仙的捷径是寻仙，并力求成为仙人的徒弟，这样就可以在仙人的直接指导下羽化而成仙。成仙的途径虽然很多，但这些途径均与自然有关。因为炼丹、寻仙多在荒僻的野外。于是好仙的人们就常去大自然中去寻仙、炼丹了。在这种背景下，就产生了诸多游仙诗。这些诗中多有自然风景的描绘，大体上，游仙诗也划为山水诗。游仙诗对于艺术中的自然山水美有独特的发现。

第一，注重鲜亮奇美的自然景象。在游仙者看来，只有这种景象与仙联系在一起。因此，像上面引的隐士孙绰笔下的那种阴郁的自然景象一般不会在游仙诗中出现。在游仙诗中，经常看到的美景是：

晨游泰山，云雾窈窕。忽逢二童，颜色鲜好。乘彼白鹿，手翳芝草。②
遥望山上松，隆谷郁青葱。……飘遥戏玄圃，黄老路相逢。③

天阶路殊绝，云汉邈无梁。濯发旸谷滨，远游昆岳傍。登彼列仙岨，采此秋兰芳。④

璇台冠昆岭，西海滨招摇。琼林笼藻映，碧树疏英翘。丹泉漂朱沫，黑水鼓玄涛。⑤

①　嵇康：《与山巨源绝交书》。
②　曹植：《飞龙篇》。
③　嵇康：《游仙诗》。
④　阮籍：《咏怀八十二首之三十五》。
⑤　郭璞：《游仙诗十四首之十》。

第二，虽有写实但多为想象之景。张华（232—300）《游仙诗三首》中，写他想象中乘云随风，飞越高山大河，来到一个极美的地方："乘云去中夏，随风济江湘。鼉鼉陟高陵，遂升玉峦阳。云娥荐琼石，神妃侍衣裳。"

游仙山水，让自然美产生神仙的意味，很大程度上美化了自然。因为游仙诗，人们将最美的山水比喻为仙境，想象中的仙境审美成为现实中的审美理想。

四、玄意山水

东晋诗人孙绰《庾亮碑》云："方寸湛然，固以玄对山水。""方寸湛然"，即"澄怀"，老子称之为"涤除玄览"①，庄子称为"斋以静心"，"汝斋戒，疏瀹而心，澡雪而精神"②。"以玄对山水"，即从山水之中领悟玄理，这正是魏晋以来玄风的反映。

"以玄对山水"的美学意味，在陶渊明的田园诗中得到了最好的反映，如他的《饮酒·其五》云：

> 结庐在人境，而无车马喧。
>
> 问君何能尔？心远地自偏。
>
> 采菊东篱下，悠然见南山。
>
> 山气日夕佳，飞鸟相与还。
>
> 此中有真意，欲辨已忘言。

一个何等清新自然的境界！意趣盎然又内蕴玄机。

陶渊明以一种恬静悠然的心态观照"山气""飞鸟"的动静变化，从中领悟到了"真意"，然而这"真意"又是不能用言语表达的，这正是道家、玄学家所极力推崇的"得意忘言"。伫立在恬静风景中的陶渊明，以"悠然"的神态望着南山，似是与南山对话。这份悠然，玄味十足，悠然的岂止是陶渊明，还有南山，这是以悠然对悠然。

---

① 《老子·第十章》。

② 《庄子·知北游》。

四种山水诗都以自然为本，而且也都以对自然的审美为本，在对自然的审美中各自品出自己的意味，或为妙，或为清，或为仙，或为玄。

除了山水诗外，在魏晋南北朝，山水散文也产生了。北魏时期郦道元（约470—527）的《水经注》既是地理著作，又是文学著作，而且是中国最早的山水游记著作，其中写《江水·三峡》一段已经成为千古传颂的美文。就在这段文字中，他提出"山水之美"的概念，并强调山水之美"耳闻之不如亲见矣"。当他写完这段文字之后，自认为已成为山水之知己，不禁爽然言道："山水有灵，亦当惊知己于千古矣。"这句话，不能只当作自我标榜，实际上它提出了一个审美理论：美在于发现。山水诚然是客观的，人去不去观赏它，它都存在着。但山水之美，如果没有人亲力亲为地去欣赏，它的美又怎能得到确证呢？艺术美的实现需要知音，自然美的实现也需要知音。

单篇的山水散文也不少，最有名的数陶弘景（456—536）的《答谢中书书》、吴均（469—520）的《与朱元思书》。

陶弘景爱好山水，隐居句曲山，设帐授徒。梁武帝屡加礼聘，不肯出。梁武帝无奈，有大事仍派人去咨询，因此时人称之为"山中宰相"。陶弘景有《答谢中书书》一文，对自然山水的美做了客观而又生动的描绘：

> 山川之美，古来共谈。高峰入云，清流见底。两岸石壁，五色交辉。青林翠竹，四时俱备。晓雾将歇，猿鸟乱鸣；夕日欲颓，沉鳞竞跃。实是欲界之仙都。

这篇文章中，开篇的"山川之美，古来共谈"，是一个重要的观点。一是肯定山川之美，二是肯定山川之美的发现由来已久。此处，它没有追溯山水美最早的发现在什么时候，按笔者的看法，至少在新石器时代，山水美已经在史前先民的心中产生了。距今4000年前的马家窑彩陶上的旋涡纹，表现得那样有章法，美妙无比，这样一种纹饰岂能只是表达了对旋涡的恐惧和崇拜？它难道没有美的感受？

吴均的《与朱元思书》也是一篇极美的山水散文，文章不长，也录之如下，以见魏晋南北朝人对自然山水美感受之细腻：

> 风烟俱净，天山共色。从流飘荡，任意东西。自富阳至桐庐一百

许里,奇山异水,天下独绝。水皆缥碧,千丈见底。游鱼细石,直视无碍。急湍甚箭,猛浪若奔。夹岸高山,皆生寒树,负势竞上,互相轩邈,争高直指,千百成峰。泉水激石,泠泠作响;好鸟相鸣,嘤嘤成韵。蝉则千转不穷,猿则百叫无绝。鸢飞戾天者,望峰息心;经纶世务者,窥谷忘反。横柯上蔽,在昼犹昏;疏条交映,有时见日。

这篇不足两百字的散文,将自富阳至桐庐一百许里的自然山水美描绘得历历如绘,如在眼前。在优雅文字的表现下,山水本身之美又加一份人文智慧之美,就更为迷人了。它的突出优点是镜头感。镜头本是电影表现手法,一个镜头就是一个具有完整意味的画面或画段,它就是一个意象。电影由诸多镜头组成一个连贯性的故事,这篇散文也是。开头两句"风烟俱净,天山共色。从流飘荡,任意东西",就是一个全景镜头。首先是广阔的天空,云烟舒卷,然后由云烟落下,见出高峻山岭,哗哗的流水。然后,镜头再左右拉开,见出水流奔腾的气势。

山水诗的产生,影响了以后中国的文学史、绘画史、美学史。中国的诗原来也是以叙事抒情为主,以《诗经》《楚辞》为源头。而山水诗出现后,逐渐成为诗歌中的主体,叙事诗、抒情诗倒不及山水诗了。由于在中国艺术中,诗的地位至高,因此山水诗的壮大也影响了绘画,山水画也逐渐成为绘画的主体。这样一来,它必然影响中国人的审美方式,影响以后的中国美学史。

第三节　山水画的确立

王伯敏先生说:"中国的山水画,出现于战国之前,滋育于东晋,确立于南北朝,兴盛于隋唐。"[①] 这个论断,笔者是赞同的。

山水画的概念,有广义与狭义之分。广义的山水画,即以自然为题材的画,它应该包括花鸟画;狭义的山水画,只是以山水为主要题材的画。从

① 王伯敏:《中国绘画史》,上海人民美术出版社 1982 年版,第 71 页。

广义的山水画而言，山水画的起源可以追溯到史前。彩陶纹饰中有鸟、鹿、蛇、蛙等形象，也有花草、云气的形象。《世本》云："史皇作图"，史皇为黄帝的臣，这图为物象即自然之象。《云笈七签》："黄帝以四岳皆有佐命之山，乃命潜山为衡岳之副，帝乃造山，躬身写象，以为五岳真形之图。"这些虽然是传说，但多少反映了当时的现实，史前彩陶上的纹饰也足以证明初民们具有绘画的才能，夏商周青铜器上就有各种自然物象的纹饰。关于绘画，《尚书》《周礼》《礼记》等古籍也有所记载。《尚书·益稷》云："予欲观古人之象，日、月、星辰、山、龙、华虫，作会；宗彝、藻、火、粉米、黼、黻、絺绣，以五采彰施于五色，作服。"《礼记·曲礼》云："饰羔雁者以缋。"孔颖达疏云："饰，覆也。画布为云气，以覆羔雁为饰以相见也。"王逸的《楚辞章句》更是明确地说："楚有先王之庙及公卿祠堂，图天地神灵琦玮谲诡及古贤圣怪物行事。"汉朝有关山水画的记载也很多，如王延寿的《鲁灵光殿赋》云："画天地、品类、群生、杂物、奇怪、山神、海灵，写载其状，托之丹青。"东汉画家刘褒，画有《云汉图》《北风图》。著名的科学家兼文学家张衡也画过怪兽，张衡还就绘画发表过意见，他说："画工恶图犬马而好作鬼魅，诚以事实难形而虚伪不穷也。"[1]

　　以上这些资料只能说明山水画在成形过程中的一些情况，它们都不是严格意义上的山水画。严格意义上的山水画，不管是以写实为主，还是以想象为主，都是自然的写形兼写意，题材本身就是主题。而以上所说的各种图画，只是具有山水画的某些因素，而不是真正的山水画。不仅题材谈不上是真实的自然，而且主题也不在自然身上。这些画实际上是宗教情怀的寄托，或是政治礼仪的某种显示。

　　三国、魏晋出现了真正的山水画。曹操孙曹髦喜欢画画，他画有《黄河流势图》《新丰鸡犬图》，吴国女画家吴王赵夫人"能写江湖山岳之势，已开后世山水画之端"[2]。西晋画家卫协画有《穆天子宴燕图》，嵇康画有《狮子

----

① 以上资料参见俞剑华：《中国绘画史》，商务印书馆1955年版，第1—24页。
② 俞剑华：《中国绘画史》，商务印书馆1955年版，第28页。

击象图》，可能还谈不上真正的山水画。戴逵（326—396）可能算得上山水画的重要开创者，他画有《吴中溪山邑居图》《南都赋图》，张彦远评价他"山水极妙"。戴逵的儿子戴勃、戴颙也都善画山水。尽管如此，西晋仍然以佛道人物画为主，山水并不得势。东晋就不同了，俞剑华先生说："山水画亦渐萌芽，行将脱离人物画之背景而成一独立之画科，其故盖由于晋室既东，中原才智之士，相率南下。江南人物俊秀，风景优美，罗丘壑于胸中，生烟云于笔底，已具山水画之雏形。"[①] 东晋山水画家最重要的，无疑是顾恺之。傅抱石先生说，他在中国画学演进史上是开山祖师，在中国的山水画史上也是一位独辟弘途的功臣。[②]

东晋后，南北朝期间，优秀的山水画家层出不穷，如宗炳、王微。由于历史的原因，他们的作品都没有能够保留下来。然而，从他们留下的关于山水画的言论中，仍然可以看出他们对山水美的认识与追求。

一、对于山水美的认识

（一）造化为灵

南朝梁元帝萧绎（508—555），天生善书画，《历代名画记》载他画有《番客入朝图》《游春苑图》《鹿图》《师利图》《鹣鹤陂泽图》《芙蓉湖醮鼎图》等。有《山水松石格》一文，署名为他，虽然人多疑之，但此文的历史性存在是肯定的，不论是何人所做。此文于自然美提出很重要的看法："天地之名，造化为灵。"这不仅是肯定自然存在的客观性，而且肯定自然是具有灵气的。这灵，用美学的概念来表示，就是妙，就是美。

（二）势如神龙

顾恺之绘画的基本观点是"以形写神"，传神写照。虽然这一观点的提出，是针对人物画而言的；但是，也适用于山水画。他有《画云台山记》一文，在这篇文章中，他提出要注意山的光影、色彩、形状、走向、气势和精神："山

---

① 俞剑华：《中国绘画史》，商务印书馆 1955 年版，第 34—35 页。

② 参见傅抱石：《中国古代山水画史的研究》，上海人民美术出版社 1960 年版。

有面则背向有影,可令庆云西而吐于东方,清天中,凡天及水色尽用空青,竟素上下以映日。西去山,别详其远近,发迹东基,转上未半,作紫石如坚云者五六枚,夹冈乘其间而上,使势蜿蟺如龙,因抱峰直顿而上。"对于云台山的形神,他概括为"蜿蟺如龙";说是龙,不仅取龙的形状,而且取龙的神韵。龙是有生命的,他能"抱峰直顿而上"。

对云台山的看法,虽然限于一山,但这种观点可以延伸到整个自然,他认为整个自然都是有生命的。生命之美是自然山水之美的灵魂。

(三) 质有趣灵

南朝宋国画家宗炳 (375—443) 对山水的看法,稍有不同,他说:

> 圣人含道映物,贤者澄怀味像。至于山水,质有而趣灵。①

关于山水的本质,宗炳说是"质有而趣灵"。"质"在这里即"形"——山水的外在形式,这形式之所以美,是因为它"趣灵"。"趣"即趣味,当然,是对人的趣味,这种趣味的本质是"灵"。"灵"含义丰富,既可以是自然本身之精神,也可以是神明之精神,还可以是它所象征的人文之精神。

此段前面说"圣人含道映物",此道可以是天之道,也可以是人之道。不管是哪种道,都与物——自然物有关系,它就体现在物之中,是物之本、物之魂。"贤者澄怀味像"的"像"就是自然山水,它之所以要品,是因为它的精神是内在的,不是感觉可以把握的,需要动用心智深入地品味,犹如老子说的"味"道。而事实上,自然山水只有道,它的形即它的像是道的外在显现。

二、关于山水的审美

关于山水的审美,主要有两种观点。

(一) 畅神

南朝宋国画家王微 (415—443),在《叙画》中也谈到山水与山水画的欣赏。他说:

---

① 宗炳:《画山水序》。

望秋云，神飞扬，临春风，思浩荡。虽有金石之乐，珪璋之深，岂能仿佛之哉。披图按牒，效异《山海》，绿林扬风，白水激涧。呜呼，岂独运诸指掌，亦以明神降之。此画之情也。

"望秋云，神飞扬，临春风，思浩荡"，这既是欣赏山水的审美愉快，也是欣赏山水画的审美愉快。这种愉快既不同于欣赏"金石之乐"，也不同于观赏"珪璋之深"。除此以外，与"披图按牒"读《山海经》也不相同。这是一种主要与视觉相联系的感性愉快，它没有任何实际功利的意义，是一种比较纯粹的精神愉快。这种愉快还有一个显著特点，就是神与物游，"秋云"与精神一同"飞扬"，"春风"与思绪相与"浩荡"。

(二) 观道

这是宗炳的观点。在谈到山水"质有而趣灵"之后，他接着说：

是以轩辕、尧、孔 (疑为"舜"，若"孔"应排在"孤竹"之后)、广成、大隗、许由、孤竹之流，必有崆峒、具茨、藐姑、箕首、大蒙之游焉，又称仁智之乐焉。夫圣人以神法道而贤者通，山水以形媚道而仁者乐。不亦几乎？ ①

儒、道、佛都讲"道"，所以此道究竟何道，引起许多不同意见。其实，这里的"道"没有确指，缺乏充分的根据断定它一定只是某种"道"。就这段文字来看，它谈到了"广成""大隗"这样的仙家，又谈到"崆峒""藐姑"这些出现在《庄子》一书中的神山，看来道家思想是有的；但他又谈到孔子，并借用儒家喜欢说的"仁智之乐"来谈山水的审美，看来儒家思想亦是有的；而就宗炳崇佛的思想实际来看，这篇写于晚年的《画山水序》不可能没有佛教思想。尽管儒、道、佛三家有其不同的思想体系，但都把事物的本体归于某种精神，并且都以把握这种精神作为人生至高无上的归宿。在中国古代哲学中，"道"是儒、道、佛三家都用来表示精神本体的概念。如果深入分析儒道、仙道、佛道，我们还可发现，这三者是可以相通的。基于此，我们不必将宗炳这里说的"道"坐实为某家之道，而可理解成一种天地精神，

---

① 宗炳：《画山水序》。

按中国哲学传统,天地精神又是与人伦精神相通的。

既然山水美的本质在于其形式体现了一种名之为"道"的天地精神,那么山水的审美则为体道了。关于山水审美,宗炳提出了"含道映物""澄怀味像""以神法道"等命题。"含道映物",这是指圣人的山水审美方式,圣人当然是最能把握"道"的,"道"就在他心中,故谓"含道"。"映物",即"应物",说的是对自然山水的感受。圣人以道应物,而物中又有道,故可以说以道应道,心中之道与自然之道融合,这就是道家所推崇的与天地精神相往来。宗炳讲"圣人以神法道",这"以神法道"亦即以心中之道去法自然之道,合自然之道。圣人对山水的审美方式是最高的。

"澄怀味象"是贤者的审美方式。贤者还达不到"含道"的境界,但他可以"澄怀",即老子所说的"涤除玄览",庄子说的"斋以静心",以这样一种洁静虚极的心境去领悟道。"道"在山水之中,山水是有形象的,"道"虽寄寓于形象之中却又不是形象,犹如盐在水中。那么,怎样悟道呢? 宗炳提出"味象"。"味",品味的意思。"味"既有感性的意义,又有理性的意义,它是一种理性知觉。它可以说是一种非概念非逻辑的理性把握事物的方式,又可以说是一种合理性合思维的感性把握事物的方式。

"澄怀味象","澄怀"是前提,须不带杂念,不含功利;"味象"是目的。很显然,"澄怀味象"正是我们通常说的审美,不仅适用于山水美欣赏,也适用于艺术美欣赏。

"味象"与"味道"是相通的,或者说通过味像而达到味道。在《宋书·宗炳传》中,"澄怀味象"表述为"澄怀味道"。

"澄怀味象"是中国独特的审美理论,是中国美学对世界美学的杰出贡献。

从整体上说,山水画与山水诗的发展是同步的,到唐朝山水诗地位超过抒情诗,成为诗的主流;这一时期,山水画的地位也超过了佛道人物画,成为画的主流。

第 四 章
绘画审美的觉醒

魏晋南北朝在中国绘画发展史上也是一个重要时期。这一时期，人物画得到长足发展，出现了曹不兴、顾恺之、张僧繇这样杰出的人物画家。佛教极为兴盛，以佛教故事为题材的壁画亦随之兴盛，著名的人物画家几乎都是佛教壁画画家。中国山水画的兴起是六朝画坛一件大事，山水画滋育于东晋，确立于南北朝。当时最著名的画家顾恺之既画人物也画山水，此外著名的山水画家还有宗炳、王微等。魏晋南北朝在中国画论史上的地位也特别重要。六朝以前，中国的画论散见在一些文献里，直到六朝才出现完整的、正式的画论。六朝画论中的美学思想与玄学、佛学有着密切关系，它与人物品藻、山水赏会以及文论中的美学思想相呼应，究其本质来说，它体现了中国绘画在艺术上的彻底觉醒。这个觉醒正是魏晋时代主潮——人的觉醒的一个方面。

第一节　顾恺之：传神写照

魏晋南北朝时期虽然产生了山水画，但人物画仍然居于优势地位，而且这个时候人物画已经积累了一定的经验，形成了比较成熟的理论。人物画论的代表人物，一为顾恺之，一为谢赫。

顾恺之（348—409年），字长康，小字虎头，无锡人，东晋大画家，工人物兼善山水、鳞毛，且诗文均佳。魏晋时，不少文人行为怪异，或傲，或诞，或痴。顾恺之被人称为"痴黠各半"，在当时就被誉为"三绝"：才绝、画绝、痴绝。

顾恺之在绘画上的成就历来被人称道，但是他最主要的贡献还是在画论方面。他的三篇传世画论《论画》《魏晋胜流画赞》《画云台山记》，可视为中国绘画理论的奠基之作。这三篇文章特别是前两篇文章中所提出的"传神写照""迁想妙得"以及"骨法"等理论，是顾恺之对中国绘画美学的主要贡献。这三个理论又以"传神写照"论为主，实际上，"迁想妙得"论、"骨法"论也都可以归属于"传神写照"论。

"传神写照"论的实质是强调"神似"，把"传神"看作艺术创造的目的，或者说将"神似"看作艺术形象创造的最高标准。

《世说新语》载有两则故事，从中可以看出顾恺之的美学思想。

> 顾长康画裴叔则，颊上益三毛。人问其故。顾曰："裴楷俊朗有识具，正此是其识具。"看画者寻之，定觉益三毛如有神明，殊胜未安时。

> 顾长康画谢幼舆在岩石里。人问其所以，顾曰："谢云：'一丘一壑，自谓过之。'此子宜置丘壑中。"

在裴叔则颊上加上三根毛，显然是破坏了形似，可说形不真。然而加上这三根毛，裴叔则的"俊朗有识具"的精神特征就给突出了，形不真造就了神更真。谢鲲行为疏放旷达，以"纵意丘壑"自许（见《世说新语》注引《晋阳秋》及《晋纪》）。为了突出谢鲲的这一特征，顾恺之特意将他置于岩石之中，这是借助于背景以传神。可见，为了传神，不仅形是可以适当改变的，背景也是可以设置的。

形神关系是先秦哲学经常讨论的问题，但都没有赋予美学的意义。汉末刘劭在《人物志》中谈及人物品藻时提出了"征神"的问题。刘劭说："夫色见于貌，所谓征神。征神见貌，则情发于目。"这已经有点美学意味了，但刘劭不是谈艺术创造，而是谈人物品藻。刘劭以后，随着魏晋玄学的兴盛，人物品藻中谈"神"更多了。玄学谈的"神"常跟

"气""明""情""姿""意""怀""风""锋"等词组合起来，看来这"神"就不是空泛笼统的精神，而是侧重于指人的气质、才华、智慧、情感等内在方面，这内在方面又往往借助于外形以显露出来。因而这种"神"的美学意味就浓得多了。诸如：

神姿锋颖（《世说新语·自新》）

神明可爱（《世说新语·纰漏》）

神气融散（《世说新语·赏誉》）

神意闲畅（《世说新语·赏誉》）

神情散朗（《世说新语·贤媛》）

神色恬然（《世说新语·雅量》）

风神清令（《世说新语·赏誉》）

顾恺之:《女史箴图》(局部 1)

顾恺之的重要贡献是将用在人物品藻中的"神"移到艺术创造中，尤其是人物形象描绘上，并且明确地提出"传神"是人物画的最高目的，一切为了传神。这表明，顾恺之对艺术本质的认识较之前人有很大进步。顾恺之实际上已经认识到，艺术反映生活，但不是反映生活的表面现象，而是要揭示生活的内在意蕴，或者说本质。就人物塑造来说，揭示人物内在的精神

顾恺之:《女史箴图》(局部2)

气质,尤其是他的本质性特征是最为重要的。顾恺之本是谈人物画,但实际上已涉及艺术典型问题了。

　　顾恺之不仅强调"传神"的重要性,而且论述了如何传神。在《魏晋胜流画赞》这篇文章中,有一段十分重要的文字:

　　　　人有长短,今既定远近以瞩其对,则不可改易阔促,错置高下也。
　　凡生人,亡有手揖眼视而前亡听对者。以形写神而空其实对,荃生之用乖,传神之趋失矣。空其实对则大失,对而不正则小失,不可不察也。一像之明昧,不若晤对之通神也。①

　　这段文章解释不一,影响到对它的理解。对《魏晋胜流画赞》一文,有论者认为可能是题目搞错了,按题,此文应是评论魏晋名流图,而实际上此文讲的主要是模写的方法,即如何使摹本与原本尽可能地一致。笔者基本上同意陈传席先生的意见:很可能因为赞词主要是论人,与绘画无关,所以

　　───────────

　　①　张彦远:《历代名画记》卷五。

张彦远没有将这部分录入《历代名画记》。他收录的只是赞后谈画的部分，而这部分恰好与题目不相符合。① 这部分主要是讲模写的方法，但也只是主要而已。这里说的主要是就量即篇幅而言的，其实文章最后一段（上录的一段）已不是谈模写的方法，而是谈创作了。陈传席先生解释《魏晋胜流画赞》前面几节都谈得很好，唯独这一节让人感到很牵强，其原因是他把这一节文字也看作谈模写的方法，按笔者的理解，这段文字可以翻译如下：

> 人的身材有长短之别，现在既已确定远近位置以让人物的目光注视一定的地方，那么就不可以改变宽窄，随意安置高下。凡是活生生的人，没有动作时眼睛不看着那个地方的，以形写神如若人的眼光不能有个应该相对的地方，那就会是手段与目的相违背，传神的目的就达不到了。视线没有应该对着的地方那是大失误，对而不正是小失误。这点不可不仔细啊！一个形象画得是否明艳是次要的，晤对通神才是最重要的。

如何做到传神，顾恺之在这里谈了几点意见。

第一，以形写神。"神"固然是重要的，但"形"的重要性亦不可小看；"形"除了它自身的美学价值外，还是传神的唯一途径。"神"不借助"形"根本无法传出，因此，应该重视画好形。这是总的原则。

第二，实对传神。这是以形写神的关键，所谓"对"，是讲人活动的对象。只要是活生生的人，他就会活动，有活动就有活动的对象，哪怕什么动作也不做，他的眼光也会投向一个对象。"对"首先应是"实对"，所谓"实对"就是说人的活动是有实际意义的，比如你画一只手伸出去，那一定要考虑到伸出去干什么。其次是"正对"，"正对"是讲人的动作的准确性。比如这伸出去的手是想与对方握手，那么就要看这伸出去的手是否方向对准了对方的手。顾恺之把"对"看得很重要，他的出发点是"生人"，凡活生生的人都会有活动的对象。事实上，顾恺之说的"神"亦即"生"，或者说生命的灵魂。

---

① 参见陈传席：《六朝画论研究》，江苏美术出版社 1985 年版，第 22—24 页。

顾恺之谈到"空其实对"时，指出其后果是"荃生之用乖，传神之趋失矣"。这"荃"是"筌"之误写，"筌"是捕鱼器。《庄子》用过"得鱼忘筌"的比喻，魏晋玄学也很喜欢谈"得鱼忘筌"。作为引申义，"鱼"可说是目的，"筌"是手段。"得鱼忘筌"即是说达到了目的则忘掉了手段，手段是为目的服务的，手段不能当作目的。顾恺之这里说的"荃"也是手段，具体来说是"形"，"生"即"神"，是目的。如果"空其实对"，这"形"就不能起到作为传神手段的作用。手段与目的相乖违，传神的意图就达不到了。"趋"，此同"趣"，即"旨趣"。

第三，晤对通神。"晤对"比"实对""正对"更高一着，即与对象进行情感交流。"实对""正对"只强调有"对"，不强调"对"的是可以寄托情感、交流思想的对象。"晤对"就不同了，不管所对的是人物还是器物、自然物，它都应是人的思想情感交流的对象。这种理论隐约地含有近代西方"移情说"的某些意义。事实上，晤对通神是中国式的移情说，与西方移情说过多地强调人移情于物不同，晤对通神则更多地强调主体与客体平等的情感交流，哪怕客体是自然物，这种理论在中国的诗歌创作中也许比绘画体现得更鲜明、更突出。

从"以形写神""实对传神""晤对通神"这些理论中，我们已经强烈地觉察到顾恺之对画眼睛的重视。《世说新语·巧艺》中正好有这样一个故事：

> 顾长康画人，或数年不点目精。人问其故，顾曰："四体妍蚩，本无关于妙处；传神写照，正在阿堵中。"

注重画眼睛，因为眼睛正是传神的要紧处。孟子曾谈过从眼睛的光识人："存乎人者，莫良于眸子。眸子不能掩其恶。胸中正，则眸子瞭焉；胸中不正，则眸子眊焉。听其言也，观其眸子，人焉廋哉？"[1]汉末魏初刘劭的《人物志》说："征神见貌，则情发于目。"《世说新语》中也好几处谈到眼睛的重要，如《贤媛》篇云："王尚书惠尝看王右军夫人，问：'眼耳未觉恶不？'答曰：

---

[1] 《孟子·离娄上》。

'发白齿落，属乎形骸；至于眼耳，关于神明，那可便与人隔！'"西方的黑格尔也有类似的看法。他说："如果我们问：整个灵魂究竟在哪一个特殊器官上显现为灵魂？我们马上就可以回答说：在眼睛上。因为灵魂集中在眼睛里，灵魂不仅要通过眼睛去看事物而且也要通过眼睛才被人看见。……艺术也可以说是要把每一个形象的看得见的外表上的每一个点都化成眼睛或灵魂的住所，使它把心灵显现出来。"① 应该承认，眼睛对于传达人的精神、气质、个性的确有其重要的作用，但是也不宜绝对化，在某些特殊的场景，也许人物另外的外在特征，对揭示人物某种特殊的精神、个性、气质更具表现力。

也许是基于画眼睛的重要，也许是基于画好眼睛之不易，顾恺之画画常不轻易点眼睛。《书抄》一百五十引《俗说》云："顾虎头为人画扇，作嵇、阮，都不点眼睛，便送扇主，曰：'点睛便能语也。'"② 顾恺之的真实想法当然不是"点睛便语"，这是人家对顾的吹捧。顾恺之的真实想法是他自己说的一句话："画'手挥五弦'易，'目送归鸿'难。"③ 眼睛难画啊！

顾恺之在《论画》一文中谈"神"不多，谈"骨"却很多，如：

《周本纪》重叠弥纶有骨法。

《伏羲神农》虽不似今世人，有奇骨而兼美好，神属冥芒，居然有得一之想。

《汉本纪》季王首也，有天骨而少细美。

《孙武》大荀首也，骨趣甚奇。

《醉客》作人，形、骨成，而制衣服慢之。

《烈士》有骨俱。

《三马》隽骨天奇。

谈"骨"亦是魏晋品藻人物常用的术语，"骨"含义比较丰富，它主要指

---

① ［德］黑格尔：《美学》第 1 卷，商务印书馆 1979 年版，第 197—198 页。

② 转引自于民、孙通海编：《美学名言名篇选读·魏晋六朝隋唐五代》，中华书局 1987 年版，第 58 页注。

③ 见刘义庆：《世说新语·巧艺》。

人的精神，而且主要指刚健隽朗的精神。它也指人的形体，主要指那种钦崎磊落的风姿。《世说新语·赏誉》云："羲之风骨清举也"，"时人道阮思旷骨气不及右军"。顾恺之在《论画》中如此多地使用"骨"这个概念，使人感到惊奇。顾恺之没有对"骨"的内涵加以界定，从他的使用来看，主要还是指人的刚健隽朗的精神气质，它属于"神"，是"神"的属概念。

在《论画》中，顾恺之还提出"迁想妙得"这一命题。他的原话是这样的：

> 凡画，人最难，次山水，次狗马，台榭一定器耳，难成而易好，不待迁想妙得也。此以巧历不能差其品也。

顾恺之认为，"迁想妙得"与画人物最有关系，其次是山水，再次是狗马。至于画台榭，顾恺之认为不须"迁想妙得"。台榭为什么不要迁想妙得？因为台榭是"一定器耳"，它谈不上"神"，只需精细地模仿，合乎比例就行了。画人物就不同，它不仅要求形似，而且要求神似。形似易，神似难。难

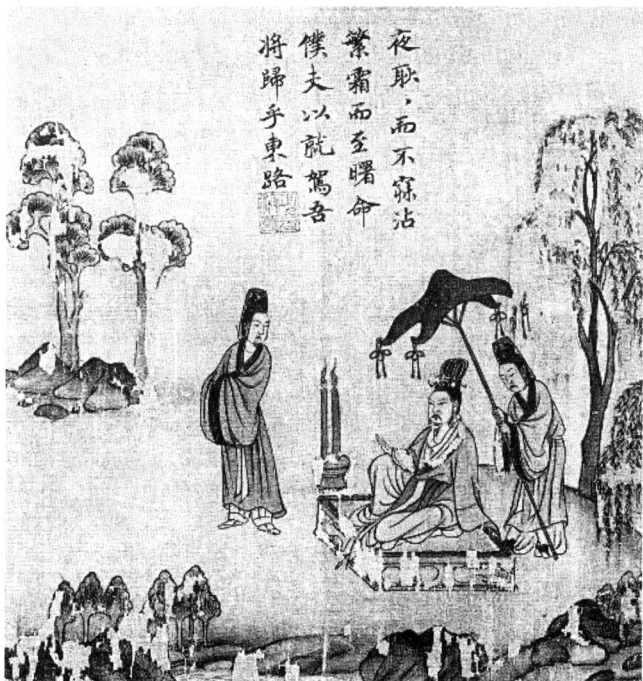

顾恺之：《洛神赋图》（局部）

就难在对所描绘对象的深刻认识,因此需要"迁想"。从顾恺之这段话的语境来看,这"迁想"恐怕不能理解成一般的想象,"迁想"就是"想"。思考、认识,加上"迁"字就是设身处地地想,深入地体察所反映对象的思想、情感,准确地把握对象精神本质及习惯特征。只有入乎其内,才能出乎其外。只有把对象揣摩透了,化它为我,方能画出一个真正的它来,画出一个绝妙的艺术形象来。

"迁想妙得"与"晤对通神"的基本精神是一致的。比较起来,"迁想妙得"比"晤对通神"又高一着。晤对,虽晤,但彼我仍处于对的关系,情感思想的交流并未达到情感思想合一的地步。"迁想妙得",则彼我的关系密切多了,由于"迁想",画家已经在某种意义上把对象的思想情感化成自己的思想情感,恰如演员一样,设身处地把它表现出来,物我或者说彼我的界限已经消融了。这是艺术创作中很高的境界,能否进入这个境界是创作能否成功的关键。

从"实对传神"到"晤对通神"再到"迁想妙得",顾恺之完成了一个"以形写神""传神写照"的绘画美学体系。这个体系在中国美学史上的地位无疑是十分重要的,强调绘画艺术的本质是传神而不是写形,其神又不是指伦理政治,而是指人物的精神、个性,这就将绘画艺术真正奠定在审美的基石上。绘画终于获得了自身的价值,寻到自身立命的根子。这可以说是绘画艺术的彻底觉醒,美的觉醒。如果顾恺之仅仅强调绘画重在传神,那他还不可能取得中国绘画美学开山祖师的地位,更重要的是他提出了一系列有层次、有深度的"以形写神"的具体理论。这些理论不仅在绘画界而且在整个艺术界都产生了重大影响,成为中华美学重要传统,正如潘天寿先生所说的:"顾恺之⋯⋯在绘画史上,他是六朝时代的杰出者,直如永夜中一颗晶莹发亮的明星,到现在还可见其灿烂光彩,辉映着我们祖国的画坛。"[1]

---

[1] 潘天寿:《顾恺之》,转引自陈传席:《六朝画论研究》,江苏美术出版社1985年版,第39页。

第二节　谢赫：气韵生动

谢赫（生卒年不详），南朝齐梁间画家，著有《画品》，宋代将此书称为《古画品录》，沿用至今。谢赫生平事迹，正史、画史甚少记载。姚最在《续画品》中列"谢赫"条云：

> 写貌人物，不俟对看，所须一览，便工操笔。点刷研精，意在切似，目想毫发，皆无遗失。丽服靓妆，随时变改。直眉曲鬓，与世事（亦作竟）新。别体细微，多自赫始。遂使委巷逐末，皆类效颦。至于气运（亦作韵）精灵，未穷生动之致；笔路纤弱，不副壮雅之怀。然中兴以后，象（亦作众）人莫及。

从这条记载看，谢赫善画仕女，《四库全书总目提要》谓"据其所说，殆后来院画之发源"。有学者据此疑谢为宫廷画家，恐证据不足。

魏晋品评成风，实肇于汉末人物品藻，后波及文艺。评诗有钟嵘的《诗品》，论文有曹丕的《文论》、陆机的《文赋》、刘勰的《文心雕龙》，品画又有谢赫的《画品》，谢赫之后姚最又写了《续画品》。姚最是南北朝与隋朝过渡期间的人物，先后仕于北周与隋。

《古画品录》的美学价值在于，在中国绘画史上第一次提出品画的六条美学标准，亦即"六法"。"六法"的文本，在唐朝张彦远《历代名画记》中的转述是这样的：

> 昔谢赫云：画有六法。一曰气韵生动，二曰骨法用笔，三曰应物象形，四曰随类赋彩，五曰经营位置，六曰传模移写。自古画人，罕能兼之。

严可均辑《全上古三代秦汉三国六朝文》收入《古画品录》，然其对"六法"的文字及断句异于《历代名画记》：

> 六法者何？一气韵，生动是也；二骨法，用笔是也；三应物，象形是也；四随类，赋彩是也；五经营，位置是也；六传移，模写是也。

这种断句法获得钱锺书先生的赞许，他说："盖'气韵'、'骨法'、'随类'、'传移'四者皆颇费解，'应物'、'经营'二者易解而苦浮泛，故一一以浅近切事之词释之。各系'是也',犹曰:'气韵'即是生动,'骨法'即是用笔,'应物'即是'象形'等耳。"①

"六法"是一套相当完善的品画的美学标准。

"气韵,生动是也"。"气韵"既指画作的内在精神,又指画作的总体风貌,它要求的是"生动"。这是评画的第一条美学原则,也可以说是总体原则。

"骨法,用笔是也"。"骨法"原本是汉代相士的术语,它指的是决定一个人尊卑贵贱、贫富穷通的基本素质,相当于人身体中的骨架。移用到品画,即指画作的精神,这是"气韵"的基本点。"骨"表达的方法为"骨法",谢赫认为最重要的"骨法"是"用笔",笔致的刚柔、润涩、疾徐、轻重、粗细,最能传达出画作的精神气质来。

"应物,象形是也"。"应物"是指对外界事物、人物的模仿,谢赫要求"象形"。如果说"骨法,用笔是也"侧重于"传神",那么"应物,象形是也"侧重于"写形"。从谢赫将"骨法"排在"应物"之前可以看出,谢赫也是重"传神"的。不过,他并不轻"写形"。

"随类,赋彩是也",这是讲用色。魏晋南北朝时期,绘画重用色,山水多"金碧山水"。赋彩是为了使画中的人物、景物更真实,"随类"即"随类象类"的缩写,这也是讲"象形",它是第三法"应物,象形是也"的补充。

"经营,位置是也",这是讲构图。

以上五法,均为讲创作。第一法讲"气韵",为总原则;第二法讲"骨法",为"传神";第三法、第四法分别讲"应物""随类",为"写形";第五法讲构图,既不属于"传神",也不属于"写形",而是属整体形式美一部分,与"写形""传神"均有关。

"传移,模写是也"。这不是讲创作,而是讲临摹别人的画。"传移"就是复制旧画,传移时将新绢或纸蒙在原画上,照着原画的线条勾勒。顾恺之的《魏晋胜流画赞》也谈到过摹画,看来摹画在当时也是一项比较重要的

---

① 钱锺书:《管锥编》第4册,中华书局1979年版,第1353页。

艺术活动。"传移"要求真,不走样。因而只能是"模写"。顾恺之对模写的注意事项、要领讲得很清楚,可参见《魏晋胜流画赞》。

"六法"中最重要的是第一条:"气韵生动"。"气韵生动"可以有三种理解。

第一,作为绘画美学效果的总原则,要求整个画面充满着生命气息,能够迅即感染欣赏者的情感,激发他的心志,让他产生强烈的美感。

第二,作为对所画人物、景物的总原则,要求所画人物栩栩如生,所画景物生意盎然。当然,在魏晋南北朝,尽管山水画已经兴起,但未达全盛。"气韵生动"主要用于对人物画的要求。山水"质有而趣灵","以形媚道",当时已经开始要求山水画画出山水的"气韵"来。除此以外,动物画亦要求能画出像人一样的生命意味。钱锺书先生说:"赫所品之画,有龙,有蝉雀,有神鬼,有马,有鼠,尤重'象人',故谢肇淛《五杂俎》卷七评'六法'曰:'此数者何尝一语道得画中三昧? 不过为绘人物、花鸟者道耳。'龙、马、雀、鼠、蝉同于人之具'生'命而能'动'作,神、鬼则直现人相而加变怪。"[1]

第三,"气韵生动"也是对笔墨的美学要求。这一点,在当时可能还不太明确,但也不是毫无根据的。顾恺之、王微论画不专门谈笔墨,笔墨的运用只是在谈写形、传神、法道时涉及。王微讲"竖划三寸,当千初之高;横墨数尺,体百里之远",隐约见出笔墨自身的审美情趣。谢赫则不同,他在评画时,就论述了笔墨本身的美。比如,"一点一拂,动笔皆奇";"画有逸方,巧变锋出";"出入穷奇,纵横逸笔,力遒韵雅,超迈绝伦";"意思横逸,动笔新奇"。

明确地将"气韵"也归之于笔墨比较晚。唐荆浩《笔法记》中说:"笔者,虽依法则,运转变通,不质不形,如飞如动","墨者,高低晕淡,品物浅深,文采自然,似非用笔"。这话已包含气韵的意思,但没有明说。荆浩以后,用气韵言笔墨者逐渐有了。宋韩拙《山水纯全集》说:"凡用笔先求气韵,次采体要。"宋董逌《广川画跋》亦云:"气生于笔,笔遗于像。"明唐志契《绘

---

① 钱锺书:《管锥编》第 4 册,中华书局 1979 年版,第 1355 页。

事微言》说得比较明确："盖气者有笔气,有墨气,有色气,俱谓之气。而又有气势,有气度,有气机。此间即谓之韵。"此后,"气韵"逐渐变成笔墨技巧的理论了。明代唐岱《绘事发微》云:"气韵由笔墨生。"张庚《图画精意识》亦云:"气韵有发于墨者,有发于笔者。"到清代,用"气韵"谈笔墨几乎成为共识。方薰的《山静居画论》说:"气韵有笔墨间两种。墨中气韵,人多会得;笔端气韵,世每少知。"

说"气韵"可以有三种意义,这当然是"气韵"说的发展。在谢赫的品画理论中,"气韵"主要用于第二种意义,即人物和景物描写的生动,其中又主要是讲人物。

对人物画提出人物塑造要"气韵生动",显然来自魏晋人物品藻。魏晋人物品藻比较多地用到"气"和"韵"的概念,但尚未将"气"与"韵"连成一个固定的概念,较为近似"气韵"的说法有"风气韵度""风韵"等概念。《世说新语》中有如下的说法:

> 阮浑长成,风气韵度似父。①
> 澄风韵迈达,志气不群。②

在谢赫之前,萧子显在《南齐书·文学传论》中已用了"气韵"这个概念:

> 文章者,盖性情之风标,神明之律吕也。蕴忍含毫,游心内运,放言落纸,气韵天成。莫不禀以生灵,迁乎爱嗜,机见殊门,赏悟纷杂。

这里的"气韵"指作家的才情,谈的是文学,不是绘画,也还未当作一个审美范畴来对待。谢赫评画,将"气韵,生动是也"作为"六法"之首,这"气韵"就不是一般的概念,而是一个审美范畴了。

"气韵"作为一个审美范畴,它的内涵应是"气"与"韵"的融合。"气"是中国先秦就谈得很多的哲学概念。孟子讲"浩然之气",此"气"是一种精神。王充讲"人禀元气于天",这"元气"是指天地万物产生和变化的根

---

① 刘义庆:《世说新语·任诞》。
② 刘义庆:《世说新语·赏誉》注引《王澄别传》。

基，它先存在于自然，但可吸收到人身上，成为一种精神。谢赫在评画中多次将"气"与"力""生"联系起来①，看来，"气"作为人的生命力，偏重于指生命力的阳刚、劲健、发展、进取的一面。这种用法与曹丕、钟嵘、刘勰基本相同。曹丕说"文以气为主"，这"气"亦指生命力的阳刚、进取一面。钟嵘《诗品》中用"气"九处，刘勰《文心雕龙》中用"气"数十处，除极少数几处泛指精神气概外，也大多是突出精神的力度、强度。

"韵"也是指人的内在精神，也是一种生命力。但是，"韵"比较侧重于指生命力中阴柔的一面，含蓄的一面，智慧的一面。"气"通常多与"志"相联系，见出一种高尚的追求，理性的意义；"韵"通常多与"情"相联系，现出一种清雅的风度，深情的韵味。"气"外露，进取，所谓"气冲斗牛"；"韵"内蕴、收敛，所谓"意韵悠然"。魏晋南北朝文章中关于"韵"的用法也证明了这一点，如《宋书·谢方明传》曰"自然有雅韵"，《齐书·周颙传赞》曰"彦伦辞辨，苦节清韵"，《世说新语·言语》曰"秀字子期……并有拔俗之韵"。

"气"与"韵"的合一则指人的整个精神气质。谢赫讲"气韵，生动是也"，"生动"是对"气韵"的要求。"生动"，就其本义来讲是指生命的运动，《易传》云："天地之大德曰生。"谢赫要求绘画塑造人物"气韵生动"，就是希望绘画传达出人物的生命力量和生命智慧来。这是对人物画最基本的要求。"气韵生动"与"传神写照"属同类命题，它们的内涵基本上一致，只是"传神写照"着眼点是画中的人物像所画的对象，不仅是外形像，而且内在精神也像；"气韵生动"则不是着眼于画中人物与所画的某一具体对象像与不像，而是着眼于所画的人物是不是像活生生的人，充满生意。因而，"气韵生动"较"传神写照"具有更高的概括意义。

"气韵生动"由对人物画的要求，转移到对山水画的要求，又发展到对一切画种的要求，包括对花鸟画、鳞毛画的要求。谢赫进而又将这种要求

---

① 如评卫协："颇得壮气"；评顾骏之："神韵气力"；评夏瞻："虽气力不足，精彩有余"；评丁光："非不精谨，乏于生气。"

落实到笔墨，由对绘画内容的审美品评，变成对绘画形式技巧的审美品评，"气韵生动"遂成为绘画的金科玉律。谢赫的首创之功可谓大矣。

第三节　宗炳：澄怀味像

宗炳，字少文，南阳涅阳（今河南镇平）人，东晋、刘宋年间画家。宗炳少有高才，品德称誉乡里，然不愿入仕。刘裕曾多次征辟他入朝为官，他皆不就。问他缘故，答曰："栖丘饮谷，三十年。"原来，他早已习惯了山水生活。

在思想上，宗炳崇佛，曾去庐山向释慧远请教佛理文义，著有长篇佛学论文《佛理论》。宗炳虽崇佛，但对儒、道二家并不排斥，而是基本上取三者兼容的态度。

《画山水序》是他的一篇论山水美及山水画的文章，也是中国最早专门讨论山水美及山水画的理论著作，在中国绘画史和中国美学史上都具有重要地位。宗炳的山水画理论是建立在山水美理论基础之上的。在谈山水画之前，他论述了山水美，提出了山水之"质有而趣灵"，并提出了"澄怀味像"的审美理论，这些在本编第三章"山水审美的觉醒"有所论述。就山水画的创作来说，他提出了如下一些重要观点。

一、"卧游"山水

关于山水画的价值，宗炳提出了"卧游"之说。《宋书·宗炳传》有这样一段关于宗炳的记载：

> 好山水，爱远游，西陟荆、巫，南登衡、岳，因而结宇衡山，欲怀尚平之志。有疾还江陵，叹曰："老疾俱至，名山恐难遍睹，唯当澄怀观道，卧以游之。"凡所游履，皆图之于室，谓人曰："抚琴动操，欲令众山皆响。"

这段记载很重要，原来，山水画在宗炳生活中的地位类似山水。山水，是行以游之；山水画，则是"卧以游之"。行游是动观，卧游是静观。观山水是澄怀味像，观山水画也是澄怀观道，二者其实是一样的。山水有像，山水画也有像，只不过不是实像，而是虚像。虚像是实像的模拟与再创造，有了山水画，则又是另外一番审美情趣。宗炳写道：

> 于是闲居理气，拂觞鸣琴，披图幽对，坐究四荒，不违天励之藂，独应无人之野。峰岫峣嶷，云林森眇。圣贤映于绝代，万趣融其神思。余复何为哉，畅神而已。神之所畅，孰有先焉。

宗炳在这里所谈的欣赏山水画所获得的审美乐趣，与游览山水所获得的审美乐趣，是一样的。虽然此处没有用"悟道"这样的概念，但所描摹的快乐是悟道的快乐。"坐究四荒"，用上"究"，就不只是欣赏画面上的风景，还含有对风景中所蕴之道的寻味了。"天励之藂""无人之野"，均是泛指天地自然。用上"不违""独应"，则又显然不是指可见的自然界，而是指天地精神即"道"了。"不违"自然之道，"独应"天地精神，这才是宗炳的真意。"圣贤映于绝代，万趣融其神思"是就山水和山水画来说的，意思是山水和山水画中都辉映着历代圣贤们所追求的"道"，而在圣贤们借山水和山水画悟道的"神思"中又融有无穷的乐趣。这是一种理性的快乐，很高的精神享受。宗炳说，对于他这个普通人来说，欣赏山水和山水画的感受，可以用"畅神"来表示。"畅神"亦即悟道的愉快、理性的愉快。

二、应目会心

关于山水画的审美创作，宗炳也有一些很深刻的见解。宗炳说：

> 夫以应目会心为理者，类之成巧，则目亦同应，心亦俱会。应会感神，神超理得。虽复虚求幽岩，何以加焉？又神本亡端，栖形感类，理入影迹。诚能妙写，亦诚尽矣。①

这段话内容很丰富，我们试着把它分解一下。宗炳说的山水画创作，其要点有：

一是"应目会心"，"类之成巧"。"应目"是对山水之"形"，"会心"是

---

① 宗炳：《画山水序》。

对山水之"神"即"道"。将山水图形成画，也就是"类之成巧"了。那么，对画上山水之"形"的观赏就是"目亦同应"，对画上山水之"神"的领悟就是"心亦俱会"。

二是"应会感神，神超理得"。"应会"即"应目""会心"的合称，是讲对山水本身的形貌精神的观赏领悟；"感神"，则是指画家的精神被感发了。于是，画家固有的修养、积累、审美观念、艺术才华全被调动起来，又加上新的感受、新的意念，借助于艺术想象，再进行着新的创造。这就是"神超理得"。"神超"指画家的主观精神的超迈，想象的腾飞，新的艺术形象在头脑中越来越清晰地呈现，且比原生态的山水神奇；"理得"指画家在艺术形象的创造过程中对"道"的把握、领会。"应会感神"概括了艺术创作过程中客观与主观相互作用，最后实现统一的心理活动规律，全面而又深刻。

"应会感神"创造的艺术形象在某些方面要高于原生态的山水，宗炳说："虽复虚求幽岩，何以加焉？"就是说，看了山水画再去真山水中去悟道，会有什么新的东西增加呢？意思是，山水画（当然是成功的山水画）在悟道这一点上胜于原生态山水。

三、理入影迹

宗炳认为山水画创作如人物画创作一样，亦要传神；但"神人亡端"，即神是看不见、听不见的，要传神就需借助于形。"栖形"即是指要把"神"安置在相适应的"形"身上，犹如灵魂寄寓在肉体上；"感类"即要找一个同类，使二者感通，山水画即山水的同类。"理入影迹"即是将对自然之道的感受、领会借笔墨绘成图画。这第三点实际上是讲作画，属于艺术传达阶段。这个阶段很重要，它不仅是艺术构思的继续，而且牵涉艺术技巧的运用。宗炳作为画家，对艺术传达是很看重的，他说："诚能妙写，亦诚尽矣。"

四、透视原则

关于艺术创作的技巧，宗炳提出了中国式的透视原则与构图原则，很值得我们注意。宗炳说：

且夫昆仑山之大，瞳子之小，迫目以寸，则其形莫睹，迥以数里，则可围于寸眸。诚由去之稍阔，则其见弥小。今张绢素以远映，则昆、阆之形，可围于方寸之内。竖划三寸，当千仞之高；横墨数尺，体百里之远。是以观画图者，徒患类之不巧，不以制小而累其似，此自然之势。

宗炳的这段话前一句是讲透视原则。所画的物太近，"迫目以寸，则其形莫睹"；如果距离较长，哪怕是高山也可尽收眼帘，所谓"迥以数里，则可围于寸眸"。"去之稍阔，则其见弥小"，这里说的透视是科学的。曾有人说中国古代不懂焦点透视学，这是不对的，宗炳不就很懂焦点透视吗？

这段文字的后三句是讲构图原则。绘画不可能是原物实际尺寸的照搬，只能按比例缩小在绘画中。严格地按比例缩小也不见得能画好，它更多地靠象征，靠暗示，靠观众的正确领会。所谓"竖划三寸，当千仞之高；横墨数尺，体百里之远"，它也只是"当""体"而已，这也牵涉对艺术形象的认知问题。艺术形象的真实性是相对的，是在一定意义上说的，因为艺术形象毕竟是虚拟的形象。它可以被人们接受，当作真的或像真的，而不可能就是真的。

《画山水序》文章不长，但论述的问题都有相当的深度。宗炳在中国美学史上的影响看似不如顾恺之，但他在理论的深刻性上却超过顾恺之。宗炳对中国山水画理论的建构尤其值得高度评价，他是中国山水画论的主要开拓者，当之无愧。

第四节　王微：明神降之

王微，字景玄，琅邪临沂（今山东临沂）人，东晋和南朝刘宋时期的画家、文学家。王微出身王氏望族，与王羲之同族，父王孺为光禄大夫。故王微逝世后，皇上诏书说他"生自华宗"。王微博学多才，《宋书·王微传》说："微少好学，无不通览，善属文，能书画，兼解音律、医方、阴阳术数。"

王微虽出身名门望族，却不喜欢做官，《宋书》说他"素无宦情"，相继有人推荐他做南平王铄右军咨议参军、中书侍郎、南琅邪太守、义兴太守、吏部郎等官,他都借故推辞。不过,他还是做过司徒祭酒、太子中舍人等闲官。他去世后,世祖即位,追赠他为秘书监。

王微的诗文当时颇有名。钟嵘称其诗是"五言之警策者也"[1],将其诗列在班固、曹操、曹丕之上。清代王夫之评他的诗,说是"寄托宛至,而清亘有风度"[2]。

王微的人物画师荀勖、卫协,谢赫《古画品录》称他"得其细",他的山水画未见品评。王微在绘画史上的影响主要不是他的画作,而是他写的一篇论山水画的文章《叙画》。《叙画》原本是他写给当时著名文学家颜延之的复信,颜时任光禄大夫。这篇文章不长,内容也谈不上丰富,但它的几个基本观点很值得注意:

一、绘画的功能、地位

魏晋之前,绘画没什么地位,从事绘画的多为工匠。魏晋,许多士大夫加入绘画这一行列,绘画的社会地位也随之提高了。王微在《叙画》中的第一段就谈到这个问题:

> 以图画非止艺行。成当与《易》象同体。而工篆隶者,自以书巧为高。欲其并辩藻绘,核其攸同。

说绘画"非止艺行",这"艺行"不是指现今所说的"艺术行",而是指"技艺行"。古代的"六艺"礼、乐、射、御、书、数,除了"乐"和"书"外都不是今天说的艺。图画,"六艺"中未列,然向来也被视为艺。王微说它不只是艺,其功效堪与《易》象相等。这就很值得注意了。《易经》是儒家经典,号称群经之首。大而言之,治国安邦、行军作战、修身齐家;小而言之,占卜看相、选日择时,无不从《易经》中寻找理论根据。《易》象是《易经》的重要组成部分,《易经》的深邃之理均寓于象中。《易传·系辞上》说:"圣人立象以尽意,设卦以尽情伪。"《易》象的重要性于此可见,王微说图画"成

---

① 钟嵘:《诗品》。

② 王夫之:《古诗评选》卷五。

当与《易》象同体",这是对图画价值最高的肯定。王微之前,虽然也有人论述过绘画的功能,但没有人给予绘画这么高的评价。自古以来,诗文的地位很高,曹丕《典论·论文》说"盖文章,经国之大业,不朽之盛事",但他没有说绘画亦如此。如果说曹丕将文章的功能提到"经国"这样的高度,将它的价值与"不朽"联系起来,标志着文学的自觉的话,那么,王微将绘画的功能提高到与《易》象相同的地位亦应做如此看。这是绘画自觉的标志之一。我们上一节谈到宗炳,他也是很看重绘画的,把绘画看作圣人之道的体现。这种看法给后代画论家以很大的影响,唐代张彦远就说,"画者……与六籍同功"①,朱景玄更是明确地以宗、王之论为依据,说"伏闻古人云,画者圣也"②。

王微这段话也谈到绘画与书法的比较。魏晋以前,书法的地位远高于绘画。王微说"工篆隶者,自以书巧为高",这是事实。现在王微要为绘画争地位,说即使是从"藻绘"这种技巧来看,绘画也不弱于书法。他表示要写文章"并辩藻绘,核其攸同"。

二、绘画的审美特征

王微将绘画与地图做比较:

> 夫言绘画者,竟求容势而已。且古人之作画也,非以案城域、辨方州、标镇阜、划浸流。本乎形者融灵,而动者变心,灵亡所见,故所托不动。

"案城域、辨方州、标镇阜、划浸流",这是地图的画法。地图是地貌的一种表示,侧重的是方位、距离、地形特征等,属于地理科学的真。绘画则与之不同,它不去追求地理科学的真,而是"求容势"。所谓"容势"即为容貌、气势,换句话说,它追求融真于内的美,山水画能画出山水的"容势"来,给人的感受就完全不同于地图了。可以说,地图只有真(科学意义上的),没有或少有美;而绘画,不仅有真(美学意义上的),而且有美。

---

① 张彦远:《历代名画记》。
② 朱景玄:《唐朝名画录》。

王微进一步指出，图画"本乎形者融灵"，"灵"即为"道"，也可以理解为天地精神、生命意味。这种"灵"是融入形中的，那就是说，山水画不仅传出山水之"形"，让人历历如见，而且要传出山水之"灵"来，"灵"即"神"。

顾恺之提出"以形写神"的理论，王微在山水画创作中亦持同样的主张。这种说法与宗炳的"神本亡端，栖形感类，理入影迹"相一致。可以说在魏晋南北朝，"以形写神"是时代的审美风尚。

三、关于绘画的审美创造

王微说：

> 目有所极，故所见不周。于是乎以一管之笔，拟太虚之体；以判躯之状，画寸眸之明。曲以为嵩高，趣以为方丈，以犮（音拔，犬奔貌。又通"拨"，疾也，猝也。）之画，齐乎太华。枉之点，表夫隆准。眉额颊辅，若晏笑兮；孤岩郁秀，若吐云兮。横变纵化，故动生焉。前矩后方，□□出焉。然后宫观舟车，器以类聚；犬马禽鱼，物以状分。此画之致也。

这段话涉及许多绘画的艺术技巧问题，而这些绘画技巧又多涉及绘画的审美特征，这里略作分析。

（一）绘画的精神性

因为"目有所极，故所见不周"，所以，绘画要求突破视觉的限制，"以一管之笔拟太虚之体"。"太虚"语出自《庄子·知北游》："是以不过于昆仑，不游乎太虚。""太虚"，虚幻的世界，可以理解为"道"的境界。绘画艺术要求"拟太虚之体"，就是要求体现出"道"的意味来，体现出某种自然的、人伦的精神来。

（二）绘画的形象性

艺术是以形象反映自然，反映人生的。艺术要求形象性，这是艺术最重要的审美特质。艺术是分类的，根据传达形象的物质工具不同，可以分为视觉艺术、听觉艺术、语言艺术、综合艺术等。不同类型的艺术，其形象会有所不同。绘画是视觉艺术，绘画所创造的艺术形象是视觉形象。王微深知这一点，故他说，绘画须"以判躯之状画寸眸之明"——以准确判断身体形态的精神,画出眼睛之明亮。

(三) 绘画的生动性

绘画艺术所创造的形象既是物的写真,又是画家情感的表现。这种融客体之真与主体之情的艺术形象应该生动有趣,耐人品赏。王微举例说,画嵩山,要善于用曲线,不仅要画出嵩山之高,也要画出嵩山之趣味,让人感到像仙山。画华山,要用疾促挺拔的笔墨,以见出华山峥嵘之势。那约略倾斜的点也要准确,如同用它表示人的鼻子。画人的眉额脸蛋,要见出微笑的表情。画孤岩,最好加上云气。总之要做到"横变纵化",这样就生动了。

(四) 绘画的章法

绘画艺术是有章法的,王微说:"前矩后方,□□出焉。""前矩后方"即为章法,"□□"疑为"其形"。王微的意思是,按照一定的章法画山水,则山水的大致形状就出来了。山水画中山水是主体,在此基础上加上"宫观舟车""犬马禽鱼",则画就成功了。

以上四点是王微所谈的作画的方法,也是他所认识的绘画的审美特点。应该说,这些都是很有深度的,反映出当时山水画已达到相当高的水平,因为这些理论正是从实践中归纳、概括出来的。

山水画的审美魅力从何而来? 王微说:"岂独运诸指掌,亦以明神降之。""指掌"指技巧,王微的意思是,山水画的审美魅力不只是来自画家的技巧,还来自"明神降之"。"明神"是什么? 王微没有解释。《庄子·天下》说:"神何由降? 明何由出?"又《庄子·列御寇》云:"明者唯为之使,神者征之,夫明之不胜神也。""明"与"神"历来注家大多解释为灵妙、智慧,林云铭说:"神者,明之藏。明者,神之发。言道术之极也。"[1]唐君毅说:"以神明言灵台灵府之心,尤庄子之所擅长。神与明之异,唯在'神'乃自其为心所直发而说,'明'则要在自其能照物而说,故明亦在神中。"[2]王微这里

---

[1]　林云铭:《庄子因》,转引自陈鼓应:《庄子今注今译》,中华书局1983年版,第856页。

[2]　唐君毅:《中国哲学原论》,转引自陈鼓应:《庄子今注今译》,中华书局1983年版,第856页。

说的"明神"很可能是指画家的心灵，包括智慧、情感、观念、想象等。山水画之美正是画家"明神降之"又巧妙地"运诸指掌"的产物，换句话说，是心灵与技巧共同作用的产物，创造的产物。这就是"画之情"——画的性质。

将艺术的魅力归之于艺术家的创造性的劳动，其中最重要的又是创造性的心灵，这是王微对美学的主要贡献。

第 五 章

书法审美的觉醒

魏晋南北朝的书法在中国书法史上有着极其重要的地位,是中国书法艺术的高峰之一。这个时期书法艺术的总体风貌是各体具备,流派已成,名家辈出,百花齐放,而其突出特点是尚美尚韵。两晋书坛最重要的代表人物是王羲之,其成就主要在行书方面,他所创造的妍美流便的书体,一改汉魏朴质书风,而与两晋士人追求丰神疏远、萧散自然的审美趣味相一致。他所代表的这种书风,被后人誉为"韵胜""度高",成为两晋南北朝书坛典范性的审美风格,影响了此后整个书法史。王羲之的代表作《兰亭序》对后世所产生的巨大影响,足以成为一门学问。魏晋南北朝时期,草书亦受到关注,这是一种非功利性的书体,其受到关注,在一定程度上显示了书法审美的独立性。功利性的书写工具,竟升华成为纯粹审美性的对象,充分显示出书法审美的觉醒。

第一节　书法作为艺术

魏晋南北朝的书法是中国书法艺术的高峰之一。

由于传统观念的影响,魏初公文仍用隶书,特别是碑文,非用隶书不可。隶书虽然较小篆已经自由得多,但这种装饰意味很强的书体对于抒写自由心灵来说仍然有许多不便。在这方面，真书无疑优于隶书。自魏开始，真书逐渐进入"碑"这个神圣领域，进入政治生活，这在书法发展史上具有重要的意义。尽管现在也无从考证究竟是谁最先用真书刻碑，但钟繇在真书上的卓越成就应该与这个重要转折不无关系。他的书法，梁武帝评曰"如云鹄游天，群鸿戏海"，可见其美之甚。

在中国书法史上，魏晋是确立师承关系、形成书法流派的重要时期。汉代对书法上的师承关系不太强调，师承关系亦不明显，到晋代就讲究这一点了。由于钟繇在书坛上处于领袖地位，不少书家向他学习，其中最著名的有卫夫人，而卫夫人又收王羲之为弟子，因此王羲之的书法可以看成钟繇嫡传。王羲之的叔父王导，东晋时位为丞相，也学钟繇，南渡时，曾携钟繇《宣示表》过江。

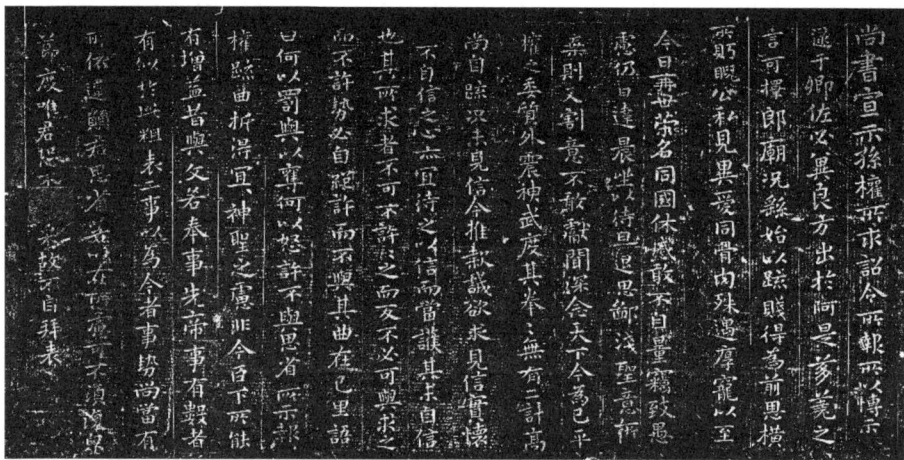

钟繇：《宣示表》拓片

对西晋书法产生重要影响的还有魏国的卫觊，其书法亦名重当代，与钟繇分庭抗礼，世称"钟卫"。卫氏家族出了不少书法名家，有卫瓘、卫恒、卫铄（卫夫人）等。王导、卫铄除学钟繇外，也学卫觊。晋室南渡后，曾受业于卫觊的江琼避难北方，其后又有崔悦、崔潜父子师承之，卫派书法主要在北方发展；南方则主要是钟派书法的天下。

两晋书坛最重要的代表人物是王羲之。王羲之的成就主要在行书方面，他所创造的妍美流便的书体,被后人誉为"韵胜""度高",不仅成为两晋南北朝书坛典范性的审美风格,而且影响此后整个书法史。中国书法逐渐形成阳刚派、阴柔派两种最重要的风格,阳刚派书法尚力,阴柔派书法尚韵。王羲之是阴柔派书法的始祖。

魏晋南北朝开始注重书法理论的建设,其中最引人注目的是:

一、刘劭:论"飞白"

刘劭(约182—约190),子孔才,广平邯郸人,魏国大臣,著有《人物志》。他的《飞白书势》对书法中的"飞白"之美有所评论。全文如下:

> 鸟鱼龙蛇,龟兽仙人,蛟脚偃波,楷隶八分。世施常妙,索草钟真,爰有飞白之丽,貌艳势珍。若乃敷折毫芒,纤手和会;素干冰鲜,兰墨电掣,直准箭驰,屈拟蠖势,繁节参谭,绮靡循杀。有若烟云拂蔚,交纷刻继,韩卢接飞,宋鹊游逝。

这段文章是关于"飞白"书体最早的文字描绘。刘劭认为"飞白之丽,貌艳势珍",形象富丽;尤其是,它具有一种如"电掣""箭驰"般的威猛,撼人心坎!另外,这种"飞白体""屈拟蠖势",具含忍之力,不是一泻无余,还富于变化,"有若烟云拂蔚,交纷刻继"。

文中的"韩卢"系古韩国良犬,"宋鹊"也是古代良犬,用犬奔比喻"飞白"的力度、速度之美,给人的印象是很深刻的。

"飞白"是书法美学中的重要概念,唐代书法家张怀瓘认为,是东汉蔡邕的创造。他对飞白的审美意义有很高的认识,在《书断》中设专节论述,在论述结束时作《赞》曰:"妙哉飞白,祖自八分。有美君子,润色斯文;丝萦箭激,电绕雪雾;浅如流雾,浓若屯云;举众仙之奕奕,舞群鹤之纷纷。"①

二、卫铄:论"骨"与"肉"、"意"与"笔"

卫铄(272—349),字茂漪,世称"卫夫人",河东安邑(今山西夏县)人,

---

① 张怀瓘:《书断上》。

著名书法家卫恒侄女，汝阴太守李矩妻。师从钟繇，钟繇对她的书法评曰："碎玉壶之冰，烂瑶台之丹。婉然芳树，穆若清风。"

卫夫人著有《笔阵图》，此文的真伪学术界一向有争论。不管是不是卫铄所作，此文的价值是不容忽视的，最重要的内容有两点。

(一) 论"骨"与"肉"

重"骨"是魏晋南北朝美学一个比较流行的观点，人物品藻、文论、诗论、画论均如此，书论亦不例外。《笔阵图》云：

> 善笔力者多骨，不善笔力者多肉。多骨微肉者谓之筋书，多肉微骨者谓之墨猪。多力丰筋者圣，无力无筋者病，一一从其消息而用之。

卫夫人论书用的"骨"这个概念侧重于"力"，说善笔力者多骨，就是善于运用笔力者能够借助于笔画在字里显示出劲健的力量来；反之，不善于运用笔力者则笔画见不出劲健来，这叫"多肉"。从字形看，"多骨"之书必然瘦硬；"多肉"之书必然丰肥。很明显，卫夫人尚瘦硬。

卫铄还提出了"筋"这个概念，"筋"亦如"骨""肉"，是人体的概念。"筋"的重要性质是柔韧，它既不像骨那样坚挺，也不像肉那样柔靡，兼有二者的某些性质，而不是二者。在人体中，是筋联结着骨与肉。卫铄说"多骨微肉者谓之筋书"，讲的是一种以刚为主、刚柔相济的书法。卫铄崇尚的就是这种书法，这种以刚为主、刚柔相济的美。

(二) 论"意"与"笔"

卫铄说："执笔有七种：有心急而执笔缓者，有心缓而执笔急者，若执笔近而不能紧，心手不齐，意后笔前者败，若执笔远而急，意前笔后者胜。"卫铄提出了"意"与"笔"的两种关系："意后笔前""意前笔后"。她认为，"意后笔前者败"，"意前笔后者胜"，这个观点十分重要。所谓"意前""意后"不是时间上的概念，而是讲"意"在写字时处于何种地位。"意前"意味着"意"的统帅作用，写字时心手合一，气贯于笔，神现于字。"意后"则意味着写字时心有旁骛，神不集中，气不凝注，这样自然写不好字。

三、王僧虔：论神采

王僧虔（426—485），字简穆，琅邪临沂（今山东临沂）人，南齐书法家。王僧虔在《笔意赞》中提出"神采为上"的观点，他说：

> 书之妙道，神采为上，形质次之，兼之者，方可绍于古人。以斯言之，岂易多得。

"神采"是个很重要的美学概念，它包含内在的"神"与外在的"采"两个方面。"神采"含"骨力"，但不只是"骨力"，它比骨力丰富得多。同时，王僧虔批评郗超的草书，认为"紧媚过于父，骨力不及也"；又批评谢综的书法，"有力，恨少媚好"。"媚"，美妙动人之谓也。由此可见，王僧虔论书要以"神采为上"，是兼"骨力"与"媚趣"二者的。有"神采"的书法作品应该是骨力遒劲，意气昂扬，韵味十足，媚趣盎然。总括王僧虔的"神采"，既是形与神的统一，又是力与媚的统一。这种书法美学思想较之卫铄的"骨肉"论，又进了一步。

四、萧衍：论肥瘦

萧衍（464—549），即梁武帝。萧衍在历代皇帝中是比较特别的一位，虽是武人，却好文艺；他佞佛，曾舍身佛寺，在他统治时期，佛寺遍及城乡，佛教大盛。萧衍对书法甚为爱好，对于书学亦有建树。

萧衍的书法美学思想大体上是卫铄、王僧虔的综合，主张肥瘦相合、骨肉相称、力媚兼备。他说：

> 夫运笔邪则无芒角，执笔宽则书缓弱；点掣短则法臃肿，点掣长则法离澌；画促则字势横，画疏则字形慢。拘则乏势，放又少则；纯骨无媚，纯肉无力；少墨浮涩，多墨笨钝。比并皆然，任之所之，自然之理也。若抑扬得所，趣舍无违；值笔连断，触势峰郁，扬波折节，中规合矩；分简下注，浓纤有方；肥瘦相和，骨力相称；婉婉暧暧，视之不足；棱棱凛凛，常有生气；适眼合心，便为甲科。①

---

① 《梁武帝答陶隐居论书》，《王氏书苑·法书要录》卷二。

萧衍这段文字主要讲字形的"中和之美",包括"浓纤有方、肥瘦相和、骨力相称"等。除此外,他还提出书法应"视之不足""适眼合心"的观点,这就把欣赏者的审美需求概括进去了。书法的美不仅在于字本身的多种对立因素(诸如浓纤、肥瘦、力媚)的统一,而且还在于它与主体的视觉与心理的统一。

五、庾肩吾:论书法美

庾肩吾(487—551),字子慎,新野(在今河南)人,梁朝文学家、书法家,著有《书品》。《书品》评论了128位书法家,分为上、中、下三品,每品再分上、中、下三等。从美学角度看,《书品》有两点很重要。

(一)书法美与音乐美

在论及书法特别是正、草书的艺术特征时,庾肩吾说:

> 或横章竖挈,或浓点轻拂,或将放而更留,或因挑而还置,敏思藏于胸中,巧意发于毫铦。詹君端策,故以述其变化;《英》《韶》倾耳,无以察其音声;殆善射之不注,妙斲斲轮之不传。是以鹰爪含利,出彼兔毫;龙管润霜,游兹蚕尾。学者鲜能具体,窥者罕得其门。若探妙测深,尽形得势,烟华落纸将动,风彩带字欲飞,疑神化之所为,非人世之所学。

在这段文字中,庾肩吾对书法的动态美描绘得很生动,其中用音乐做比喻的一句,"《英》《韶》倾耳,无以察其音声",十分重要。虽然这里用的是比喻,但亦表明,庾肩吾已认识到书法与音乐有某种相通之处。从传达手段看,书法与音乐一为视觉艺术,一为听觉艺术,似乎相差很远;但从其本质看,它们倒是很相似的,都擅长于情感的表现。如果不是从传达手段,而是从传达的内容来考虑,书法距绘画较远,而靠音乐更近。

(二)"天然"与"工夫"

庾肩吾在《书品》谈到"天然"与"工夫"的区别,向来更为人注重:

> 张工夫第一,天然次之;衣帛先书,称为"草圣"。钟天然第一,工夫次之;妙尽许昌之碑,穷极邺下之牍。王工夫不及张,天然过之;天

然不过钟，工夫过之。

"张"指张芝，"钟"指钟繇，"王"指王羲之。一般来说"天然"是先天的，"工夫"是后天的。但这里，似乎不那么严格。"天然"主要是指才气，"工夫"主要指努力。庾肩吾认为，字要写得好，"天然"与"工夫"均要，但"天然"不是人自身能决定的，"工夫"倒可以修炼而成。庾肩吾评论的书法家或以"天然"取胜，或以"工夫"取胜，但他们又都是兼有二者的。很难说他只看重"天然"，或只看重"工夫"。有些论者认为庾肩吾更看重"天然"，而另些论者则认为庾肩吾更看重"工夫"，其实都欠妥。

第二节　草书之为审美

字为口语的载体，书法本为写字，它的功能是更精确地表达口语并有效地保存口语，以便在非对话的情况下也能传达思想。因此，功能性无疑是字的第一要义，这属于字的本质，本质不能变，一变就不是字了。

关于各种书体的产生，书家们都从功能上找原因。庾肩吾说：

> 寻隶体发源于秦时，隶人下邳程邈所作。始皇见而重之，以奏事繁多，篆字难制，遂作此法，故曰隶书。今时正书是也。草势起于汉时，解散隶法，用以赴急，本因草创之义，故曰草书。①

草书的产生，本也是为了快写字。准确快速地记录语言是书法的本质。不管何种情况，书法这一功能不能变。但是，在本质不变的前提下，字可以满足人们别的需求，比如情感表达、气质表达以及悦目悦心等。这别的功能为非本质性功能，虽然非本质，但却因为是人的需要，也非常重要。如果说字的本质性功能可以概括为字写得对不对，那么，字的非本质性功能则可以概括为字写得好不好。字的好，虽然可以细分为诸多方面，但总起来可以说是美。

将字写得美，就是让写字成为艺术。人有爱美之心，即使是在刻甲骨文，

---

① 庾肩吾：《书品序》。

也尽量将字刻得好看一点；金文就更不用说了，因为金文原本是写成稿本后再刻制或者熔铸的。因此，书家也尽可能地将字写得好看，不仅单个的字好看，而且整篇好看。小篆是在大篆即金文的基础上简化并美化的，因而很规整也很好看。汉代出现的隶书、真书，都是在保证字的本质性功能的绝对第一的前提下，尽量将字写得好看。

草书有些特别，字的写法仍然有一定的规则，能让人辨识；但是，读草书是很费力的。草书更多的不是让人读，而是让人观。读，是为了获意；观，是为了得美。草书的观赏性超过了思想的传达性，汉字的非本质性功能在草书压倒了它本质性功能。正因为如此，严肃的文件如文诰、碑文、契约、通知，是绝对不用草书的。草书主要用于私人的信件，另外就是充当艺术品，供人观赏。在魏晋南北朝，出现了不少优秀的草书家，草书在社会上受到关注，足以说明作为书写工具的书法已经异化成审美性的另类图画。

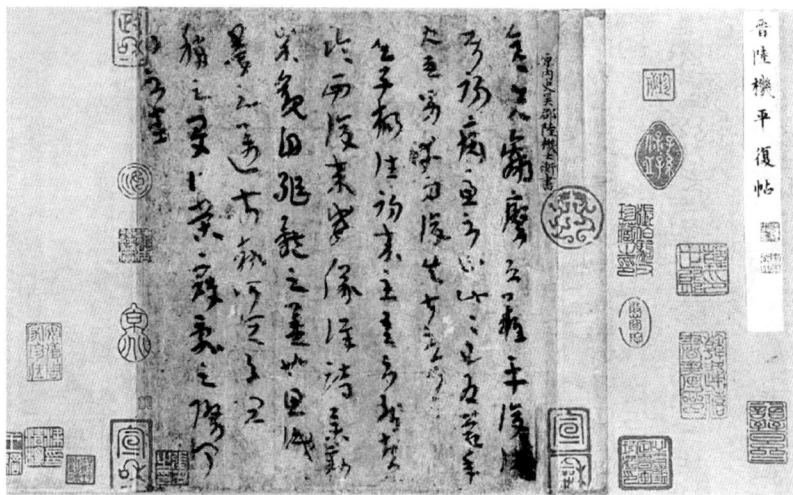

（晋）陆机：《平复帖》

汉代崔瑗著《草书势》，首论草书艺术。到晋代，则有索靖的《草书状》，继论草书艺术。晋以后，南北朝还有诸多书家论述草书的审美价值及审美创作。草书受到关注，充分地见出书法审美的觉醒。

一、索靖: 婉若银钩, 飘若惊鸾

索靖 (239—303), 敦煌 (今甘肃敦煌) 人, 东汉著名书法家张芝之姊孙, 西晋书法家, 善草书, 尤善章草, 与卫瓘齐名, 被称为"二妙"。袁昂称颂他的书法"如飘风忽举, 鸷鸟乍飞"。《草书状》是他论草书的专文, 收入《晋书》, 此文提出了一些重要的观点。

(一) 书法更新的动因

书法的变更是有外内两个方面的动因, 外在方面可以概括为社会的需要, 而内在则是书法如何适应社会需要。索靖说:

> 圣皇御世, 随时之宜。仓颉既生, 书契是为。科斗鸟篆, 类物象形, 睿哲变通, 意巧滋生。损之隶草, 以崇简易, 百官毕修, 事业毕丽。[①]

在这段话中, 他首先提出"随时之宜"的观点。此观点据之于"圣皇御世", 其实不过是借"圣皇"以张目。"随时之宜"应该是人类一切作为的总原则, 书法也不例外。仓颉创造书契, 就是"随时之宜"。仓颉之后, 书契的改易也充分体现了"随时之宜"的原则。"随时之宜"的具体做法主要有象形、变通、简易。象形, 以类物为原则, 产生了象形字; 变通, 以睿哲为指导, 产生了会意、形声字; 简易, 以便利为目的, 产生了隶书、草书。因为需要, 百官均来学习写字, 于是事业发展, 而书法也得到更新, 一切均好。

(二) 草书形状之美

关于草书形状之美, 索靖有详细的描绘:

> 盖草书之为状也, 婉若银钩, 漂为惊鸾, 舒翼未发, 若举复安。虫蛇虯蟉, 或往或还, 类婀娜以羸羸, 欻奋鼍而桓桓。及其逸游盼向, 乍正乍邪, 骐骥暴怒逼其辔, 海水窊窿扬其波。芝草蒲萄还相继, 棠棣融融载其华; 玄熊对踞于山岳, 飞燕相追而差池。举而察之, 又似乎和风吹林, 偃草扇树, 枝条顺气, 转相比附, 窈娆廉苫, 随体散布。纷扰扰

---

① 索靖:《草书状》。

以猗靡，中持疑而犹豫；玄螭狡兽嬉其间，腾猿飞鼬相奔趣。①

这段文字用了若干比喻，生动地描绘了草书形状之美，它的婉约如银钩，它的飘逸如惊鸾。翅膀尚未展开，想举起又放下。像虫像蛇曲折盘绕，有的前进有的后退，婀娜多姿似乎羸弱，突然奋起又似乎孔武有力。至于它逸游盼向，一会儿正，一会儿斜。像马暴怒将缰绳绷得紧紧，像海浪低落又忽然扬起。像灵芝、葡萄藤蔓不断，像棠棣盛开着鲜花。像黑熊蹲踞于山顶，像飞燕追逐参差。细加打量，又似乎和风吹过山林，草伏树弯，树枝顺着气流，相互比附；那种柔小细弱的样子，随着风摆动，乱纷纷地相互倚靠，好像心中无主，犹豫不决。各种动物在其间嬉戏，猿猴腾跃，黄鼬飞跳，鱼儿摆尾，惊龙回首。

这种描写将草书形式美表现得淋漓尽致，包括：

（1）笔势流动挥洒之美；

（2）不确定的像物之美；

（3）丰富且不随意的寓意之美；

（4）错综复杂整一的生机之美。

概括起来，草书之美就是"自由"。草书充分实现了书家的自由意志、自由情感，这是自由的极致。可以说，在中国的一切艺术之中，唯有草书最大限度地实现了人的自由。

（三）草书的书写原则

草书虽然自由，但不是没有原则。索靖说：

> 若登高望其类，或若既往而中顾，或若俶傥而不群，或若自检于常度。于是多才之英，笃艺之彦，役心精微，耽此文宪。守道兼权，触类生变，离析八体，靡形不判。去繁存微，大象未乱，上理开元，下周谨案。骋辞放手，雨行冰散，高音翰厉，溢流流漫。忽班班成章，信奇妙之焕烂，体碝落而壮丽，姿光润以粲粲。

这段文章强调了几个方面，包括：

---

① 索靖：《草书状》。

（1）规则意识。草书家在自由挥笔之时，其实心中是有规则的。好比登高总是要望一望同伴；往前走，总是不时回顾一下，看是不是走错。既有点卓异不凡，倜傥不群；又有点自我检查，看是不是合乎常态。

（2）道权意识。道即原则，要守；而在运用道的时候，要会权衡，要能变化。这叫"守道兼权"。

（3）繁简意识。草书的重要特点是简，实是简书，因此要善于"去繁存微"。"微"在这里是指字的基本骨架，相对于繁，微是字的命根。有它在，这字就在。

（4）守放意识。基本的理要据守，但实行时要放开，这叫作"开元"。

（5）乱齐意识。草书似乎乱，但乱中有一种整齐。乱的只是外象，其内理未乱，这内理即"大象"，草书"大象未乱"。

（6）奇妙意识。草书的美是有点奇异的，它有时如冰雨交加，高空鹰鸣，形态高峻而姿态妖娆，索靖说它"信奇妙之焕烂"。

索靖是古今第一位充分论述草书形式美的学者，他的《草书状》与崔瑗的《草书势》堪称双璧。

二、卫恒："汉兴而有草书"

卫恒（？—291），西晋书法家，河东安邑（今山西夏县）人，善草、章草、隶、散隶四种书体。南朝梁袁昂的《古今书评》说他的书法"如插花美女，舞笑镜台"。他有《四体书势》一文，《晋书卫恒传》收入。此文评论了古文、篆书、隶书、草书四种书体，详尽地介绍它们的渊源，具有重要的史料价值。他在此文中介绍了草书的历史："汉兴有草书，不知作者姓名。至章帝时，齐相杜度，号称善作。后有崔瑗、崔寔，亦皆称工。"从这个简短的介绍，我们知道，草书是汉初才有的，最早写草书的人，已不知姓名。杜度、崔瑗、崔寔应是最早知名的草书家了。其后，他着重谈到草书家张伯英：

> ……弘农张伯英者，因而转精其巧，凡家之衣帛，必先书而后练之。临池学书，池水尽墨。下笔必为楷则，常曰："匆匆不暇草书。"寸纸不见遗，至今世尤宝其书，韦仲将谓之"草圣"。……伯英自称："上比崔

杜不足,下方罗赵有余。"①

从这个介绍中,我们得出三个重要的观点。

第一,草书有一个"转精其巧"的过程。"精"是"精到",完全合乎草书的规则;"巧"是"巧妙",既合乎草书规则,又有自己的创造。只有创,才有巧,而创的前提是必须循规。循规不能照循,而只能"化循"。所谓化循,就是在长期的实践中,已将所循之规内化为本能,于是作书时既得心应手,又循规蹈矩。最后终于自出心裁,或循规出新意,或创新规启后人。袁昂评张伯英的草书,说是"如汉武帝爱道,凭虚欲仙"。这种"凭虚欲仙"的草书,应该就是"转精其巧"的巧书了。

第二,"匆匆不暇草书"。这句话可以做两种解释,一是太忙,所以作草书;二是没有时间来作草书。前种解释,说的是草书起源于节省时间;后种解释,说的是作草书是需要花费工夫的,而不是有些人所理解的,作草书节省时间。两种解释均有道理,不妨共存之。

第三,"下笔必为楷则"。这句话的意思是,每写都认真,不随意,而且要做到下笔必成为楷模。

三、王羲之:学草书要打好基础

关于草书,王羲之也发表过意见:

> 若欲学草书,又有别法。须缓前急后,字体形势,状如龙蛇,相勾连不断,仍须棱侧起伏。用笔亦不得齐平大小一等,每作一字须有点外,且作余字总竟,然后安点,其点须空中遥掷笔作之。其草书,亦复须篆势、八分、古隶相杂,亦不得急,令墨不入纸。若急作,意思浅薄,而笔即直过。②

王羲之在这段文章中提出了三个重要观点。

第一,作草书不能急。一般认为作草书,一挥即就,匆匆为之。王羲之

---

① 卫恒:《四体书势》。

② 王羲之:《题卫夫人笔阵图后》。

说的作草书"亦不得急"，不是说写草书要慢慢写，他说的作草书"亦不得急"有两个意思。一是"缓前急后"。所谓前，是写之前，要有修养准备，有心理准备，这个准备要缓。只有缓，准备才能充分。"急后"，这"后"就是准备之后，具体就是写草书不能缓，需要急，一挥而就。二是写草书墨不能滑，要让墨入纸。墨入纸，一方面指篆势、八分、古隶这些书体的意味入纸；另一方面就是笔力入纸。要做到墨入纸，就不得急。他强调，急作不仅墨不入纸，而且"意思浅薄"。

第二，作草书，笔势要有变化。这变化，就是笔势有"棱侧起伏"，笔画不能齐平大小一样。他特别强调草书中"点"的用法，一是每作一字须有点；二是作完全篇后要有点，而且这"点"要"空中遥掷笔作之"，这样才有分量。

第三，作草书，要有其他书体的基础。他谈到篆势、八分、古隶，认为要写好草书，需有这些书体做基础。

王羲之自己也作草书，但他最出名的是行草。行草兼具行书、草书两种书体，更受人们欢迎。

四、萧衍："赴急之书"

梁武帝萧衍也有一篇《草书状》①，此文中对于草书的来历及审美特性有着深刻的论述。关于草书的来历，他认为出自生活需要："昔秦之时，诸侯争长，简檄相传，望烽走驿，以篆、隶之难不能救速，遂作赴急之书，盖今草书也。"将草书的产生定为"应急"，这是很准确的。然而草书产生以后，不少书家感于其书之美，争相造作，草书成为一种高雅艺术，"皆古英儒之撮拔，岂群小、皀隶之所能为"。

关于草书的审美特点，他用了诸多的自然现象为比喻："疾若惊蛇之失道，迟若渌水之徘徊。缓则鸦行，急则鹊厉，抽如雉啄，点如兔掷……"也就是飞动之美。但是，他对于草书的分类做出一些描述：

---

① 《佩文斋书画谱》卷一。

其类多容，婀娜如削弱柳，耸拔如袅长松，婆娑而飞舞凤，宛转而起蟠龙。纵横如结，联绵如绳，流离似绣，磊落如陵。炜炜烨烨，弈弈翩翩，或卧而似倒，或立而似颠，斜而复正，断而还连，飞鸟之戏晴天；像乌云之罩恒岳，紫雾之出衡山。[1]

萧衍突出说明草书的多样性、变化性、自由性。这中间"或卧而似倒，或立而似颠，斜而复正，断而还连"，强调草书笔画相反相成的力量构成，突出草书力感的"动"感与"势"感的联系与区别。动，显，可见；势，隐，不可见，但可意会。比如，"断而还连"，"断"可见，"连"就只可意会了。

书法进入艺术应该说与书法产生同时，但是，这种艺术不是指纯艺术，而是指功能艺术，也就是工艺。工艺，首先是工，它是为着某种物质性的功能而存在的。建筑就是典型的功能艺术。书法，作为写字术，首先是为了满足留存思想、情感，传达思想、情感而出现的。但所写的字，有鲜明的形象，有情感的韵味，因而其本身也具有审美意义。当人们不只是关注字所表达的意思，也还关注字形的审美意味，并且也将字形与字义做一并审美之时，写字术就成为一种艺术，一种可以名之为工艺的功能艺术。

长期以来，书法就是功能艺术。草书的出现，让书法产生质的变化。书法的产生，应该说有两种原因，一是功能需要，写字需要快，或为了准确地记录正在说的话；或为了节约写字的时间，为此不能不将字的笔画减少，也不能不连笔，于是，就出现草书；二是审美需要，草书的审美特点是飞动，作为写字，是手快，显示书者内在情感的飞扬；作为字形，是飞动的凝定，可以让人仔细地观赏、品味其飞动的意味。

草书从其造形来看，以飞动的线条取胜，但飞不是飞奔，而是飞而不失，飞中见回旋之势；动不是蛮动，而是动而不疏，动中见出高雅情操。

也许飞动的本质倒不是"动"，而是"净"与"静"。只有心灵的洁净、精神的清静、意念的虚静才能写出优秀的草书来。

---

[1] 萧衍：《草书状》。

当草书不是作为功能需要而是为了审美需要而存在时，此时的草书就不看作功能艺术，而应看成纯艺术，它与绘画、音乐同类。此种书，写什么内容也淡化了，而怎么写强化了。人们不一定认识所写的字，但都能感受字形的美。小而它的点画、大而它的篇章，都能给人感官上的、心灵上的撞击——无形的撞击。

作为视觉造型，书法属于视觉艺术。此种视觉审美，一是字形的本身的审美：它可以见出具象的意味，如鱼字像鱼，水字像水，便更重要的是抽象形式美，其中主要是线条的美。书法与绘画虽然有缘，但只是同一远祖，两者后来越走越远，好像人与猿。草书的出现，颠覆了书法视觉艺术的本质，让书法获得了一种音乐感，然而草书的音乐感却是心中的，而不是感觉的，如果要说也是感觉的，那属于联觉，属于想象。

虽然草书早在汉代就出现，但草书蔚为大观是在魏晋南北朝，特别重要的是关于草书审美特点的学术论文《草书势》在魏晋南北朝出现，因此，书法审美真正的觉醒是在魏晋南北朝。

书法是一种特殊的艺术，它的特殊在于它的审美：现象上是视觉的，而本质上是音乐的。

书法不独只有汉民族有，各民族都有自己文字的书写艺术。但不能不肯定，唯汉字的书写艺术，其工艺要求最高，其审美品位也最丰富。

第三节　审美品评开启

书法审美真正开启是在魏晋南北朝。由于书法受到文人普遍喜爱，书法作品广泛进入人们的生活，上至朝廷文诰诏书，下至百姓书信墓碑，无不用到书法。什么样的书法才是好的书法，自然进入人们的谈论之中，大体上分为三个方面展开，第一个方面，书法美是什么？关于这方面，大多喜欢用自然形象来做比喻，上面，我们已有介绍。其他两个方面：一是书法风格，二是书法高下。

一、书法风格

梁武帝评述了许多书家,其中也不乏精彩之论:

> 王羲之书字势雄强,如龙跳天门,虎卧凤阙,故历代宝之,永以为训。
>
> 张芝书如汉武爱道,凭虚欲仙。
>
> 蔡邕书骨气洞达,爽爽如有神力。
>
> 索靖书如飘风忽举,鸷鸟乍飞。
>
> 李镇东书如芙蓉出水,文彩之镂金。
>
> 孔琳之书如散花空中,流徽自得。①

萧衍没有用概念概括书家的风格,但将此种风格描述出来了,能够让人意会。在笔者看来,他试图概括的大致是:王羲之:雄强;张芝:超诣;蔡邕:通达;索靖:飘逸;李镇东:清新;孔琳之:飞艳。

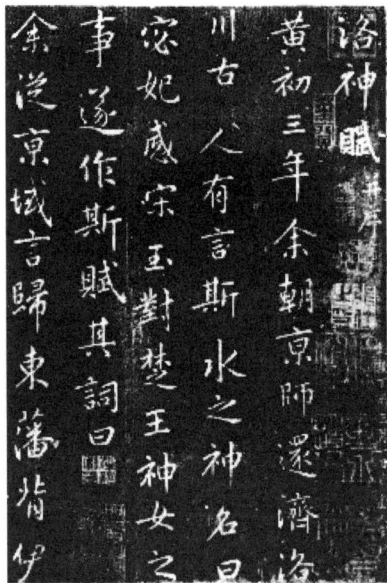

王羲之:《洛神赋》(行楷)

---

① 萧衍:《古今书人优劣评》,见《书苑菁华》。

二、书家高下

魏晋南北朝书法繁荣，书家们好争高下。自魏以来，书坛上名气高的主要有四人：钟繇、张芝、王羲之、王献之。王羲之作文，自我评价，云："吾书比之钟、张当抗行，或谓过之，张草犹当雁行，张精熟过人，临池学书，池水尽墨，若吾耽之若此，未必谢之。后达解者，知其评之上虚，吾尽心精作亦久，寻诸旧书，惟钟、张故为绝伦。其余为小佳，不足在意，去此二贤，仆书次之。"① 这话意思是：我的书法与钟繇、张芝有得一比。有人认为我超过他们，草书可以与张芝并列。张芝练习书法，精熟过人，他临池学书，池水都黑了，如果我如此用功，未必落后于他。后来有明白之人，认为这样评论还是恰当的。我尽力于书法也很久了，寻找诸位书家旧作，只有钟繇、张芝的作品为绝伦，其余的只是小佳。除去这两位贤人，书法好的就算我了。王羲之的自评，在社会上有很大反响，至南朝梁代，萧衍认为王羲之的自评为"过人之论"，对于世人"宗二王"，睥睨钟繇的书法，有所不满。他说：

> 世之学者宗二王，元常逸迹，曾为睥睨。羲之有过人之论，后生遂尔雷同。元常谓之古肥，子敬谓之今瘦。今古既殊，肥瘦颇反。如自省览，有异众说，张芝、钟繇，巧趣精细，殆同机神。肥瘦古今，岂易致意！真迹虽少，可得而推。逸少至学钟书，势巧形密，及其独运，意疏字缓，譬犹楚音习夏，不能无楚。过言不恒，未为笃论。又子敬之不迨逸少，犹逸少之不殆元常。学子敬者如画虎也，学元常者如画龙也。②

之所以出现崇"二王"而轻钟繇、张芝的现象，可能与时代的审美趣味有关，古时崇尚肥，而钟繇的书法就是肥的；现今崇尚瘦，而王献之（子敬）的书法是瘦的。这种以时代审美趣味评书法，只能用在当时，而不能用于后代，因为审美趣味是变化的。在萧衍看来，张芝、钟繇的书法，好就好在"巧趣精细，殆同机神"。这里提出了两个至高的书法标准：巧趣、机神。巧

---

① 王羲之：《自论书》，见《法书要录》卷一。
② 萧衍：《观钟繇书法十二意》，见《法书要录》卷二。

趣在人,机神在天。既得人之趣,又得天之神。而且,得趣为巧,得神在机,均为偶然,不费辛苦,可谓妙手天成。正是这一点上,萧衍认为王羲之赶不上钟繇、张芝。王羲之"至学钟书",但"势巧形密,及其独运,意疏字缓",人工痕迹过重,缺神采。究其学钟不成功的原因,是因为王羲之与钟繇气质不同,不适合学钟,这种情况就好比操楚国口音的人学习中原诸国人说话。人均有气质,不宜一味学习人家。正是因为这个原因,王羲之书法赶不上钟繇,而王献之赶不上王羲之,这就叫作"画虎不成反类犬,画龙不成反类蛇"。而"学子敬者如画虎也,学元常者如画龙也"。

萧衍的论述非常精彩,其中心是如何评论书之高下。萧衍在这里提出来的八个字"巧趣精细,殆同机神"具有普遍的意义,可以视为书法审美的最高境界。这境界是可以做多种理解的,事实上,趣和神都不宜一概而论,它们多样化,无标准,都趋向无限。各位书家在这方面均有自己的理解,也都有自己的创造。

书法评论在南朝就开始繁荣,南朝梁代的庾肩吾著有《书品》一卷,载自汉至梁能真草者一百二十八人,分上、中、下三等,每等又分上、中、下,共为9品。唐有李嗣真的《书后品》,在九品之上增设"逸品",著录自秦至唐书家八十二人,将他们排入各个品类之中。又有张怀瓘"神妙能"三品说,一一评述历代著名书家作品的优缺点。自此,书法品评成为书法美学的核心。

第 六 章

"兰亭学"的建立与发展①

　　东晋王羲之的《兰亭序》写于永和九年 (353)，至今 1600 多年了。这篇文章不足千字，但是，它在中国文化史上的影响大概除先秦几部经典之外鲜有能比的。《兰亭序》涉及东晋许多重要的政治、军事、文化事件，涉及中国传统文化中的文学、哲学、艺术学、美学等。事实是，从它产生之日起，特别是从唐代始，有关它的话题从未中断过，有关它的文献资料已经汗牛充栋，事实上，有关它的研究已经成为一门学问——"兰亭学"。

第一节　《兰亭序》的诞生

　　"兰亭学"的发轫，可以溯源到《兰亭序》的诞生。

　　晋永和九年 (353)，在山阴县一个名叫兰亭的地方，有过一次雅集。时间是农历三月上旬巳日，这天为传统修禊日。修禊是一种古老的习俗，人们在河边溪旁戏水，以消除灾难。王羲之在这个日子，组织了一个规模不算小的聚会，参加这次聚会的有 42 人。当时著名的人物如谢安、郗昙、孙绰、孙统、李充、支循、许询，还有王羲之的儿子王凝之、王徽之、王

---

① 　原载于《江海学刊》2010 年第 3 期，原名《"兰亭学"论稿》。

献之等都参加了。聚会除修禊、赏春外，还写诗，最后形成一个诗集，共37首诗，为21人所作，王羲之为这个诗集写了一篇序，这就是著名的《兰亭序》。

有意思的是，这次聚会，有16人没有写诗，各罚酒三杯，这被罚者中就有与其父王羲之齐名的大书法家王献之。诗人孙绰为这个诗集写了个后序（跋），文章写得也是很不错的，也许因为王羲之写的前序太有名了，这篇后序就悄无影响。

王羲之写的序当初并没有命名，后来就传出很多不同的名称。王羲之去世后，此件手写的序成为王家的传家宝，后传至僧人辩才手里。唐太宗李世民非常推崇王羲之的书法，听说有这样一件作品，就派了大臣萧翼去寻访。萧翼用不正当的手段，从辩才手中骗取了这件作品，呈给唐太宗。唐太宗对这件王羲之的行书，宝爱不已，有时也赏给大臣观赏，但总不让走出宫廷。后来，唐太宗命褚遂良等摹写了好几个抄本，又命欧阳询等临了几个本子，这些摹本、临本又辗转相抄，刻石，在社会上流传。《兰亭序》的真本，则作为随葬品，进入昭陵。

"兰亭学"的真正发轫是在唐太宗时代，唐太宗对"兰亭学"的开拓之功主要体现在两个方面。

第一，他最早认识到《兰亭序》的重要价值。唐太宗亲自为《晋书》撰写《王羲之传论》，文中说"详察古今，研精篆隶，尽善尽美，其惟王逸少乎"[1]，这实际上是为《兰亭序》的价值定了一个基调。以唐太宗的身份，写这样一篇文章，其意义、影响，都是绝对不可低估的。自此，《兰亭序》列为行书第一，而王羲之日后被尊为"书圣"。从某种意义上讲，世无唐太宗，则世无《兰亭序》，世无"书圣"王羲之。

第二，他最早将《兰亭序》推向社会。中国传统文化中的珍品一般有两种收藏：一是民间私人收藏，二是宫廷收藏。显然，宫廷收藏远优于民间私人收藏，其中突出优点之一，就是它的价值易于得到社会公认。唐太宗让

---

① 房玄龄等：《晋书·列传第五十·王羲之》。

萧翼将《兰亭序》从辩才手中骗来①，手段正当与否且不论，其对《兰亭序》的重大意义是不言而喻的。

唐太宗生前，曾让汤普彻、赵模、韩道政、冯承素、诸葛贞等人拓过真本《兰亭序》，又让虞世南、褚遂良、欧阳询等临写过真本《兰亭序》，这些拓本、临本被他用来赏赐给宗亲近臣，宗亲近臣们得到这些拓本、临本后，或又让人摹写，或刻石，从而使《兰亭序》在社会上不断产生巨大影响。

《兰亭序摹本》（唐·冯承素摹）

唐太宗去世前曾有遗嘱，让《兰亭序》真本随葬，于是真本世上不存②，流传于世的尽是摹本、刻本。由于无法一睹"庐山真面目"，《兰亭序》的真实性后来受到怀疑；又由于《兰亭序》后世被推到"第一行书"的地位，引起了一些学者产生不同的看法。再由于北碑南帖之争，《兰亭序》的评价成为问题的焦点。还有与《兰亭序》相关然在书法之外的许多问题，也存在谜案，于是关于《兰亭序》的论辩、考析也就不可避免。

《兰亭序》价值的重大发现，《兰亭序》传播的迅速扩大，《兰亭序》真伪及价值评估诸问题的引起，这些全都由于唐太宗的推崇，因而，唐太宗理所

---

① 此事何延之的《兰亭记》和刘餗的《隋唐嘉话》均有记载，何延之说是"骗取"，刘餗说是"求得"。

② 何延之：《兰亭记》："'吾欲从汝求一物，汝诚孝也，岂能违吾心耶？汝意如何？'高宗哽咽流涕，引耳而听受制命。太宗曰：'吾所欲得《兰亭》，可与我将去。'乃弓剑不遗，同轨毕至，随仙驾入玄宫矣。今赵模等所揭，在者，一本尚值钱万也。人间本亦稀少，代之珍宝，难可再见。"除何延之的《兰亭记》外，《隋唐嘉话》也有类似的记载："帝崩，中书令礼褚遂良奏：'《兰亭》先帝所重，不可留。'遂秘于昭陵。"

当然是"兰亭学"的"始作俑者"。

"兰亭学"在唐代发轫，也与这个时代密切相关。

我们需探究一下唐太宗为什么喜爱《兰亭序》。众所周知，东晋书法以"韵"胜，王羲之的《兰亭序》清秀恬淡、风神潇洒，是晋代书法尚"韵"的代表作之一。唐太宗喜欢的是这个"韵"吗？应该不是。第一，如果唐太宗喜爱的是这个恬淡的"韵"，那么，王羲之儿子王献之也许更有资格做代表。然而，唐太宗明显表示出对王献之书法的不满。在《王羲之传论》中，他说王献之的书法是"字势枯瘦，如隆冬之枯树"，"笔踪拘束，若严家之饿隶"。第二，就唐太宗自己的书法风格来看，它属于雄强的一派。李世民说："夫字以神为精魄，神若不和，则字无态度也；以心为筋骨，心若不坚，则字无劲健也。"[1] 而王羲之的《兰亭序》明显属"姿媚一路"，骨力是谈不上的。

仅以书法论，唐太宗喜欢《兰亭序》，理由不足。那么，唐太宗喜爱《兰亭序》，又是为何呢？唐太宗自己没有说，笔者揣摩，唐太宗喜欢《兰亭序》其实主要还不是因为它的书法，而是从文章到书法整个透显出来的那种精神气概。只要展开卷轴，那种"天朗气清，惠风和畅"的青春气概就扑面而来。而略略展玩，作品中"仰观宇宙之大，俯察品类之盛""游目骋怀""极视听之娱"的豪情胜慨更是激人精神飞越。也许根本就不是"点曳之工，裁成之妙"的笔致，也不是"烟霏露结，状若断而还"的韵味，让唐太宗"玩之不觉为倦"，而是整个作品"凤翥龙蟠"的青春气概，让雄才大略且文采风流的唐太宗醉心不已！

我们知道，自东汉起，社会一直动乱不堪，生产力遭到严重破坏，文化发展也举步维艰，新兴的唐帝国出现，一扫数百年来经济、文化的疲惫，顿显兴旺发达之象。唐代是中国封建社会的青春期，作为唐帝国主要缔造者的唐太宗李世民正是这样富有青春气概的君王。新兴的唐帝国需要建立一种精神，这种精神应该是青春的精神，唐太宗惊喜地发现《兰亭序》所蕴藏的青春焕发的精神正是他所醉心的精神，《兰亭序》所体现的活泼明媚的风

---

[1] 《唐太宗论书》，见《佩文斋书画谱》卷五。

格,正是他所要建设的唐代文化的风格。

不管是自觉还是不自觉,唐太宗推崇《兰亭序》,推崇王羲之,实质是在发动一场文艺复兴,是在借《兰亭序》推进唐代精神文化的建设。《兰亭序》的重新发现,为唐代文化建设开启了一个序幕。这序幕是如此精彩,意义又是如此重大。一方面,唐代文化建设借《兰亭序》开了一个精彩的头;另一方面,"兰亭学"在唐代文化的哺育下得到茁壮成长,其价值和影响远超出唐代,影响着以后中国文化的发展。

第二节 "兰亭学"的出现

由于真本《兰亭序》被随葬昭陵,流传在世的均是仿本。实际上《兰亭序》是靠它的不断被复制而产生影响的,这样一来,不只是《兰亭序》本身,还有《兰亭序》的被复制及它的流播,都成了"兰亭学"的重要组成部分。真本不存,我们面对的是不同的仿本以及历代摹刻的各种版本,它们实际上成为"兰亭学"的重要载体。

《兰亭序》的复制涉及许多学术问题。

第一,真本与仿本——"书画仿制学"问题。

何延之的《兰亭记》云:"帝命供奉拓书人赵模、韩道政、冯承素、诸葛贞等四人,各搨数本,以赐皇太子诸王近臣。"由此可知,真本《兰亭序》曾被赵模、韩道政、冯承素、诸葛贞等拓(摹)过,这些拓本均被唐太宗赏赐给宗亲及近臣。还有史料说,虞世南、褚遂良、欧阳询等临过真本《兰亭序》。后来,又有不少书法家以这些人的拓本、临本为对象去摹临。

仿的目的主要是存真,应该肯定仿是可以在一定程度上存真的。但仿不可能像照相一样,将对象简单地复制过来,每一个仿品均有自己的艺术个性在,从某种意义上说,它也是一个创造。自唐朝开始,不少著名的书法家都摹过或临过《兰亭序》,其中不少仿本也成为著名的书法作品,它们取得了另一种艺术价值。

艺术欣赏者基于自身的美学观,对仿本也自有不同的评价。比如,乾隆显然特别喜欢虞世南的临本，他主持刻的《兰亭八柱帖》，列此仿本为"八柱第一"，说是"得右军之美韵"。然而，也有人认为它"险劲"，"失其俊迈"。再比如，冯承素的拓本一般被认为接近原迹，而乾隆却将它列为"八柱第二"。

　　原作与仿本的关系，仿本与欣赏者的关系，这中间存在着一个属于审美再创造的问题，某些内容与西方的接受美学相通，但不完全一致。虽然书画仿制是全世界共通的文化现象，但这一现象在中国特别突出。与书画仿制相关，书画鉴定在中国也显得特别突出。《兰亭序》的仿制为中国独特的书画仿制学提供了极为丰富的内容。

　　第二，继承与发展——"通变"问题。

　　在中国书法史上，论实际影响，没有哪个作品比得过《兰亭序》。自唐以后，《兰亭序》以其"第一行书"的地位成为书法的经典，中国的知识分子没有不学《兰亭序》的，这种学习包括两个方面：一是继承，二是发展。不管持哪种风格的书法家，对《兰亭序》均有不同情况的继承和发展，只是有的侧重于继承，风格偏于阴柔；有的重在发展，风格偏于阳刚。宋代的米芾和元代的赵孟頫，可以视为前者的代表。清代碑学兴起，碑学派基本立场是反对"姿媚一路"的，其中包括王羲之的书法，然而，他们的书法何尝没有受过《兰亭序》的影响？中国美学重视刚柔结合之妙，晚清学者刘熙载说："书要兼备阴阳二气，大凡沈著丽郁，阴也；奇拔豪达，阳也。"[①] 曾力诋《兰亭序》柔媚无力的碑派书法家包世臣、何绍基、康有为，其书法中也分明有着《兰亭序》的韵味。基于《兰亭序》中国书法史上"第一行书"的地位，可以说，一部唐太宗之后的中国书法史，可以视为《兰亭序》的影响史。

　　中国古典美学有"通变"这一概念，"通"为继承，"变"为发展。不管哪一种艺术，均有自己的通变史。可以说，艺术的生命就在于通变。南北朝时文艺理论家刘勰著《文心雕龙》，其中专设《通变》一章，结尾云："文律运周，日新其业。变则甚久，通则不乏。"《兰亭序》的影响史，为中国文艺学

---

① 刘熙载：《艺概·书概》。

中的"通变"理论提供了最为充足的材料。

第三,时代与审美——"审美社会学"问题。

虽然《兰亭序》历代均受到青睐,但受青睐的情况是不一样的。我们发现,《兰亭序》在宋代受欢迎的程度最高。宋代的皇帝几乎个个喜欢《兰亭序》,宋太宗有诗曰:"不到兰亭千日余,尝思墨客五云居。曾经数处看屏障,尽是王家小草书。"① 由于统治阶级的影响,文人士大夫莫不以摹写《兰亭序》、收藏《兰亭序》各种不同版本为雅事,这种情况相当程度上反映了宋代的审美风尚。也许,《兰亭序》在清代受欢迎的程度偏低,碑派的兴起固然是重要原因,但绝对不只是这一方面。它与整个清代的文化风尚包括审美风格有关系,而这种风尚的形成,原因决不是简单的。如果深入探究,则不能不触及清代的政治、经济。

美学上有一分支为审美社会学,它研究的是审美与社会的关系。一部《兰亭序》的影响史、流播史,反映出许多社会问题,很值得有心人去做深入探究。

第四,文本与版本——"传播学"问题。

临、摹、刻、拓是中国书法、绘画特有的传播手段。《兰亭序》的传播基本上也靠这些手段。唐代的《兰亭序》仿本主要是拓本与临本,此外还有刻板本、勒石本等。因为人们普遍崇尚摹本与临本,刻板本与勒石本在唐代并未得到重视。《兰亭序》在宋代的影响远胜于唐代,其中原因之一是刻板本和勒石本流行了。诸多刻本中,影响最大的是定武本,据说定武本取自欧阳询的临本,比较有阳刚气概。唐末,定武刻石流落民间,后为宋徽宗所得。正是在徽宗朝,定武本得以大量复制,极大地促进了《兰亭序》的流传。

南宋灭亡后,内府所藏神龙系统摹本流入社会,人们又将神龙系统摹本勾勒上石;于是,神龙系统复制数量激增,到明清之际,彻底取代定武系统,而一统天下。

《兰亭序》版本极多,在中国文化史上蔚为大观,其版本的命名就五花

① 俞松:《兰亭续考》。

八门,大体上有这样几种命名。一是根据版本创制或最早出现的时间进行命名,如神龙本、开皇本等。二是根据收藏家的名字进行命名,如辛道宗本、晁谦之本。三是根据版本的书写材质、制作材质或者装裱材质进行命名,如蜡本、绢本等。四是依据《兰亭序》书帖内容的书写完整程度进行命名,如损本、删本等。五是根据制作或者流传、收藏地点进行命名,如福州府治本、金陵三米(米芾、米友仁、米尹知)本等。六是根据临摹者的姓名进行命名,如冯承素本、汤普彻本等。七是根据书写字体进行命名,如行书兰亭序、行草书兰亭序、行楷书兰亭序等。八是根据流传过程中相关典故进行命名,如落水本、火烧本等。九是根据题跋和款识进行命名,如苏易简题赞本、僧权署字本等。十是根据特殊字体进行命名,如"领"字从山本、"崇"字三点本、"会"字全本等。十一是根据本子外貌特征进行命名,如定武肥本、定武瘦本等。如此丰富的版本,真是世界文化史上一道奇丽的景观了。

有不同的版本,就有对不同版本的研究,有关《兰亭序》版本的研究也很丰富,有桑世昌的《兰亭考》、俞松的《兰亭续考》、陶宗仪的《兰亭诸刻考》、胡若思的《兰亭诸本考》、翁方纲的《苏米斋兰亭考》等。

中国文化研究中,有版本学这一学科,《兰亭序》有如此丰富的版本,真可以成为版本学中一门专学了。

第三节 "兰亭学"中的书学

《兰亭序》是一篇文章,也是一幅字,两者均有重大影响,但无疑,字的影响远超过文。因此,"兰亭学"中,书学无疑应是它的主题。从《兰亭序》作为书法作品以及它的实际影响来看,它至少涉及如下四个重要的书学问题。

第一,书法评价的标准。

《兰亭序》在中国书法史上一直得到很高的评价,被公认为天下"第一行书",宋代关于《兰亭序》的评价甚多。比如,黄庭坚《山谷题跋》云:"王右军《禊饮诗序》,为古今行正之祖。"米芾《书史》云:"《乐毅论》正书第一,此（《兰亭序》)乃行书第一也。"赵构《复古殿〈兰亭〉赞》："右军笔法，变化无穷。《禊序》遗墨，行书之宗。"将《兰亭序》评价为"行书第一"的言论很多，不胜枚举。但是，为什么是第一？没有人认真分析过。

关于书法评价的标准，中国古代是有说法的，最著名的是张怀瓘的"神""妙""能""三品"说。"三品"具体内容如何，语焉不详。张怀瓘是将王羲之作品放在"神品"之内的，但也有些批评，说它"格律非高，功夫又少，虽圆丰妍美，乃乏神采，无戈戟铦锐可奇，无物象生动可奇"①，因而在"神品"中王羲之不是排在第一的，而是排在索靖之后。

中国书法的评价标准，太抽象也太笼统，而且也不统一。虽然在实际的审美活动中，我们不需要企求共同的审美标准，但在理论上，关于书法应该有一个大致的审美标准，因为它涉及对中国书法审美性质的认识。

第二，阴柔派书法与阳刚派书法的评价问题。

中国古代书法是可以分为阴柔派与阳刚派的，阴柔派以王羲之为宗，阳刚派以颜真卿为宗。虽然在人们实际的书法生活中，阴柔派书法普遍受到欢迎，但批评、非议的声音不断，张怀瓘曾尖锐地说，王羲之"无丈夫气"只有"女郎才"，因而"不足贵也"。②

与之相关的问题是碑派与帖派之争。碑、帖本来只是书法传播的两种载体，跟书法本身没有太大关系。但是，因为以王羲之为代表的阴柔派书法基本上是借帖而得以流传的，而碑多刻以雄强的字体。于是，人们遂将雄强的字体归属于碑派，而将秀丽的字体归属于帖派。清代中期，包世臣、阮元等书法家感于帖派书法大行其时，提倡学习汉碑、魏碑，对王羲之的书风大加贬斥。阮元甚至认为，《兰亭序》的原本未必比得上定武本，原因是定武本是欧阳询临写的，有阳刚之气。《兰亭序》之所以遭包世臣、阮元之贬，就是因为它的"姿媚"。碑派与帖派之争，涉及艺术品格、社会审美情趣、儒道学说对艺术的影响、中国艺术审美传统等诸多问题，远没有论述清楚。

---

① 张怀瓘：《议书》。

② 张怀瓘：《议书》。

第三，书法本质问题。

当今人们将书法看成艺术，而在古代书法兼工具与艺术两者，并不纯是艺术。

现在视为珍品的古代书法家的作品几乎全是实用性的文稿，《兰亭序》也是这样。由于《兰亭序》本身是一篇手写稿，保留着当时书写的痕迹，其字形，其笔致，其墨迹，才真正是当下情感的物化形式。据史载，王羲之曾经将这篇序抄写过多次，但均不及手稿。其原因很简单，情感不同了。

古代的书法家，基本上是写自己文章的。其书法与文章紧密相关，书法的风格与文章的品格是统一的。文章内容影响书家的情感，而书家的情感又成为书法的内容，这内容借助于墨迹，又转化为形式。于是，这形式实际上即是内容的物化，径直说，形式即内容。书法的形式与书法的内容就这样天然地合而为一，纯粹的书法形式美其实并不存在，这才是书法美的本质。

现今书法成为一种手艺，一种艺术性的抄写，抄写的文章与书家并没有关系，抄写的价值在于字很漂亮。所以，现在的书法家均是写"靓字"的技师。这种抄写的作品当然也有艺术性，有形式美，但它是不是古代那种书法？不是的。如果它是书法，那《兰亭序》就不是书法。

第四，关于书法与时代的关系问题。

在关于《兰亭序》真伪的论战中，李文田、郭沫若认为《兰亭序》没有"隶味"，不像晋代的书法，故而它不是王羲之写的。

这里涉及艺术与时代的关系问题，具体有二。其一，一个时代的艺术是不是只有一种风格？其二，艺术可不可以超前？具体来说，晋代的书法家有没有可能写出唐代风格的字来？

不错，任何艺术均不同程度地打上时代的烙印。但是，艺术作为艺术家的天才创造[1]，又是可以在一定程度上超越时代，而指向未来的，《兰亭

---

[1]　康德说："天才是艺术的才能，不是科学的才能"，又说"美的艺术必然要看作天才的艺术"。见 [德] 康德：《判断力批判》，转引自《朱光潜美学文集·西方美学史》，上海文艺出版社 1983 年版，第 408、406 页。

序》就是这样的作品。《兰亭序》真伪之辩，绝不只是考古学的问题，它牵涉对艺术与时代的关系的认识，这一论辩远未深入展开。

第四节 "兰亭学"的延展

"兰亭学"的主题，就现在的形态来看，是中国书学。但是它的内涵上不只是书学。从它的文本出发，可以做很多延展，就目前的认识来看，涉及中华文化诸多方面，包括文学、美学、哲学、民俗、政治等。现在，我们仅就文学、美学、哲学三个方面的延展做些分析。

第一，文学的延展。

作为文学作品，《兰亭序》的命运很值得研究。《世说新语·企羡》中刘孝标注引说它原名为《临河叙》，将它全文录下。对照唐代流传的《兰亭序》，果然不同。即使是刘孝标注引的《临河叙》，李文田和郭沫若认为其中也有后人添加的文字。中国古人没有版权意识，修改人家文章，比较随意。那么，《兰亭序》文本到底是什么样子的？是不是后来有人增删过？这些均值得深入研究。

不过，也许这还不是最重要的问题，最重要的问题是《兰亭序》在中国文学史上的地位与价值。第一，《兰亭序》是中国历史上较早的山水散文，它序的《兰亭诗》也是中国较早的山水诗。通过研究《兰亭序》和《兰亭诗》，可以探索中国山水文学兴起的原因。众所周知，《兰亭序》和《兰亭诗》是在魏晋玄学的文化背景下产生的。这涉及它们与玄学的关系，钟嵘说"庄老告退，山水方滋"[①]，似是认为庄老妨碍了山水文学。钟嵘的这一观点，大有商榷的余地，庄老与山水文学的关系值得深入研究。第二，《兰亭序》是一篇纯文学之作，这种文章晋以前是少有的。汉代以及汉代以前的古文或为政论，或为史论，或为奏疏，均有明显的实际功用，它们不是严格意义上的文学作品，而《兰亭序》是纯文学作品。中国的纯文学是如何产生的，这

---

① 钟嵘：《诗品》。

也是一个很值得研究的问题。

仅就文学来看,《兰亭序》在纵横两轴展开了一个开放性的学术天地。纵向来说,是《兰亭序》和《兰亭诗》在中国文学史的地位问题;横向来说,是《兰亭序》和《兰亭诗》与哲学思潮、文学思潮的关系问题。这些,均牵动中国文学史的全局。

第二,美学的延展。

晋朝在中国美学史上具有重要地位。在某种意义上说,审美正是这个时期得以觉醒的,审美觉醒的代表性人物正是王羲之;代表性的标志物正是《兰亭序》。《兰亭序》至少见出审美觉醒的两种表现。第一,山水审美的觉醒。学者一般认为,中国山水审美的觉醒是在魏晋南北朝,这个时候出现了一批山水抒情散文,见出山水审美的觉醒,其中就有《兰亭序》。第二,个体审美的觉醒。众所周知,自先秦以来直到汉代,涉及审美的言论,虽然主体也是人,但那人是社会的人。到魏晋,则有所变化,涉及审美的言论,作为主体的人移向个体,凸显的是个体对生命的感悟。《兰亭序》正是这样的文章。

晋朝在中国美学史上具有重要地位,它的重要不只在于这个时期审美全面觉醒,还在于这个时期出现了一种与先秦、与汉代不同的审美理想。这种审美理想,钟嵘在《诗品》中借鲍照评论谢灵运与颜延之诗表达出来了。鲍照云:"谢公诗如初发芙蓉,自然可爱;君(指颜延之)诗若铺锦列绣,亦雕缋满眼。"钟嵘崇尚的显然是"初发芙蓉,自然可爱"这种美,这是一种新的审美理想,具有蓬勃的青春气息。王羲之的《兰亭序》,不管从文学言之,还是从书法言之,均是这种美的卓越代表。

值得我们高度重视的是,这种"初发芙蓉,自然可爱"的美在唐代受到推崇。李白诗云:"清水出芙蓉,天然去雕饰"[1],这诗句显然出自"初发芙蓉,自然可爱"。唐代是中国封建社会中具有青春气概的时代,它的审美理想正是这"初发芙蓉,自然可爱"。如果说,在晋代这"初发芙蓉,自然可爱"

---

[1] 李白:《经乱离后天恩流夜郎忆旧游书怀赠江夏韦太守良宰》。

的美还只是一个新鲜事物,正如《兰亭序》这样的行草在晋代罕见一样,那么,在唐代就比较普遍地成为时代的审美风尚了。也许,这是《兰亭序》在唐代受到推崇的深层次社会原因。"初发芙蓉"这种美,在中国美学史上后来成为一种重要的审美传统,体现在艺术、生活诸多方面,一直延续下来。

第三,哲学的延展。

《兰亭序》虽然不是一篇哲学论文,但涉及大量的哲学问题,与当时士大夫中流行的玄学思潮、道教哲学、佛教哲学均有一定的关系。从王羲之的实际交往来看,他与玄学、道教、佛教界人士均有密切关系。实际上,参加兰亭聚会的人物之中,这三方面的人物均有。比如支遁,既是僧人又是玄学家,他曾给王羲之讲《逍遥游》,颇受王羲之的敬重。

《兰亭序》涉及的哲学问题,主要有宇宙观、时空观、生死观、幸福观、山水观等,儒、道、玄三家思想均有之。《兰亭序》所展示的人生哲学,在中国知识分子中具有一定的代表性。将此文与《岳阳楼记》做个比较,则发现二者有相通相异之处。二文均表现出对生命的珍重,但在如何珍重上,侧重点不同。也许王羲之更看重生命的个体价值,而范仲淹更看重生命的社会价值。中国知识分子的生命观本来是兼顾这二者的,但在不同的场合,强调不同。一般来说,中国知识分子均具有入世与出世的二重性,欧阳修说的"富贵者之乐"与"山林者之乐"[1]在中国古代的知识分子那里兼而有之,只是王羲之的《兰亭序》表达的主要是"山林者之乐"。

中国传统文化研究,魏晋南北朝一直是热门。这一时期,也的确有诸多问题让人兴味盎然,这其中就有《兰亭序》。当研究者将与《兰亭序》相关的问题提升到"学"的高度来思考时,发现《兰亭序》竟然成了魏晋南北朝文化的一个象征。"玄学"一直被人们视为魏晋南北朝文化的代表。而玄学,又总被误解为抽象的概念论辩,其实,玄学首先体现为一种生存方式。从某种意义上来讲,王羲之的生存方式是玄学的代表之一,而热衷书法可以看作这种生存方式的特色之一。那个时代的文人,几乎没有不善书法的。

---

① 欧阳修:《浮槎山水记》。

从某种意义上来说，玄学的形而下体现之一即是书法。

《兰亭序》作为中国文化的经典之一，实际上是中国古代某种文化形态的标志。如果说李白是唐代文化的一面旗帜，那么，可不可以说，王羲之的《兰亭序》是晋代文化的一面旗帜呢？唐代是中国文化的灿烂期，像青年，英气勃勃，风华正茂；而晋代则是中国文化的少年期，它清纯，阳光，像初发芙蓉，自然可爱。《兰亭序》就是它的代表。不仅如此，由于"兰亭学"涉及中国古代政治、军事、经济、宗教、民俗等诸多问题，远远超出了它产生的时代。因此，一篇《兰亭序》不仅是晋代精神生活的一面镜子，而且也反映了中国传统文化的许多侧面。

不管承不承认，有关《兰亭序》的研究已经成为一门学问了，不仅在中国存在并发展着，而且还在海外存在并发展着。它的未来，有没有可能成为像红学那样的显学呢？不敢说，但拭目以待。

第 七 章
文学审美的觉醒

魏晋南北朝时出现了一批有关文学的理论专著。这些著作在相当程度上冲破了儒家只是在伦理学、政治学立场谈文学的约束，而从美学的角度来讨论文学创作与文学欣赏的问题，其中尤其引人注意的是，从审美心理学的角度来探讨艺术思维的规律。这些著作充分体现出魏晋南北朝时代"文学审美的自觉"。

第一节　曹丕:《典论·论文》

曹丕（187—226），字子桓，曹操次子，魏国开国皇帝，即魏文帝，善文学。《典论》是其理论著作，仅存《论文》。

《典论·论文》是建安文学的总结，对"建安七子"的文学成就及创作风格做了言简意赅的评论，并就为文之道提出了一些重要的意见。

一、"文以气为主"

曹丕说："文以气为主，气之清浊有体，不可力强而致。譬诸音乐，曲度虽均，节奏同检，至于引气不齐，巧拙有素，虽在父兄，不能以移子弟。"

"气"指什么有许多不同的说法，大都认为指作者的才性、才气，有先天后天之分。有些论者如我国台湾地区的高仲华、朱荣智先生，特别强调是指先天禀赋。①

笔者认为，曹丕的"文以气为主"中的"气"应作比较宽泛的理解。它指人的精神气质，或者说指人的思想、情感、才能、气质等主观方面的东西。"气"既有先天所禀，也有后天所得。"气"是人的生理和心理的生命力。

说"文以气为主"，包含有这样几种意思：

第一，文学主要是作家主观的产物，是他思想情感的表现，才华气质的展露。文学，按其生成应是客观的社会生活与作家的主观思想情感的结合。客观的社会生活经作家的选取、认识、评价、审美改造，予以反映，这在文学理论中称之为"再现""反映"或"模仿"。作家的主观思想情感借助于选定作为创作题材的社会生活予以展露，这在文学理论中称为"表现"。一为客观，一为主观，文学的内涵不外乎这二者。尽管所有的文学家都承认这一点，但有偏重于客观的，也有偏重于主观的。西方文论始祖亚里士多德重客观，他的文学理论以"模仿"说为基础。由于他的巨大影响，西方文论"模仿"说占优势地位。中国文论则有所不同，《尚书》《毛诗序》讲"诗言志"比较注重作家主观的一面。曹丕《典论·论文》继承这一传统，提出"文以气为主"，这一理论明显属于表现论。

曹丕说"文以气为主"，强调作家的主观思想情感对文学的主导作用。为什么同样的社会生活在不同的作家笔下呈现出不同的风貌，这只能归之于作家自身的因素。曹丕在《典论·论文》和《与吴质书》中评论了许多作家及其作品，用的就是这一批评理论。曹丕说，"徐干时有齐气"②，所谓"齐气"，李善注："言齐俗文体舒缓，而徐干亦有斯累。""齐气"是一种舒缓的气质，徐干这种舒缓的气质影响了他的文风。曹丕还说："伟长独怀文抱质，恬淡寡欲，有箕山之志，可谓彬彬君子矣。著《中论》二十余篇，成一家之言，辞义典雅，足传于后，此子为不朽矣。"③"伟长"即徐干。这里曹丕虽没有

① 参见高仲华：《高明文学论丛》，朱荣智：《文气论研究》。
② 曹丕：《典论·论文》。
③ 曹丕：《与吴质书》。

用上"气"这个词,但亦可以理解成论气。曹丕说徐干"怀文抱质,恬淡寡欲,有箕山之志",是说他具有不慕名利、超然高举的道家之志,这志自然也影响到徐干的文风。曹丕论刘桢:"公干有逸气,但未遒耳。"① 这"逸气"是指飘逸、洒脱的气质,又说他"壮而不密"②,这"壮而不密"也是指气质。

从《典论·论文》和《与吴质书》对建安作家的评论来看,曹丕说的"文以气为主",不宜理解成先天禀赋。如果理解成先天禀赋,那意义不大,因为尽管文学与先天禀赋有关,但毕竟最重要的还是靠后天修养。正如鲁迅所说,即使是天才,他刚生下来的啼哭也不会是一首美好的诗。如果说"气"只是指先天禀赋,曹丕的"文以气为主"就是一个错误的命题。

第二,曹丕说"气之清浊有体,不可力强而致"。怎么理解这里说的"清浊""力强",是个关键。"清浊"的概念与"阴阳"的概念相关,《庄子·天运》篇说:"一清一浊,阴阳调和。"《易传》以刚柔与阴阳相配,阳为刚,阴为柔;《庄子》以清浊与阴阳相配,阳为清,阴为浊。阴阳是中国哲学对事物性质的基本分类,也可说是两种基本的气。庄子说:"阴阳,气之大者也。"③天地万物均是由阴阳二气构成的,所谓"至阴肃肃,至阳赫赫;肃肃出乎天,赫赫发乎地;两者交通成和而物生焉"④,人的生命也是如此。虽然万物均是由阴阳二气交和而成,但万物禀阴阳二气的多少不同,有偏重于阴的,有偏重于阳的,故而可以分为阴物、阳物。

曹丕说"气之清浊有体",就是说人的才性(包括先天资禀和后天修养)大体上可以分为清浊两类。清浊是个模糊概念,是对人的基本分类,类似于阴阳。说"有体",是说清浊二气是落实在形体上的,可以凭感觉把握,是一种客观存在。"不可力强而致",是强调它的客观性。不过,这并不是说人的清浊生下来就如此,不可改变。事实上,人的善恶、美丑、清浊并不是都由先天决定,后天修养也非常重要。曹丕强调"清浊有体",是为了说

---

① 曹丕:《与吴质书》。
② 曹丕:《典论·论文》。
③ 《庄子·则阳》。
④ 《庄子·田子方》。

明"文以气为主"的客观真理性,可操作性。

第三,曹丕说:"譬诸音乐,曲度虽均,节奏同检,至于引气不齐,巧拙有素,虽在父兄,不能以移子弟。"[①] 他用音乐作例,说明正因为"文以气为主",作家的精神、气质、才性是起主导作用的,所以它不是技艺,可学而不可传。曹丕所说,不仅强调了文学的精神性,而且强调了文学的创造性。

"文以气为主"是个极为深刻的美学命题,它所包含的文学性质的"三重"(重精神、重表现、重创造)对中华美学传统的建构起了重要的作用。也正是这"三重",使得中华美学与西方美学见出某些差异来。相对于中华美学,西方美学似乎更多重物质,重再现,重技艺。当然这只是相比较而言,绝不能得出西方美学不要精神、不要表现、不要创造的结论,这是不言而喻的。

二、"盖文章,经国之大业,不朽之盛事"

文学艺术在汉代地位并不高。《汉书·王褒传》记有一事:王褒等争着向汉宣帝献歌功颂德的辞赋,汉宣帝则根据它们的高下给予奖励,有大臣认为此事不妥,汉宣帝则说:"辞赋大者与古诗同义,小者辩丽可喜。辟如女工有绮縠,音乐有郑卫,今世俗犹皆以此虞悦耳目,辞赋比之,尚有仁义风谕,鸟兽草木多闻之观,贤于倡优博奕远矣。"汉宣帝虽然对辞赋给予了肯定,但只是认为它"贤于倡优博奕",其功能最多不过"仁义风谕",多识"鸟兽草木之名",一般也只是将它看作玩物。但到魏晋时期,文学艺术的地位大为提高了。这种情况的出现与曹操父子笃好文学大有关系。钟嵘《诗品·序》说:"曹公父子,笃好斯文,平原兄弟,郁为文栋;刘桢、王粲,为其羽翼。次有攀龙托凤,自致于属车者,盖将百计。彬彬大盛,大备于时矣!"这种帝王爱好文艺之风延续到六朝,成为这个历史时期一大景观。

曹丕对文学的推崇最为突出。他说:

---

① 曹丕:《典论·论文》。

　　盖文章,经国之大业,不朽之盛事。年寿有时而尽,荣乐止乎其身,二者必至之常期,未若文章之无穷。是以古之作者,寄身于翰墨,见意于篇籍,不假良史之辞,不托飞驰之势,而声名自传于后。①

　　曹丕说的文章当然不只是文学,但包括文学,将文学的地位提得如此之高是空前的。曹丕从不朽的角度谈论文学的价值。

　　《左传·襄公二十四年》记载叔孙豹的话:"太上有立德,其次有立功,其次有立言,虽久不废,此之谓不朽。"曹丕的立论以此为依据,裴松之注引《魏书》载曹丕《与王朗书》自称:"生有七尺之形,死唯一棺之土,唯立德扬名,可以不朽,其次莫如篇籍。"诚然,立德、立功、立言三者均可不朽,但从《典论·论文》的主旨来看,曹丕似乎更推崇立言的不朽。将文学的价值提到不朽的高度,这是对文学自身价值(审美价值)高度肯定的表现。

　　曹丕说的文章分为四科,即奏议、书论、铭诔、诗赋。这四科中,诗赋是纯文学,其他三科也有可以归属于文学的作品。曹丕对这四科文章提出不同的标准:

　　夫本同而末异,盖奏议宜雅,书论宜理,铭诔尚实,诗赋欲丽。

　　这里说的"本"是一切文章的共同性,"末"是指文体的特殊性。奏议、书论、铭诔是应用性的理论文字,一般系非文学,其标准分别为"雅""理""实"。诗赋是纯文学,是审美形式,故其标准为"丽",即美。这是中国历史上第一次将诗赋的本质特点定为美,是对儒家"诗言志"的一个突破。

　　鲁迅评论曹丕的这一观点:

　　他说诗赋不必寓教训,反对当时那些寓训勉于诗赋的见解。用近代的文学眼光看来,曹丕的一个时代可说是"文学的自觉时代",或如近代所说是为艺术而艺术(Art for Art's Sake)的一派。②

---

①　曹丕:《典论·论文》。

②　鲁迅:《魏晋风度及文章与药及酒之关系》,见《鲁迅全集》第三卷,人民文学出版社1982年版,第504页。

曹丕说的文学的不朽,实质也是审美的不朽。

第二节 陆机:《文赋》

陆机(261—303),字士衡,吴郡吴县(今江苏苏州)人,晋代文学家。其祖父是吴国著名将领陆逊,其父陆抗做过吴国的大司马。陆机文武全才,曾为吴牙门将,晋时做过祭酒、太子洗马、著作郎等官。在晋"八王之乱"时,卷入统治阶级内部纷争而被害。

陆机"少有异才,文章冠世"[①],其弟陆云字士龙,亦以文学知名于时,世称"二陆"。《世说新语·赏誉》中说:"蔡司徒在洛,见陆机兄弟住参佐廨中,三间瓦屋。士龙住东头,士衡住西头。士龙为人,文弱可爱;士衡长七尺余,声作钟声,言多慷慨。"由此可见"二陆"之风采。

陆机的《文赋》是一部关于文学创作规律的重要理论著作。陆机以前,中国的美学基本上是从哲学、伦理学出发来探讨文艺问题的,很少涉及文艺自身的问题,特别是文艺创作的问题,陆机的《文赋》可以说是最早论述创作规律的美学著作。

《文赋》在美学上有许多重要贡献,其中最重要的是艺术思维、艺术技巧与文体审美特征的理论,分述如下。

一、艺术思维

陆机的艺术思维理论有个著名观点,即注重艺术创作过程中的审美心理,这个理论大体上又可分成四个部分。

(一)创作发生

陆机云:

> 伫中区以玄览,颐情志于典坟,遵四时以叹逝,瞻万物而思纷,悲落叶于劲秋,喜柔条于芳春。心懔懔以怀霜,志眇眇而临云;咏世德之

---

① 《晋书·陆机传》。

骏烈,诵先人之清芬;游文章之林府,嘉丽藻之彬彬。慨投篇而援笔,
聊宣之乎斯文。

这段文字是说创作的准备以及创作动机的产生。就创作的准备来说,
主要为二。一是"伫中区以玄览"。"中区",天地之中,"玄览"出自《老子》,
但并非用《老子》的本义,是说深入地观察思考。联系起来看,这句是讲深
入地观察思考生活。二是"颐情志于典坟"。"典坟",泛称古籍。"情志"
包括情感与思想,"颐情志于典坟",就是讲从前人的经典及优秀的文学作
品中陶冶情感,培植品德,也可以学习文字、技巧。这两个方面一为源,一
为流,对于创作来讲都是重要的。

关于创作动机的产生,陆机认为主要是感物。"遵四时以叹逝,瞻万物
而思纷,悲落叶于劲秋,喜柔条于芳春。""四时""万物"概括万事万物及
其变化,兼顾时空两方面,"落叶""柔条"为个例。"叹",言情感的波动;
"思",言思想的萌生。"悲""喜",两极之情感,以之概括无限丰富的情感
世界。感于物,激发了情感、思绪,就产生了创作的冲动,企望将这些情感
思绪表达出来,在创作动机产生之时,作家的心既是很激动、很兴奋的,又
是很谨慎,甚至有点恐惧的。陆机用"心懔懔以怀霜,志眇眇而临云"来描
述,十分准确。

创作动机产生后,即进入构思。构思之初亦可能脑海中浮现前人的作
品,因而情不自禁地"咏世德之骏烈,诵先人之清芬;游文章之林府,嘉丽
藻之彬彬"。最后,从前人的著述中超脱出来,独具匠心地进入创造,这叫
作"慨投篇而援笔"。

(二) 艺术构思

陆机云:

其始也,皆收视反听,耽思傍讯,精骛八极,心游万仞。其致也,
情瞳昽而弥鲜,物昭晰而互进,倾群言之沥液,漱六艺之芳润,浮天渊
以安流,濯下泉而潜浸。于是沈辞怫悦,若游鱼衔钩,而出重渊之深,
浮藻联翩,若翰鸟缨缴,而坠曾云之峻。收百世之阙文,采千载之遗韵,
谢朝华于已披,启夕秀于未振,观古今于须臾,抚四海于一瞬。

这段文字讲艺术构思的心理状况,主要是讲艺术想象。艺术想象有何特点呢?就陆机的描述,大体有四。一是注意集中。想象开始,"收视反听",专注于所要构思的艺术形象,情感思绪处于高度兴奋状态。二是自由驰骋。想象中,时空界限被打破了:"精骛八极,心游万仞","观古今于须臾,抚四海于一瞬"。三是心物共游。一方面是"情曈昽而弥鲜",另一方面是"物昭晰而互进"。新的艺术形象就在"情""物"的共同作用下在作家的脑海中浮现了,并且越来越清晰,越来越丰满,越来越生动,几至呼之欲出了。四是意动文出。在构思过程中,用以传达形象的文辞也随之在脑海里出现了。选辞造句也并非易事,所以说"沈辞怫悦"。选准了词语,则如"游鱼衔钩,而出重渊之深",又如"翰鸟缨缴,而坠曾云之峻"。形象鲜明了,意念也清晰了。

(三) 艺术传达

艺术传达是艺术构思的继续,一方面是将构思完成的形象表达于文字;另一方面在表达的过程中丰富、深化,乃至在一定程度上修改构思完成的形象。对这一过程,陆机是这样描述的:

> 然后选义按部,考辞就班,抱景者咸叩,怀响者毕弹。或因枝以振叶,或沿波而讨源,或本隐以之显,或求易而得难,或虎变而兽扰,或龙见而鸟澜,或妥帖而易施,或岨峿而不安。罄澄心以凝思,眇众虑而为言,笼天地于形内,挫万物于笔端。始踯躅于燥吻,终流离于濡翰,理扶质以立干,文垂条而结繁,信情貌之不差,故每变而在颜;思涉乐其必笑,方言哀而已叹,或操觚以率尔,或含毫而邈然。

传达的任务是将活跃在作家头脑中的形象化成可以让读者接受的文字形象,这个工作包括两个方面:一是"因枝以振叶","沿波而讨源",即结构的安排,这种安排服务于形象的展现、主题的揭示;二是"选义按部,考辞就班",即文辞的选用。

传达过程中,构思仍在继续,"抱景者咸叩,怀响者毕弹"。原来基本构思好的形象在传达过程中会变得更丰富、更鲜明、更生动,也可能有些改变:"或本隐以之显,或求易而得难,或虎变而兽扰,或龙见而鸟澜。"在这个过程中,作家的心是尤为躁动不安的。传达也许很顺利:"信情貌之不差,故每变而在颜";也许很艰难:"始踯躅于燥吻,终流离于濡翰。"

(四)艺术灵感

艺术灵感是艺术创作的最佳状态,陆机做了很生动亦有一定深度的描绘:

> 若夫应感之会,通塞之纪,来不可遏,去不可止。藏若景灭,行犹响起。方天机之骏利,夫何纷而不理。思风发于胸臆,言泉流于唇齿。纷葳蕤以馺遝,唯毫素之所拟。文徽徽以溢目,音泠泠而盈耳。

陆机准确地指出灵感的到来是"应感之会",它不是无缘无故突然降临,而是某一事物对心的触动,是心对物的"应感"。它的突出特点是"通塞",思维的通道全打开了,包括潜意识中所贮藏的信息也都给调动起来,大脑处于最佳的工作状态、超常的工作状态。"来不可遏,去不可止。藏若景灭,行犹响起",这四句话准确地描述了灵感到来的突发性、瞬时性。灵感具有异乎寻常的创造力,不仅新的形象、新的思想突然从头脑中冒出,如"天机之骏利";而且,表达新形象、新思想的绚丽文辞也如汩汩水流喷涌而出,正是"文徽徽以溢目,音泠泠而盈耳"。

总括以上陆机对艺术思维及艺术传达过程的论述,可以看出,陆机对艺术创作心理的认识是很深刻的。他对艺术灵感的认识,不仅柏拉图不能相比,就是黑格尔也不及。柏拉图把灵感的产生归之于"神灵凭附",把灵感的本质看作不朽灵魂从前生带来的回忆,这显然是错误的。黑格尔虽然从哲学角度论述了灵感问题,并且正确地指出:"艺术家应该从外来材料中抓到真正有艺术意义的东西,并且使对象在他心里变成有生命的东西,在这种情形之下,天才的灵感就会不招自来了。"[①] 但是黑格尔并没有从心理学角度对灵感的特质进行论述,而灵感问题的心理学意义重于哲学意义。

---

① [德] 黑格尔:《美学》第 1 卷,商务印书馆 1979 年版,第 365 页。

二、艺术技巧

艺术技巧问题,陆机以前也少有人论述。在《文赋》中,陆机讨论了许多艺术技巧问题。艺术技巧直接创造艺术美,因而技巧问题理所当然是个重要的美学问题。陆机论述的艺术技巧择其要者有:

(1)整体和谐。陆机认为,文章结构必须完整,前后呼应,不可"或仰逼于先条,或俯侵于后章"。文辞与义理应该相合,不可"辞害而理比","言顺而义妨",总之,"苟铨衡之所裁,固应绳其必当"。

(2)突出主旨。陆机认为文章必有中心,这中心集中体现在一段文字之中,这叫作"立片言而居要,乃一篇之警策"。

(3)贵在独创。陆机虽然很注重学习前人,曾提出"颐情志于典坟","倾群言之沥液,漱六艺之芳润";但是,他反对模仿古人,而要求"谢朝华于已披,启夕秀于未振",推陈出新。每每临文,"虽杼轴于予怀,怵他人之我先",贵在独创。

(4)含蓄。陆机推崇含蓄,他借用"石韫玉而山晖,水怀珠而川媚"的比喻,生动地揭示了含蓄的美学效果。

(5)华艳。陆机的美学趣味是崇尚华艳,他反对"寄辞于瘁言"的苍白,宁可"彼榛楛之勿翦",因为它能体现出丰富与生气,"亦蒙荣与集翠"。评论家对陆机"采缛"的文风多有批评,其弟陆云对此也有微词。其实,这是审美理想的分歧。恬淡清新固然是美,繁缛艳丽也是美。繁缛这种美应强调的是它的蓬勃的生机,无此,繁缛也就不能称为美了。陆机注意到了这一点,他说的"蒙荣与集翠",这"荣"就含有蓬勃的生命意味。另外,他还批评了"言徒靡而弗华"的文风。"华"是很重要的,它亦是生命的象征。"靡"与"华"不是一回事。可见,陆机崇尚的华艳不是一种文病,而是一种艺术美。

(6)高雅。陆机追求高雅,他反对"务嘈囋而妖冶",因为它"徒悦目而偶俗"。对于《防露》这样的悲词古曲、《桑间》这样的亡国之音,他认为"虽悲而不雅",要一概摈弃。

陆机从艺术技巧角度谈到的艺术美,有的是艺术共同的审美原则,有些只是他个人的审美趣味,从其基本倾向来看,大体属于儒家的审美观。

三、文体美学

对当时通行的几种文体的美学特征,陆机做了理论上的概括:

> 诗缘情而绮靡,赋体物而浏亮。碑披文以相质,诔缠绵而凄怆。铭博约而温润,箴顿挫而清壮。颂优游以彬蔚,论精微而朗畅。奏平彻以闲雅,说炜晔而谲狂。

在这几种文体中,诗、赋属于纯文学。其他几种属应用文体,虽不是纯文学,但亦有它们的美学特征,陆机论述这几种文体亦正是从美学角度出发的。

"诗缘情而绮靡",扣住了情感与文采两个最重要的美学特点,揭示了诗的审美本质。赋长于描绘,故"体物"成了赋的一大特点。"体物"必须注重形象的鲜明、生动、丰富,因而赋的辞藻一般都十分华美。另外,赋多用骈偶,音韵浏亮就成了它的另一重要特点。

陆机的《文赋》对刘勰的《文心雕龙》有明显的直接影响,《文赋》所论述的艺术想象问题、文体美学问题在《文心雕龙》中均有所反映并有某些新的论述。总体来看,在艺术创作心理方面,陆机的贡献在刘勰之上,而且在整个中国美学史上,唯宋代的严羽差可相比。

第三节 钟嵘:《诗品》

钟嵘(468—518),字仲伟,颍川长社(今河南长葛)人,生活在齐梁之间,齐时官至司徒行参军,梁时任西中郎萧纲记室。《诗品》为其论诗专著,也是中国第一部诗歌理论专著。

汉魏以后五言诗迅速发展,产生了许多风格不同的诗人和诗作。《诗品》论述了五言诗的发展史,评述了自汉魏至齐梁的122位诗人。钟嵘从他的美学观出发,将这些诗人分为上、中、下三品,分品论人,这种评诗法是过去未曾有过的。

《诗品》涉及许多重要的美学问题，其序尤显得重要，是一篇与陆机的《文赋》、曹丕的《典论·论文》处于同等地位的美学论文。

钟嵘的诗歌美学对先秦儒家诗歌美学有明显的继承关系，但亦有重大发展，他的突出贡献是对诗的美学定位。先秦直至两汉谈诗多从政治、伦理立场出发，钟嵘则抓住了诗美的两个最重要的因素："情感"与"文采"，并大加阐发。他的"滋味"说开诗歌审美鉴赏学先河，可视为其诗歌美学的核心。

下面我们分几个方面来评析钟嵘的诗歌美学思想。

一、关于诗歌的产生及社会功能

钟嵘在《诗品序》的开头即说：

> 气之动物，物之感人，故摇荡性情，行诸舞咏。照烛三才，晖丽万有。灵祇待之以致飨，幽微藉之以昭告；动天地，感鬼神，莫近于诗。

这段话包括诗歌产生与诗歌功能两方面的内容。关于诗歌的产生，钟嵘基本上沿用《乐记》的观点。《乐记·乐本》篇云："凡音之起，由人心生也。人心之动，物使之然也。感于物而动，故形于声。声相应，故生变，变成方，谓之音。比音而乐之，及干戚羽旄，谓之乐。"与之不同的是，钟嵘更为突出情感的作用。诗是情感的产物，而情之"摇荡"又因物的影响，反映论与表现论在钟嵘那里是统一的。与《乐记》相比，还有一点不同的是，钟嵘吸收王充的自然元气说，将诗歌的本源推之于"气"。"气"可以理解成一种自然之力，正是在这种力的作用下，自然界充满欣欣向荣的朝气，体现出兴衰嬗替、互生互化的节奏、韵律。"气"内化为"情"，"情"又外化为诗，这就是诗歌产生的过程。

关于诗歌的社会作用，钟嵘强调了诗的动情作用。"动天地，感鬼神，莫近于诗"，语虽夸张，但本意是清楚的。这"感"、这"动"，实际都是指诗的动情作用。

钟嵘这一观点同样是先秦两汉诗论的继承和发展。《毛诗序》曰："诗者，志之所之也。在心为志，发言为诗。情动于中而形于言，言之不足，故嗟叹之；嗟叹之不足，故永歌之……"《毛诗序》既谈到"志"，也谈到"情"；但显然，"志"是核心，"情"是"志"的派生物。钟嵘则不谈"志"，只谈"情"，突出强调情感的作用。

从重情出发，钟嵘认为最动人情感的诗是那些表现悲苦怨愁的作品。他说：

> 若乃春风春鸟，秋月秋蝉，夏云暑雨，冬月祁寒，斯四候之感诸诗者也。嘉会寄诗以亲，离群托诗以怨。至于楚臣去境，汉妾辞宫，或骨横朔野，魂逐飞蓬；或负戈外戍，杀气雄边。塞客衣单，孀闺泪尽，或士有解佩出朝，一去忘返；女有扬蛾入宠，再盼倾国。凡斯种种，感荡心灵，非陈诗何以展其义？非长歌何以骋其情？故曰："诗可以群，可以怨。"使穷贱易安，幽居靡闷，莫尚于诗矣。①

"诗可以怨"是孔子说的，孔子说这话是从政治上考虑的。其"怨"，是"怨上刺"的意思。希望通过这种"怨"，让上层统治者能够了解民间疾苦，察明政治状况。西汉司马迁提出"抒愤懑"说，认为古往今来那些重要的著作，"大抵贤圣发愤之所为作也"。钟嵘这里所说与司马迁的观点有相通之处，但重点不一样。司马迁强调坎坷的生活经历是从事学术、文艺事业的原动力，是那些重要的有分量的学术、文艺著作产生的根本原因。钟嵘强调的是情感，坎坷的生活经历、艰苦的生活环境之所以于诗有特殊的意义，是因为在这种环境之下所产生的怨愤悲苦之情更具有感发人心的力量，更能展现生活的底蕴，更能揭示人性的本质。钟嵘在《诗品》中评论了许多生活道路不顺的诗人的作品，他说李陵"名家子，有殊才，生命不谐，声颓身丧。使陵不遭辛苦，其文亦何能至此"。李陵一生命运多舛，乃至身败名裂，"不谐"的生命结出的果实是苦涩的，然其花不失艳丽。西汉成帝妃班姬失宠后作《怨歌行》，钟嵘评论："词旨清捷，怨深文绮，得匹妇之致。"如果没有失宠的经历，班姬是写不出这样的好诗的。被钟嵘誉为"建安三杰""文

---

① 钟嵘：《诗品序》。

章之圣"的曹植，钟嵘评价他的作品"骨气奇高，词采华茂，情兼雅怨"，这"雅怨"兼有雅正、怨悱两方面的意思。曹植虽身为王侯，但亦饱经沧桑，他的诗之所以取得很高的成就，与其经历是分不开的。

比较孔子、司马迁、钟嵘三家的诗怨观，钟嵘更富美学意义。

二、关于诗歌的审美价值

钟嵘品诗首创"滋味"说，《诗品序》云："五言居文词之要，是众作之有滋味者也。"

什么是"滋味"？钟嵘没有做理论概括，我们可以从钟嵘论诗的言论中去揣摩。钟嵘说：

> 永嘉时，贵黄老，稍尚虚谈，于时篇什，理过其辞，淡乎寡味，爰及江表，微波尚传。①

> 干之以风力，润之以丹彩，使味之者无极，闻之者动心，是诗之至也。②

> 言在耳目之内，情寄八荒之表。洋洋乎会于风雅，使人忘其鄙近，自致远大，颇多感慨之词，厥旨渊放，归趣难求。③

> 才高词赡，举体华美。……然其咀嚼英华，厌饫膏泽，文章之渊泉也。④

> 词彩葱蒨，音韵铿锵，使人味之亹亹不倦。⑤

> ……惟"西北有浮云"十余首，殊美赡可玩，始见其工矣。⑥

> 宪章潘岳，文体相辉，彪炳可玩。⑦

从以上的摘引来看，钟嵘说的"滋味"是丰厚的情感内蕴与华美的文

---

① 钟嵘：《诗品序》。
② 钟嵘：《诗品序》。
③ 钟嵘：《诗品·晋步兵阮籍》。
④ 钟嵘：《诗品·晋平原相陆机》。
⑤ 钟嵘：《诗品·晋黄门郎张协》。
⑥ 钟嵘：《诗品·魏文帝》。
⑦ 钟嵘：《诗品·晋宏农太守郭璞》。

辞形式的统一。首先是情感，有"滋味"的诗必定充满真挚动人的情感，必以情胜。晋代的那些玄言诗之所以"淡乎寡味"，就是因为它"理过其辞"。其次是文采，有"滋味"的诗必定是"词彩葱蒨，音韵铿锵"，文采也不局限于辞藻、音韵，还包括艺术技巧。有"滋味"的作品必定具有很高的艺术技巧，耐读、耐品是它突出的特点。钟嵘评阮籍的诗，说是"厥旨渊放，归趣难求"，既是讲它的内容深邃、品格高逸，又是讲它的艺术技巧卓异不凡，陆机的作品也具有这样的品格，故而能让人"咀嚼英华，厌饫膏泽"。

　　钟嵘从"滋味"说的美学立场出发，对"兴""比""赋"做了新的解释。

　　　　故诗有三义焉：一曰兴，二曰比，三曰赋。文已尽而意有余，兴也；因物喻志，比也；直书其事，寓言写物，赋也。宏斯三义，酌而用之，干之以风力，润之以丹彩，使味之者无极，闻之者动心，是诗之至也。[①]

　　钟嵘将"兴"放在"比""赋"之前，而对"兴"的解释是"文已尽而意有余"，这个解释迥异于两汉。西汉郑众说"兴者，托事于物也"[②]；郑玄说"兴，见今之美，嫌于媚谀，取善事以劝谕之"[③]；东汉王逸说："离骚之文，依诗取兴，引类譬谕。"[④] 这些解释立足在事，在理，就是说，"兴"作为一种艺术手法，目的是借此物说他物，借此事说他事，最后的目的是说出一个比较深邃的道理来。钟嵘对"兴"的解释立足在"情"。在他看来，"兴"这个艺术技巧最大的妙处是能激发出绵邈隽永之情。其中也有理，但理在情中，而且这理深邃渺远，让人难以全部把握。钟嵘说的"兴"，实是含蓄，也就是"滋味"。钟嵘解释"比"说是"因物喻志"，也是以此物说他物。与"兴"不同的是，"比"这种手法，此物与他物的关系是一对一的关系，故而"比"不是通向无限。而在"兴"中，此物与他物的关系不是一对一的关系，他物远远多于、大于此物。这样，"兴"不是通向有限，而是通向无限。"兴""比""赋"三者功能各异，诗人"酌而用之"，所创造的艺术效果必然是"味之者无极，

---

①　钟嵘：《诗品序》。
②　引自阮元刻《十三经注疏本》《周礼注疏》卷23。
③　引自阮元刻《十三经注疏本》《周礼注疏》卷23。
④　王逸：《离骚经序》。

闻之者动心"，或者说，它的总体效果必然是有"滋味"者也。

钟嵘重"味"，正是重诗的审美作用的表现。钟嵘诗味理论对后世产生了深远的影响，唐代司空图的"辨于味而后可以言诗也"主要导源于此。

三、诗歌的审美品格

钟嵘评诗有他的审美标准，这个标准概而言之，就是"真美"。何谓"真美?"钟嵘没有做理论概括，但"真美"概念的提出是有针对性的，那就是对两晋以来诗坛上一味追求用典，过分讲究声律的不良诗风的批评。钟嵘认为这种不良诗风"使文多拘忌，伤其真美"[1]。

本来，适当用典，可以为诗增大思想含量，营造出高雅隽永的艺术氛围；但用得过多，过滥，则势必"理过其辞"，"伤其天真"。两晋以来，诗坛用典成风，"缉事比类，非对不发，博物可嘉，职成拘制。或全借古语，用申令情，崎岖牵引，直为偶说。唯睹事例，顿失清采"[2]。钟嵘竭力反对此种诗风，他批评任昉、王融等"词不贵寄，竟须新事"，"句无虚语，语无虚字，拘挛补衲，蠹文已甚"。

钟嵘认为，作为文学样式之一的诗歌与别的文章是不同的，记载史实的文章，"属词比事，乃为通谈"，当然要博采故实；"经国文符"，也"应资博古"；呈献皇帝看的奏疏以及政治性的公文，也"宜穷往烈"，让历史故实来为之增加分量；"至于吟咏情性，亦何贵于用事?"[3] 像"思君如流水""高台多悲风""清晨多陇首""明月照积雪"等著名诗句，都是"即目""所见"，而非出自"故实""经史"。

钟嵘反对写诗一味追求用典，也同样是从诗主抒情这一美学立场出发的，因为一味追求用典，很容易将诗引上一味说理的道路。钟嵘强调诗歌题材的直感性，主张诗要写真景真情，他的观点无疑是正确的。南朝的著名诗人颜延之、谢庄擅用典使事，钟嵘一针见血地指出他们这样作诗，使

---

① 钟嵘：《诗品序》。

② 萧子显：《南齐书·文学传论》。

③ 钟嵘：《诗品序》。

"文章殆同书抄",哪还有什么诗美的存在呢?

关于声律。本来,讲究声律是诗歌与其他非审美文体相区别的特点之一。客观地说,王融、沈约等创"四声八病"之说,主张用平、上、去、入四声制韵,以平头、上尾、蜂腰、鹤膝、大韵、小韵、旁纽、正纽为诗之八病,也不失其美学上的意义。诗是要讲究语言的音韵美的,但是过分追求声律,则又可能导致为声律而声律,反而伤害了真情实感的表达。毕竟,内容与形式相比,内容是第一位的;真情与声律相比,真情是第一位的。只要能充分表达真情实感,声律上稍有不合,也不妨碍它是好诗。然而在当时,不少诗人受"四声八病"说的影响,刻意追求声律,走到因字害义的邪路上去了。对此,钟嵘十分不满,他批评王融、谢朓、沈约等人作诗"务为精密,襞积细微,专相陵架,使文多拘忌,伤其真美"[1]。他明确表示,"余谓文制,本须讽读,不可蹇碍,但令清浊通流,口吻调利,斯为足矣。至平上去入,则余病未能,蜂腰鹤膝,闾里已具"[2]。

钟嵘主张诗要"真美","真"有二义。一是情感之真,二是自然之真,即所谓"自然英旨"。

钟嵘就用这个标准品评诗歌。比如,他评谢灵运的诗歌,既批评他"尚巧似","颇以繁富为累";又赞扬他"名章迥句,处处间起;丽典新声,络绎奔会。譬犹青松之拔灌木,白玉之映尘沙,未足贬其高洁也"。[3] 谢朓的情况与谢灵运类似,钟嵘说他的诗"微伤细密,颇在不伦。一章之中,自有玉石。然奇章秀句,往往警遒"[4]。钟嵘比较推崇范云、丘迟的诗,他说:"范诗清便宛转,如流风回雪。丘诗点缀映媚,似落花依草。"[5]

钟嵘在评论颜延之的诗时引用汤惠休的话:"谢诗如芙蓉出水,颜诗如错采镂金。"这两句评语首见《南史》,颜延之曾经问鲍照己诗与谢灵运诗

---

[1]　钟嵘:《诗品序》。

[2]　钟嵘:《诗品序》。

[3]　钟嵘:《诗品·宋临川太守谢灵运》。

[4]　钟嵘:《诗品·齐吏部谢朓》。

[5]　钟嵘:《诗品·梁卫将军范云梁中书郎丘迟》。

的优劣，鲍照说"谢五言如初发芙蓉，自然可爱；君诗若铺锦列绣，亦雕缋满眼"。鲍照、汤惠休、钟嵘用差不多的话语评价颜延之、谢灵运的诗歌风格，其意义不仅是对这两位诗人做出了准确的评价，而且还提出中国美学史上两种不同的美感或美的理想。这两种美感或美的理想在中国历史上一直贯穿下来，双峰对峙，互相争辉；只是在有些历史时期，人们相对比较推崇其中一种美的理想，而冷落另一种美的理想。钟嵘当然很明显推崇"初发芙蓉"这种美，这种美的理想在唐代、宋代、明代均受到重视。相比于错采镂金的美，它似乎更受知识分子的青睐。

总括钟嵘的诗歌美学，我们大致可以用尚情、尚美来概括。他是中国美学史上完全站在美学立场评论诗歌的第一人，他深刻的美学思想对当世、后世均有很大的影响。

诗是中华美学的灵魂，中华美学的基本品位是由诗奠定的。诗兴起于先秦民歌、楚辞，其先天性具有利国利民、抒情审美的品位，但总体发展是社会功能压倒审美功能。直到南北朝时期，钟嵘的《诗品》出现，诗的审美品位才得到根本性的确定。也正因为如此，我们才将魏晋南北朝确定为诗歌审美的觉醒时代。

第 八 章

刘勰的《文心雕龙》美学

魏晋南北朝最重要的美学著作是刘勰的《文心雕龙》,此书也是中国古代体系最为完备的艺术哲学著作,其重大意义在于:一是对先秦以来的文艺思想、美学思想做了综合概括;二是奠定了中国古代美学以儒家为主干,融道、佛诸家为一体的基本格局。

刘勰的生平,《梁书》《南史》记载甚略。虽先祖为山东莒人,但晋永嘉年间因丧乱就避难寓居京口(今江苏镇江),刘勰生于是,所以也有人将其看作吴人。刘勰出生当在宋明帝泰始元年(465)以后二三年,殁于梁普通四、五年(523、524)①。少年时,刘勰入定林寺,依沙门僧祐,攻读诗书,精研释典,但未出家。梁武帝时,刘勰曾做过车骑仓曹参军、太末令、仁威将军、南康王记室兼东宫通事舍人、步兵校尉等官。武帝昭明太子萧统好纳引才学之士,刘勰在东宫久,深得昭明太子赏识。刘勰晚年出家,法名慧地。《文心雕龙》一书是刘勰30多岁时所作,其时身名未显。他曾将此书送给当时声名赫赫、位高权重的诗人沈约②看,沈约读之,谓为深得文理,常陈诸几案。

---

① 采姜书阁说,见《文心雕龙译旨·刘勰新传》,齐鲁书社1984年版,第1—6页。
② 沈约时仕齐和帝朝,官骠骑司马,迁梁台吏部尚书兼右仆射。

　　《文心雕龙》几乎论述了文学理论的一切重大问题，包括文学本体、文学形象、文学创作、文学欣赏、文学批评、文学发展等一系列问题，提出了许多重要的美学范畴、命题。《文心雕龙》在中国美学史上的地位不下于亚里士多德的《诗学》之于西方美学。仅就这两部著作内容来比较，不论是体系的完备程度，还是内容的丰富、深刻程度，亚氏的《诗学》都难以望其项背。《文心雕龙》用骈文写成，辞藻华美，音韵铿锵，本身也是优秀的文学作品。

　　《文心雕龙》的美学思想十分丰富，自古以来，研究《文心雕龙》的论著也称得上汗牛充栋，许多问题尚无定论。这里只能选择其中的主要问题予以评介。

第一节　艺术本体：文论

　　"文"是《文心雕龙》的核心概念。"文"在中国古籍中含义甚多，大体上可分为两类。一类相当于"文化"（Culture）或"文明"（Civilization），包括学术、典章、制度、文学、艺术等。在具体运用时，"文"往往与别的词连缀，称为"文章""文学""文献""文德"等，孔子教弟子"学文"，那"文"既指古代文献——《三坟》《五典》《八索》《九丘》等，也指"礼"。孔子的学生子游、子夏擅长"文学"，那"文学"主要指"礼"，当然也包括诗、乐。"文学"独立出来，专指诗、小说、散文等以审美为主的语言艺术，那是很晚的事，在魏晋时"文学"的概念也还没有这样用。"文"的第二类用法则为"文饰"，包括事物外在的花纹、色彩、节奏、旋律等。《周易·系辞》中说："物相杂，故曰文。"《楚辞·九章·橘颂》亦云："青黄杂糅，文章烂兮。"《荀子·云赋》："五色备而成文。"许慎《说文解字》注"文"："文，错画也。"很显然，"文"是交错的图画，它与色彩单一的"素"不同。

　　刘勰对于"文"的运用沿袭传统，在他的著作中，"文"的两类用法均有。从这可以看出他对艺术本体以及对美的基本观点。

一、"文"与"道"

在《原道》篇,刘勰说:

> 文之为德也大矣。与天地并生者何哉? 夫玄黄色杂,方圆体分,日月叠璧,以垂丽天之象;山川焕绮,以铺理地之形:此盖道之文也。仰观吐曜,俯察含章,高卑定位,故两仪既生矣。惟人参之,性灵所钟,是谓三才,为五行之秀,实天地之心。心生而言立,言立而文明,自然之道也。旁及万品,动植皆文。龙凤以藻绘呈瑞,虎豹以炳蔚凝姿;云霞雕色,有逾画工之妙;草木贲华,无待锦匠之奇,夫岂外饰,盖自然耳! 至于林籁结响,调如竽瑟;泉石激韵,和若球锽。故形立则章成矣,声发则文生矣。夫以无识之物,郁然有彩,有心之器,其无文欤?

这段话包含有许多重要的美学思想。

第一,"文"与美的关系。上面说过,先秦古籍中"文"有"文化""文饰"两类有联系而侧重点不同的意义。刘勰在这里讲的"文"显然取第二类意义,从他对"文"的具体描述来看,"文"即是美,而且是感性形式美,其中包括两个方面。一是诉诸视觉的形色美,如"日月叠璧""山川焕绮""云霞雕色""草木贲华""虎豹以炳蔚凝姿"等;二是诉诸听觉的声音美,如"林籁结响""泉石激韵"等。

对事物感性形式美的注重,是魏晋南北朝"人的觉醒""文的觉醒"一个重要表现。先秦基本上是贬低感性形式美的。孔子虽不否定感性形式美,但亦不张扬;老子则明确说:"五色令人目盲,五音令人耳聋,五味令人口爽。"[①] 汉代则比较注重感性形式美了。汉赋以华丽辞藻描绘天地自然、宫室人物之美,不仅所描绘的对象给人强烈的美感享受,而且辞赋本身的形式亦惊采绝艳。到刘勰这里,则以理论的形式将感性形式美予以肯定。刘勰明确地说,这种感性形式美是"道"的表现("道之文"),这与先秦道家抽象地谈"道"大不一样。先秦道家虽然也极力推崇"道"、赞美"道",但

---

① 《老子·十二章》。

他们推崇、赞美的是"道"的精神,是那些抽象的诸如"无为"之类的性质。刘勰则认为道的感性形式也是无比绮丽、无比壮观,很具有美学价值的,这不能不说是一个进步。

第二,"道"与"自然"的关系。刘勰在这里讲的"道",不是"无",不是抽象的精神,而是天地自然,所以这"道"是"自然之道"。道之文即自然之文,道之美即自然之美。

"自然"在刘勰的美学思想体系中占有重要地位。"自然"在先秦哲学中兼有自然物与自然而然两重含义,刘勰的"自然"概念基本上同于道家。在《文心雕龙》中,他多次谈到"道之文"与"自然"的关系:

> 人禀七情,应物斯惑,感物吟志,莫非自然。①

> 夫情致异区,文变殊术,莫不因情立体,即体成势也。势者,乘利而为制也。如机发矢直,涧曲湍回,自然之趣也。②

> 或有晦塞为深,虽奥非隐;雕削取巧,虽美非秀矣。故自然会妙,譬卉木之耀英华;润色取美,譬缯帛之染朱绿。③

从以上的摘引来看,刘勰是肯定自然美的,而且亦如道家,认为天地有大美。

第三,"天文"与"人文"的关系。刘勰提出"天文"与"人文"的概念,"天文"即自然之美,"人文"即文明之美。"文明"是人的创造物,人又是怎样创造文明的呢?刘勰以《周易》为例:

> 人文之元,肇自太极。幽赞神明,易象惟先。包牺画其始,仲尼翼其终。而坤坤两位,独制文言。言之文也,天地之心哉!④

《周易》包括易象、易数、易理三部分,当然是"人文",它是圣人庖牺氏、仲尼等共同创造的。圣人创造《周易》不是凭空的,《周易·系辞》讲得很清楚:"古者包牺氏之王天下也,仰则观象于天,俯则观法于地,观鸟兽之

---

① 刘勰:《文心雕龙·明诗》。
② 刘勰:《文心雕龙·定势》。
③ 刘勰:《文心雕龙·隐秀》。
④ 刘勰:《文心雕龙·原道》。

文与地之宜,近取诸身,远取诸物,于是始作八卦。""圣人有以见天下之赜,
而拟诸其形容,象其物宜,是故谓之象。圣人有以见天下之动,而观其会通,
以行其典礼,系辞焉以断其吉凶,是故谓之爻。"刘勰接受这种说法,认为
"人文"是"天文"的反映,或者说是以"天文"为依据的再创造。

"人文"的创造离不开"言","言"又由"心"生。"心生而言立,言立而
文明,自然之道也。""心"是人的精神观念,人的精神观念又是从哪里来的
呢? 刘勰说:

> 爰自风性,暨于孔氏,玄圣创典,素王述训,莫不原道心以敷章,
> 研神理而设教,取象乎河洛,问数乎蓍龟,观天文以极变,察人文以成
> 化。①

这里提出"道心""神理"等概念。"道心"是人心之源,"神理"是"道心"
的同义词。用"神",言其神秘,用"理",意其为真理。"道心"即道的奥秘。
"道"即为自然,要得道,就要研究自然,所以要"取象",要"问数",要"观
天文"。

刘勰这一观点无疑是说,自然是文明的源泉,自然美是艺术美的原本。

二、"文"与"经"

刘勰以"文"与"道"的关系为基础,又提出"文"与"经"、"文"与"圣"
的关系。我们先看"文"与"经"的关系。

刘勰说的"经"主要是儒家经典以及《三坟》《五典》《八索》《九丘》等
古籍。刘勰将儒家的经典赋予"道"的意义:

> 三极彝训,其书言经。经也者,恒久之至道,不刊之鸿教也。故象
> 天地,效鬼神,参物序,制人纪,洞性灵之奥区,极文章之骨髓者也。②

刘勰对儒家的经典给予很高的评价,他认为"《易》惟谈天,入神致用",
系"哲人之骊渊";《书》文辞古奥,然只要能通训诂,则"文意晓然";"《诗》

---

① 刘勰:《文心雕龙·原道》。
② 刘勰:《文心雕龙·宗经》。

主言志","摛风裁兴,藻辞谲喻,温柔在诵";"《礼》以立体,据事制范",更是人们行为之准则,《春秋》"一字见义,五石六鹢,以详略成文"。这些儒家经典均应看作思想的来源,作文之范本:

> 论、说、辞、序,则《易》统其首;诏、策、章、奏,则《书》发其源;赋、颂、歌、赞,则《诗》立其本;铭、诔、箴、祝,则《礼》总其端;纪、传、铭、檄,《春秋》为根。①

虽然儒家典籍就这么几部,然它"穷高以树表,极远以启疆",百家腾跃,也"终入环内"。对于现今来说,虽然所谈具体事件已成过去("以往者虽旧"),但"余味日新"。后学为文者若能"禀经以制式,酌雅以富言",则好比"仰山而铸铜,煮海而为盐",思想之源泉不尽滚滚而来。很显然,刘勰是将儒家经典也看作"文"之本了。

如果我们细酌《原道》《宗经》两篇文字,就可以发现,"文"的用法有所不同。

《原道》中的"文"虽然亦有"文明""文学"与"文饰"两种用法,但全篇着重谈的是"文饰"。开篇第一句话"文之为德也大矣",这"文"就是"文饰",指事物外部的形象。这形象,从文章的具体描写来看,是美的形象,即感性形式美。"天文"即自然美,"人文"即人所创造的典章制度、学术文化、文学艺术美。刘勰讲得很清楚:"夫以无识之物,郁然有彩,有心之器,其无文欤?""无识之物",自然;"有心之器",人的精神产品。这二者都应"郁然有彩",都应有"文",有感性形式美。刘勰将"自然"看作最早的物质存在,自然美("天文")与自然并生,人类社会在自然存在之后才出现。人是在"仰观吐曜,俯察含章",即观察"天文"之后,才创造了"人文",可见"自然"才是美之本源。

"自然"在刘勰的著作中与"道"常常叠合,实际上,在他看来,"道"即自然。"自然"是不以人的意志为转移的客观存在,是"真"。作为自然形象的"文",即"美",也可以说是"真"的形式。

---

① 刘勰:《文心雕龙·宗经》。

由此可见，《文心雕龙》之《原道》篇的中心是讨论美的本质问题。刘勰为什么把这样一个问题置于《文心雕龙》开篇的地位，是很值得我们研究的。刘勰实际上认为，美而且是感性形式美，才是文学的本质特征。文学是人们的审美方式之一，文学感性形式美是文人从无比丰富的自然美中获得营养，加以创造的。

《宗经》篇中的"文"主要是指文章、文学，"文以行立，行以文传"，这"文"就是文章。这一篇集中谈的是文章的思想意义、社会功能问题。刘勰的观点很鲜明，就是希望文章担负起"陶铸性情"、教化社会的重大使命。概括成一句话，即"文须善"。

三、"文"与"圣"

"经"是圣人所作，"道"也是圣人所传（"道沿圣以垂文，圣因文而明道"），故"原道""宗经"都必须"征圣"。圣人是人类社会的导师、楷模，他的思想、智慧、才华都体现在他的著作之中："夫子文章可得而闻，则圣人之情，见乎文辞矣。先王圣化，布在方册；夫子风采，溢于格言。"[1] 著作即"文"，圣人做"文"以"明道""传经"为本，"明道""传经"又离不开文辞。文辞出自圣人之心，以"道""经"为本，经过锤炼修饰，不仅能正确地传经授道，而且又能体现出圣人的情感、智慧，从而见出一种美来，所谓"志足而言文，情信而辞巧"[2]。

"圣文之雅丽，固衔华而佩实者也。"[3]"华"虽本于"实"，但"华"毕竟不是"实"。"华"自有它独立的美学意义。

总结以上三种关系：文与道、文与经、文与圣，刘勰深入讨论了"文"的本体论问题。刘勰认为，文是"道""经""圣"三者共同作用的产物。"道"是"自然之道"，是宇宙的根本规律，是为文的第一基础；"经"是圣人制定的全社会都要遵守的政治、伦理规范，是为文的第二基础。"道"主要是讲"自

---

① 刘勰：《文心雕龙·征圣》。

② 刘勰：《文心雕龙·征圣》。

③ 刘勰：《文心雕龙·征圣》。

然之道"，"经"主要是讲"人伦之经"；"道"为"真"，"经"为"善"。"道"与"经"的统一是自然与社会的统一，"真"与"善"的统一。"美"作为物质的感性形式，来自自然，来自"道"，故可把"美"看作"真"的形式。"美"亦可作为精神的物态化形式，这种"美"主要源自"经"，故也可把"美"看作"善"的形式。

第二节　艺术特质：情采

艺术特质论建立在艺术本体论的基础上。刘勰关于艺术特质的认识集中体现在《情采》篇。"情采"这个概念其实也可看成刘勰对艺术特质的总体性认识。

艺术内容包括"情""理"两个方面。刘勰云：

> 夫情动而言形，理发而文见，盖沿隐以至显，因内而符外者也。①
>
> 情者文之经，辞者理之纬；经正而后纬成，理定而后辞畅，此立文之本源也。②
>
> 情理设位，文采行乎其中。③

刘勰讲的"理"，是儒家伦理，亦即我们在上一节论述的"经"。刘勰对此是很注重的，除了在《宗经》《征圣》篇比较突出地谈这一问题外，在《明诗》《比兴》《时序》等篇也有论述。他认为《诗经》"三百之蔽，义归无邪"④，《诗经》"六义"(风、赋、比、兴、雅、颂)中"兴"尤显重要，其原因就是"兴之托谕，婉而成章，称名也小，取类也大。关雎有别，故后妃方德；尸鸠贞一，故夫人象义"⑤。所谓"后妃方德""夫人象义"，都是讲诗隐晦的伦理意义。

---

① 刘勰：《文心雕龙·体性》。
② 刘勰：《文心雕龙·情采》。
③ 刘勰：《文心雕龙·熔裁》。
④ 刘勰：《文心雕龙·明诗》。
⑤ 刘勰：《文心雕龙·比兴》。

　　虽然刘勰重视诗的伦理内容，但他更看重诗的情感特征和文采特征。情感属于内容，文采则是形式，内容上注重情感，形式上讲究文采，这正是文学与其他文章区别开来的重要特征。刘勰在《情采》篇中说：

　　　　立文之道，其理有三：一曰形文，五色是也；二曰声文，五音是也；三曰情文，五性是也。

　　这里说的"形文""声文"即指文学的形式，"情文"即指文学的情感。

　　对于文学来说，情感是其内容方面的重要特质，但刘勰说的情感不是没有规定的空泛情感。他解释"情文"，"五性是也"。何谓"五性"？就是仁、义、礼、智、信。但是，刘勰为什么不用"理"来概括这"五性"？因为在他看来，文学中的"五性"与出现在其他文章中的"五性"是不同的。文学中的"五性"必须渗透情感，或者说溶解在情感之中，正如钱锺书先生所言："理之在诗，如水中盐，蜜中花，体匿性存，无痕有味。"

　　在情理关系问题上，刘勰有独到的认识，他认为："情者文之经，辞者理之纬；经正而后纬成，理定而后辞畅，此立文之本源也。"① 经纬二者，经是决定性的，"经正而后纬成"；情是经，自然也是决定性的，"理定而后辞畅"，实际上是说"情定而后理明"，因为"理"是借助于辞来表达的。②

　　情与文（采）的关系又如何呢？刘勰说：

　　　　研味《孝》《老》，则知文质附于性情；详览《庄》《韩》，则见华实过于淫侈。若择源于泾渭之流，按辔于邪正之路，亦可以驭文采矣。夫铅黛所以饰容，而盼倩生于淑姿；文采所以饰言，而辩丽本于情性。③

　　文采是用来修饰语言的，而语言之美又必须以情性为本。所谓"文质附于性情"④，就是说不管是艳丽的"文"，还是朴素的"质"都依附于性情，

---

① 刘勰：《文心雕龙·情采》。

② 关于理与辞的内外关系，《风骨》篇也有论述："故练于骨者，析辞必精"，"沈吟铺辞，莫先于骨。"

③ 刘勰：《文心雕龙·情采》。

④ 《文心雕龙》中的文质概念多义，在有的情况下，文质可理解成形式与内容；有的情况下则应理解成两种不同的美学形式，"文"为华丽，"质"为朴素。

也都为性情所决定。一切从性情出发，该华丽，则须求华丽；该朴素，则须求朴素。这好比察水，泾渭二水清浊分明，共处一江，为什么如此？须追溯其源头。又如行路，纵马驰骋，不可不分是非对错。依据性情这一根本，就"可以驭文采矣"。为了进一步说明此问题，刘勰提出有两种不同的写作态度，"为情而造文"与"为文而造情"。

> 昔诗人什篇，为情而造文；辞人赋颂，为文而造情。何以明其然？盖风雅之兴，志思蓄愤，而吟咏情性，以讽其上，此为情而造文也；诸子之徒，心非郁陶，苟驰夸饰，鬻声钓世，此为文而造情也；故为情者要约而写真，为文者淫丽而烦滥。①

"为情而造文"，是从情出发而作文，情是本，文是花，无其本则无其花，有何本则有何花。"为文而造情"则是从文出发，因无真情难以为文，于是就造情。这样的"情"矫揉造作，当然引不起读者的共鸣。刘勰将"国风""大雅""小雅"作为"为情而造文"的范例，将"赋""颂"作为"为文而造情"的典型，尽管用例不见得很准确，但其基本观点是正确的。

情，在艺术中的地位特别重要，它不仅是艺术内容的主体，而且也是艺术创作的原动力、出发点。"为情而造文"这一命题正确揭示了这一艺术创作的规律。

刘勰强调情感作为艺术内容主体和创作原动力的重要地位，抓住了艺术特质的一个主要方面。除此以外，刘勰又强调艺术的外在形式必须注重采饰，必须具有形式美。他说：

> 圣贤书辞，总称文章，非采而何？夫水性虚而沦漪结，本体实而花萼振，文附质也。虎豹无文，则鞟同犬羊，犀兕有皮，而色质丹漆，质待文也。②

"文附质"，说的是形式为内容所决定。"质待文"，则说的是形式对内容的意义，没有恰当的形式，内容则不能得到肯定，得不到实现。这正如虎

---

① 刘勰：《文心雕龙·情采》。
② 刘勰：《文心雕龙·情采》。

豹,如若没有那美丽的皮毛,则与犬羊就难以区别了。

刘勰是很注重艺术形式美的。文学是语言的艺术,语言美是文学美的重要方面。刘勰说,"老子疾伪,故称美言不信,而五千精妙,则非弃美矣"①。艺术形式美不只是语言藻饰问题,还包括艺术结构等许多技巧性问题。《文心雕龙》的重要组成部分是对艺术形式美的探讨,卷七的《情采》《熔裁》《声律》《章句》《丽辞》,卷八的《比兴》《夸饰》《事类》《练字》《隐秀》,都是谈艺术形式美的。

钟嵘在《诗品序》中说,好的诗歌必然"干之以风力,润之以丹彩"。"风力"兼情理二者,但情是主要的。"丹彩",即是文采,指艺术形式美。刘勰的思想与之一致,但刘勰对此问题的思考更深刻,论述也更透辟。刘勰总是将情与采联系起来谈,而且明确将情立于决定性的地位。"繁采寡情,味之必厌"②,"形式主义"是不行的;但是,"若气无奇类,文乏异采,碌碌丽辞,则昏睡耳目"③,"内容主义"也是不行的。内容与形式的完美统一,情与采的完美统一,这是刘勰所追求的艺术美。用他的话说:"心定而后结音,理正而后摛藻;使文不灭质,博不溺心;正采耀乎朱蓝,间色屏于红紫,乃可谓雕琢其章,彬彬君子矣。"④

第三节　艺术理想:风骨

"风骨"是《文心雕龙》中十分重要的概念。

刘勰对风骨的论述采用两种方式,一是分论何谓"风",何谓"骨";二是合论"风骨"。值得我们注意的是,"风骨"不等于"风"加"骨",许多《文心雕龙》论者往往在这里陷入困惑。我们先看刘勰如何分论"风"与"骨":

　　《诗》总六义,风冠其首,斯乃化感之本源,志气之符契也。是以怊

---

① 刘勰:《文心雕龙·情采》。
② 刘勰:《文心雕龙·情采》。
③ 刘勰:《文心雕龙·丽辞》。
④ 刘勰:《文心雕龙·情采》。

怅述情,必始乎风,沈吟铺辞,莫先于骨。故辞之待骨,如体之树骸;情之含风,犹形之包气。结言端直,则文骨成焉;意气骏爽,则文风清焉。①

"风"这个概念来自儒家诗论。《诗经》中有十五"国风","风"就诗的体裁来说,本指民歌,然儒家论"风"却不着眼于此。《毛诗序》云:"风,风也,教也;风以动之,教以化之。"② 可见,"风"指的是诗的教化功能,"风"是一种比喻,说明诗的教化作用之大。比如《关雎》一首,儒家解释其主题是讲"后妃之德",它的教化作用可说"风天下而正夫妇也"。③ 刘勰吸取这一说法,认为"风","斯乃化感之本源"。刘勰也不局限于这一说法,他将"风"加进一些新的内容。

(1)"风"与"志气"。刘勰说,风是"志气之符契也"。"志气",志向与气概的合称,可以理解成文意。风既然能成为"志气之符契",定然是风含意。

(2)"风"与"情"。刘勰说,"怊怅述情,必始乎风","情之含风,犹形之包气","情感七始,化动八风",④ 可见风含情。

(3)"风"与"气"。刘勰用"气"释"风",他说:"意气骏爽,则文风清焉。"气爽与风清相应,"气"决定"风","是以缀虑裁篇","务盈守气"。⑤

刘勰赞同曹丕的"重气之旨",他说:"故魏文称文以气为主,气之清浊有体,不可力强而致。故其论孔融,则云体气高妙;论徐干,则云时有齐气;论刘桢,则云有逸气。公干亦云,孔氏卓卓,信含异气,笔墨之性,殆不可胜,并重气之旨也。"⑥ "气"是什么?刘勰没有做出明确的说明,但从他对"气"的运用来看,"气"是指人的气质、个性、才情,是人的先天禀赋与后天修养共同铸就的主观精神,包括"血气""志气""才气"等诸多内涵。

---

① 刘勰:《文心雕龙·风骨》。

② 《毛诗序》。

③ 《毛诗序》。

④ 刘勰:《文心雕龙·乐府》。

⑤ 刘勰:《文心雕龙·风骨》。

⑥ 刘勰:《文心雕龙·风骨》。

"气"与"情"是相通的,刘勰说:"情与气偕。"① 在《体性》篇,他将"气"看成与"情性"同一个东西:"若夫八体屡迁,功以学成,才力居中,肇自血气;气以实志,志以定言,吐纳英华,莫非情性。"

总括以上分析,我们大致可以知道,刘勰说的"风"是什么了。作为艺术作品的内在因素,"风"是溶化了"志""意"于其内并显示出一种生动气韵的情感,这种情感是艺术教化作用、艺术感染力的源头。

"骨"是与"风"并列的另一个概念。

与"风"一样,"骨"也是一个比喻性的概念。"骨"是什么呢?《内经·素问·脉要精微论》云:"骨,髓之府",故《战国策·魏策》里"骨髓"连文。《国语·晋语》韦昭注:"骨所以鲠,刺人也",故《汉书·杜业传》里"骨鲠"连文。从"骨"的本义来理解,它可用来指示事物最基本的东西,是它支撑事物的成立;因而,在功能上它具有刚强、稳定的属性。刘勰谈"骨",涉及几种关系。

第一,"骨"与"文辞"。刘勰说:"沈吟铺辞,莫先于骨。故辞之待骨,如体之树骸";"练于骨者,析辞必精"。有些学者错误地理解了这一意思,以为"骨"说的就是"辞"。其实不是,"辞"是用来说明、表述"骨"的。先有"骨",后有"辞";"骨"锤炼得坚强挺拔了,其"辞"也必定精练简策,故"析辞"必先"练骨"。"骨"如若没有锤炼好,一味在辞上下功夫,则必然是"瘠义肥辞,繁杂失统",那是"无骨之征也"。可见,"骨"不是"辞",而是决定"辞"的"义",它是艺术中内在的因素。

第二,"骨"与"事义"。刘勰在《附会》篇中说:"必以情志为神明,事义为骨髓",可见"骨"就是"事义"。"事义"兼事实与思想二者,它的确是文章的骨髓。对于"事义",刘勰有明确要求,在《宗经》篇谈"体有六义"时,他说:"三则事信而不诞,四则义直而不回。"这就是说,事实要求是可信的,思想要求是健康的。

第三,"骨"与"才力"。"骨"作为"事义",要求"信""直",这就必然

---

① 刘勰:《文心雕龙·风骨》。

产生一种强大的精神力量。这种力量是从文章中体现出来的,故可以说是"才力"。刘勰说:"结言端直,则文骨成焉","端直"其实不是指"言",而是指"言"所表达的"事义"。"端直"就是一种力量,刘勰说:"昔潘勖锡魏,思摹经典,群才韬笔,乃其骨髓峻也。"①

"骨"是文章力量的源泉,"鹰隼乏采,而翰飞决天,骨劲而气猛也;文章才力,有似于此"②。

中国古典美学很强调艺术的力度,常用"骨力"来表述。"骨力"究其底,乃是真的力量,善的力量,亦即刘勰所说的"事信而不诞""义直而不回"。"事信",真也;"义直",善也。

第四,"骨"与品格。"骨"这个概念在魏晋首先还是用于人物品藻,"骨"用来表述一种刚直不阿的品格,《世说新语》中就有不少这样的评语,如"王右军目陈玄伯块垒有正骨","时人道阮思旷骨气不及右军"等。刘勰将"骨"用作文学理论的概念,仍在一定程度上保留它作为高尚人格的内涵。事实上,有骨力的作品也必来自有骨气的人格。在评论作家、作品时,刘勰也常将二者结合起来。如评屈原:"观其骨鲠所树,肌肤所附,虽取熔经意,亦自铸伟辞"③,评陈琳:"陈琳之檄豫州,壮有骨鲠。虽奸阉携养,章密太甚,发丘模金,诬过其虐,然抗辞血衅,㸌然露骨矣"④,评陈蕃:"后汉群贤,嘉言罔伏,扬秉耿介于灾异,陈蕃愤意于尺一,骨鲠得焉。"⑤

总括以上分析,刘勰所说的"骨"作为艺术的内在因素,是指进入艺术作品的事义,这事义因具有真与善的品格,而显示出一种刚健的力量。

"风"以情胜,尽管情中有理;"骨"以理胜,尽管理中有情。"风"与"骨"都有"力","风"之力为情感之力,"骨"之力为义理之力。用刘勰的话来说,就是"蔚彼风力,严此骨鲠。才锋峻立,符采克炳"。

---

① 刘勰:《文心雕龙·风骨》。
② 刘勰:《文心雕龙·风骨》。
③ 刘勰:《文心雕龙·辨骚》。
④ 刘勰:《文心雕龙·檄移》。
⑤ 刘勰:《文心雕龙·奏启》。

　　"风"与"骨"的统一则为"风骨","风骨"作为情与理的统一,不只是两者功能的简单相加,而是二者的化合。化合的结果则产生远远超出二者相加的艺术魅力,刘勰用"刚健既实,辉光乃新"来表述。"刚健""辉光",是"风""骨"共同作用所创造的审美效应。

　　值得我们特别注意的是,刘勰谈风骨总是不离谈文采。风骨是对艺术内容的要求,"文采"是对艺术形式的要求。对于艺术,二者缺一不可,刘勰说:

　　　　若丰藻克赡,风骨不飞,则振采失鲜,负声无力。①

　　　　若风骨乏采,则鸷集翰林;采乏风骨,则雉窜文囿;唯藻耀而高翔,固文笔之鸣凤也。②

　　刘勰认为,缺乏文采,"风骨不飞"。可见,文采对于风骨不是可有可无的,"其为文用,譬征鸟之使翼也"。不过,刘勰对文采的作用还是有所分析的。固然,风骨乏采,飞不起来。那种难看的样子,就好像秃鸷集聚在翰林文苑;但如果只是文采焕然,缺乏风骨,那就如同肥硕的野鸡,虽然羽毛美丽,然只不过"翾翥百步",因为"肌丰而力沈"。刘勰的观点很鲜明,既反对"风骨乏采",也反对"采乏风骨"。他所希望、所追求的是风骨与文采的和谐统一,那种理想的美,犹如鸣凤,藻耀而高翔。

　　刘勰主张风骨与文采的统一,是针对文坛的现状而言的。当时的文坛,绮靡之风占据主要地位,"俪采百字之偶,争价一句之奇,情必极貌以写物,辞必穷力而追新"③。对于这种"雉窜文囿"的现象,刘勰是大为不满的。他很推崇建安文学,因为建安文学比较有风骨。他说:"暨建安之初,五言腾踊,文帝陈思,纵辔以骋节。王、徐、应、刘,望路而争驱,并怜风月,狎池苑,述恩荣,叙酣宴。慷慨以任气,磊落以使才。造怀指事,不求纤密之巧;驱辞逐貌,唯取昭晰之能。"④ 不过,建安文学也有缺点,那就是文采

---

① 刘勰:《文心雕龙·风骨》。

② 刘勰:《文心雕龙·风骨》。

③ 刘勰:《文心雕龙·明诗》。

④ 刘勰:《文心雕龙·明诗》。

稍逊。两晋文学在风骨这一面远不及建安文学,然在文采这一面又见其长。刘勰说:"晋虽不文,人才实盛,茂先摇笔而散珠,太冲动墨而横锦,岳、湛曜联璧之华,机、云标二俊之采,应、傅、三张之徒,孙挚、成公之属,并结藻清英,流韵绮靡。"[①]刘勰的审美理想是将建安文学重"风骨"和两晋文学重"文采"结合起来,"风骨"说无疑对矫正齐梁绮靡浮艳的文风起了积极的作用。

"风骨"说在刘勰的美学思想中占有十分重要的地位,不仅对艺术美的构成做了较前人深刻得多的把握,而且提出了一种在中国美学史很有影响的审美理想。这种审美理想概而言之,其要义有三。一是情与理的完美统一;二是思想与文采的完美统一;三是刚健的风格与进取的精神的完美统一。第三点尤其重要,它是以"积极入世"为基本精神的儒家美学的一大特色。

第四节　艺术想象:神思

艺术思维问题实质是艺术想象的问题。刘勰在《文心雕龙》中专辟《神思》篇,讨论艺术想象的问题。另外,《物色》篇也涉及艺术想象。

探讨艺术创作过程中艺术家的心理活动规律,是魏晋南北朝美学一个重要方面,陆机在这方面取得重要成就,刘勰的工作是陆机的继续。相比于陆机,刘勰对艺术想象的研究更重理论的概括,因而更见思辨的色彩。

"神思"本为旧词,华覈《乞赦楼玄疏》中劝归命侯:"宜得闲静,以展神思。"曹植《宝刀赋》称工匠:"摅神思而造象。"有学者说"神思"一词为刘勰始用,恐非事实。不过,的确是刘勰将"神思"的内涵加以确定,使之成为一个美学范畴的。

什么是"神思"?刘勰说:"'古人云:形在江海之上,心存魏阙之下。'神思之谓也。文之思也,其神远矣。故寂然凝虑,思接千载;悄焉动容,视

---

① 刘勰:《文心雕龙·时序》。

通万里；吟咏之间，吐纳珠玉之声；眉睫之前，卷舒风云之色；其思理之致乎！"这是为"神思"下的定义。从这个形象化的定义，我们可以归纳出神思的三个要点：

其一，神思是一种艺术想象活动。

其二，神思不受时间、空间的局限。

其三，神思是形象思维活动。

这三个要点中，第三点尤其值得注意。刘勰认为艺术想象与逻辑思辨的重要区别就在于想象的材料是感性形象。在想象中，展现在艺术家脑海中的东西均是可视、可听、可触、可嗅的形象，这些形象随着艺术家的情感意向在分解，在组合，在变化，在出新，异彩纷呈，美不胜收。所以，"吟咏之间，吐纳珠玉之声；眉睫之前，卷舒风云之色"。

艺术想象是精神的自由徜徉，是人类创造性活动的胚胎，是"思理之致"。

刘勰不仅对艺术想象的本质做了很有深度的理论概括，而且对艺术想象的规律做了许多很有价值的探讨。

一、想象的产生

刘勰在《物色》篇写下这样一段话：

> 春秋代序，阴阳惨舒，物色之动，心亦摇焉。盖阳气萌而玄驹步，阴律凝而丹鸟羞，微虫犹或入感，四时之动物深矣。若夫珪璋挺其惠心，英华秀其清气，物色相召，人谁获安？是以献岁发春，悦豫之情畅；滔滔孟夏，郁陶之心凝；天高气清，阴沈之志远；霰雪无垠，矜肃之虑深。岁有其物，物有其容；情以物迁，辞以情发。……是以诗人感物，取类不穷，流连万象之际，沈吟视听之区……①

刘勰认为，首先是外界事物的变化摇动了诗人的心（"心亦摇焉"），激发了诗人的情感（"情以物迁"），使之产生了创作冲动。在某种不一定很

---

① 刘勰：《文心雕龙·物色》。

明确的创作意向的导引下，在情感动力的激发下，诗人的想象翅膀突地腾飞了。想象产生的根本原因是"诗人感物"，"物色相召，人谁获安？"因感物而动情，由情而生想象，"取类不穷"。这样一个过程是符合创作实际的。刘勰对这个过程的描述抓住了"感物""情发"两个关键，足见其对艺术想象的深刻把握。

二、艺术想象中的主客关系

艺术想象中的主客关系，刘勰用"神与物游""神用象通"来概括。具体来说，它又可以分成两个层面。

（一）艺术观察中的主体与客体的关系

关于这个阶段，刘勰是这样说的：

> 登山则情满于山，观海则意溢于海，我才之多少，将与风云并驱矣。①

> 自近代以来，文贵形似，窥情风景之上，钻貌草木之中。吟咏所发，志惟深远；体物为妙，功在密附。②

> 山沓水匝，树杂云合。目既往还，心亦吐纳。春日迟迟，秋风飒飒，情往似赠，兴来如答。③

观察是构思的前导，但观察绝不是如同照相一样简单地接收物象，而是一开始就对物象进行了审美性的改造。所谓"钻貌草木之中""体物为妙"，这"钻"、这"体"，就是审美主体对审美客体的渗透。这种渗透当然不是实践性的，而是审美性的，它是一种心灵的体察，情感性的移入，是"窥情风景"。虽然被观察的事物本是没有情感的，但经人的情感性观照，它也变得有情了，因而物我之间即客体与主体之间就可以进行着"往还""吐纳"式的情感交流了。"情往似赠，兴来如答"就是这种交流的最生动也最确切的表述。物我之间情感交流实际就是想象，艺术想象一个突出特点就是移

---

① 刘勰：《文心雕龙·神思》。
② 刘勰：《文心雕龙·物色》。
③ 刘勰：《文心雕龙·物色》。

情,进入艺术想象的事物没有不带感情的。在艺术家的视野中,无一不充满生命的活力。"登山则情满于山,观海则意溢于海",这"山"、这"海"已不是纯粹的与主体相对的客体了,它渗透了主体的思想情感,从某种意义上讲,它已经主体化了,或者说是主体与客体的统一。

(二) 艺术构思中的主体与客体的关系

艺术构思中的想象活动与艺术观察中的想象活动有些不同。如果说在艺术观察的想象活动中,主客体的关系主要表现为"神与物游"的话,那么,在艺术构思的想象活动中,主客体的关系则主要表现为"神用象通"。刘勰说:"夫神思方运,万涂竞萌,规矩虚位,刻镂无形。"① 这个过程的突出特点是各种观察得来的物象在头脑中进行重新组合,而组合的规律刘勰概括为:"写气图貌,既随物以宛转,属采附声,亦与心而徘徊。"② "气""貌""采""声"四事,指的是进入艺术作品的事物的外在形象及其内在气韵;"写""图""属""附"四字,则指艺术家的模写、创造。刘勰在这里提出艺术形象创造的两条原则:一是"随物以宛转",二是"与心而徘徊"。"随物以宛转",必须以物本身的形貌、气韵为依据,遵循反映的规律,讲究物真;"与心而徘徊",则必须从艺术家的审美理想、创作意图出发,去改造、重塑作为创作素材的物象。"随物以宛转"以物为主,心服从物;"与心而徘徊",以心为主,物服从心。二者看似矛盾,实际上,在创作过程中二者互相补充,互相作用,相反而相成。

三、想象中"志气"与"辞令"的作用

刘勰认为"志气"与"辞令"在"神思"中起着十分重要的作用。他说:

> 故思理为妙,神与物游。神居胸臆,而志气统其关键;物沿耳目,而辞令管其枢机。③

刘勰说的"志气"包括创作意图、思想情感、才华气质等诸多主观因素。

---

① 刘勰:《文心雕龙·神思》。
② 刘勰:《文心雕龙·物色》。
③ 刘勰:《文心雕龙·神思》。

刘勰认为，艺术想象过程中，"志气"是"统其关键"的因素，这个观点很深刻。刘勰的意思是：艺术想象虽然是非常自由的，但只是就想象的一般性质而言，实际上艺术想象活动不能不受艺术家的创作意图、思想情感、才华气质的操纵。这里，创作意图对想象的操纵是最明显的。创作意图是艺术家人生观的具体体现，因而归根结底，想象也是受艺术家的人生观所制约的。

艺术想象中，"辞令"的作用亦不可忽视，刘勰说是"辞令管其枢机"。一般来说，"辞令"的作用主要在艺术传达阶段。当艺术家构思完成，需要将构思转化成文字的时候，"辞令"就如汩汩清泉涌现在艺术家的笔端了。刘勰在这里显然不是讲传达，而是讲构思。在艺术构思中，辞令真的有"枢机"这样重要的作用吗？笔者认为，这正是刘勰过人之处。我们知道，思维是离不开思维工具的，而人类思维最一般的工具是语言。当我们在思考"明天会不会出太阳"时，不仅头脑中出现太阳的形象，而且也在运用某一种语言。没有语言作媒介的思维是不存在的。文学是语言的艺术，文学创作的构思活动不仅有形象的创造，而且也有语言的运用。这二者虽有所区别，但在艺术构思中往往结合在一起。当王安石在构思"春风又绿江南岸"这一诗句时，在他的脑海里既出现画面，又出现语言。说到底，还是语言更重要。再美好的画面如果不能用语言表达，这构思不能算成功。因此，尽管"春风又绿江南岸"的画面在王安石的头脑中早就比较清晰，但只有在他最后选定"绿"字以取代"满""到"等字时，这构思才最后完成。自然，"绿"字的成功运用，使得春风江南的图画更为传神了。

想象中必须考虑语言传达，然而语言传达毕竟不全是想象的问题，应该承认，这二者也常有不合的情况。刘勰指出："方其搦翰，气倍辞前；暨乎篇成，半折心始。何则？意翻空而易奇，言征实而难巧也。"[①] 自己明白是一回事，而用恰当的语言表达出来让别人也明白是另一回事。刘勰正确地看到了传达与想象的联系，又看到了二者的区别。

---

① 刘勰：《文心雕龙·神思》。

四、艺术想象的意义

艺术想象是艺术创造的重要体现,它的意义,刘勰是这样认识的:

> 若情数诡杂,体变迁贸。拙辞或孕于巧义,庸事或萌于新意。视布于麻,虽云未贵,杼轴献功,焕然乃珍。至于思表纤旨,文外曲致,言所不追,笔固知止。至精而后阐其妙,至变而后通其数,伊挚不能言鼎,轮扁不能语斤,其微矣乎! ①

刘勰这段话对"神思"的意义、作用论述得非常充分。所谓"情数诡杂",是说在想象中情感的变化诡异复杂,艺术家全身心地投入艺术构思之中,种种情绪、感受纷至沓来,难以备述。所谓"体变迁贸",是讲文体风格在纷纭复杂的艺术想象中逐渐成形。"拙辞或孕于巧义,庸事或萌于新意",是说想象在艺术作品主题提炼方面的创造功能:或出"巧义",或萌"新意"。"视布于麻,虽云未贵,杼轴献功,焕然乃珍",是说想象在艺术作品审美形式方面的创造功能。布出于麻,就其质地来讲是一样的,故可说布不比麻贵重。然麻经过纺织染色,成为布,则焕然生辉,在审美方面远不是麻可比的了。刘勰用这作比喻,说明想象所创造的艺术形象具有比现实生活形象高得多的审美价值。"思表纤旨,文外曲致",是说艺术形象的无穷魅力,弦外之音,精微奥妙,耐人品味。"伊挚不能言鼎,轮扁不能语斤",是说神思的规律是难以把握,难以说清的。实际上是说,想象包含有非自觉性的因素。

五、想象产生的条件

想象是艺术创作中最可宝贵的精神活动,所有的艺术家都十分看重想象,可以说想象是艺术家的第一才能。想象是可以培养的,刘勰说:"是以陶钧文思,贵在虚静,疏瀹五藏,澡雪精神;积学以储宝,酌理以富才,研阅以穷照,驯致以绎辞;然后使玄解之宰,寻声律而定墨,独照之匠,窥意象

① 刘勰:《文心雕龙·神思》。

而运斤。"这里,刘勰提出培养想象的五种努力:"虚静""积学""酌理""研阅""驯致"。这五者中,虚静的心态尤为重要,而获得虚静心态的方法是"疏瀹五藏,澡雪精神"。这显然出自《庄子·知北游》:"老聃曰:汝斋戒,疏瀹而心,澡雪而精神。""虚静"说是道家思想的理论,不只庄子主虚静,老子也主虚静。魏晋以来,玄学、佛学亦多采用老庄的"虚静"说。值得我们注意的是,儒家荀子也主虚静,他提出"虚壹而静"的命题。道家的"虚静"说与儒家的"虚静"说,其实是不同的。道家"虚静"实为"心斋",即"离形去智",在一种非理智、非功利的虚空心境中实现与"道"同一。儒家"虚静"说的主旨是反对成见,以便对事物的本来面貌做正确的理解。刘勰的"虚静"说间于道儒,或者说兼有道儒,主要是心理学意义上的虚静。从心理学角度来说,虚静的心境是弱型、松弛、愉快、简单的情绪状态。这种情绪状态能充分调动各种思维功能,并做到精神专注,因而易于进入"精骛八极,心游万仞"的精神自由境界。另外,虚静的心境也便于艺术家比较客观冷静地评价所表现的对象。不少现实主义作家主张,将强烈的创作激情转化成一种客观的冷静的态度。在刘勰关于培养想象四种努力中,"积学""酌理"属于理性方面,系知识、品德修养,"研阅"属于观察方面,"驯致"属于语言修养方面。刘勰的论述可谓十分周到而全面。

第五节　艺术结构:隐秀

刘勰《文心雕龙》论述艺术技巧的篇章亦不少,其中最重要的当属《隐秀》篇。

隐秀应属艺术结构的技巧。好的诗文应有秀有隐,秀隐结合,相得益彰。刘勰说:

> 是以文之英蕤,有秀有隐。隐也者,文外之重旨者也;秀也者,篇中之独拔者也。[1]

---

[1] 刘勰:《文心雕龙·隐秀》。

　　关于隐秀,范文澜先生的注释是:"重旨者,辞约而义丰,含味无穷,陆士衡云'文外曲致',此隐之谓也。独拔者,即士衡所云'一篇之警策'也。"①

　　隐秀作为艺术结构的技巧涉及艺术如何反映生活的根本问题。

　　"秀"是见之于作品的艺术形象,用刘勰的话来说是"篇中之独拔者",它属于艺术反映生活有限的方面。"隐"是"文外之重旨",它不是篇中的艺术形象,而是"象外之象""味外之旨"。一个作品有秀有隐,秀在"篇中",隐在"文外",那就是说,艺术反映生活正是从"秀"中见出"隐",从"篇中"见出"文外",从有限见出无限。"秀"与"隐"的关系也可以说是"实"与"虚"的关系。艺术反映生活很讲究以实见虚,虚实结合。实是直接性的一面,虚是间接性的一面,艺术反映生活不能没有"秀"("直接性""实"),因为艺术总是以可感的形象感染人;但艺术反映生活又不能没有"隐"("间接性""虚"),因为艺术的生命,主要不在你直接感受到什么,而在通过这感受你领悟到什么。

　　中国艺术理论向来推崇含蓄。唐代司空图讲"不著一字,即得风流。语不涉难,已不堪忧"②。宋姜夔说:"语贵含蓄"③,含蓄就是"隐"。"隐"的好处是使作品内容深厚,耐人寻味。刘勰对"隐"尤多论述。他说:

　　　　隐之为体,义生文外,秘响旁通,伏采潜发,譬爻象之变互体,川渎之韫珠玉也。故互体变爻,而化成四象;珠玉潜水,而澜表方圆。④

　　刘勰用易象变化来作比喻。《易经》六十四卦,每卦由两经卦重叠而成,为上卜卦。除此外,还可将二、三、四爻和三、四、五爻各看作一卦,即为互卦,这样一卦就含有四卦。在占卦时出现变爻,这变爻或由阳爻变成阴爻,或由阴爻变成阳爻,于是又产生另一个卦——变卦,变卦中又有互卦。如此"互体变爻,而化成四象","四象"为实象、假象、义象、用象。⑤ 刘勰

① 范文澜:《文心雕龙注》,人民文学出版社 1978 年版,第 633 页。

② 司空图:《诗品》。

③ 姜夔:《白石诗说》。

④ 刘勰:《文心雕龙·隐秀》。

⑤ 参见范文澜:《文心雕龙注》,人民文学出版社 1978 年版,第 20 页。

又用川渎韫珠玉来作比喻。从这两个比喻来看,刘勰说的"隐"不是离开"秀"的单独存在,易象的互体就存在于本体之中,川渎中的珠玉就隐藏在水底。

这就涉及"秀"与"隐"的关系问题。"秀"总是超出自己,引导、指向"隐";而"隐"又总是依属、潜在于"秀"。"秀"在一定程度上限制着"隐",不使"隐"变得晦涩、模糊、不着边际,"隐"又在一定程度上扩充、发展着"秀",不使"秀"过于单薄。

刘勰说"隐以复意为工,秀以卓绝为巧","复意"不仅使"隐"更为深厚,而且也烘托了"秀",使"秀"的导引功能更见突出;同样,"秀"的"卓绝",也不只是使"秀"更见丰采,而且也有利于读者兴味盎然而又不失方向地去探索"隐"。

隐秀的设计当然都出自文人的匠心,刘勰对此是肯定的,他说:"心术之动远矣,文情之变深矣。"文章是不能不做的,但刘勰又反对过于做文章,隐秀的设计最好做到"自然会妙"。刘勰说:

> 朔风动秋草,边马有归心,气寒而事伤,此羁旅之怨曲也。凡文集胜篇,不盈十一,篇章秀句,裁可百二。并思合而自逢,非研虑之所求也。或有晦塞为深,虽奥非隐,雕削取巧,虽美非秀矣。故自然会妙,譬卉木之耀英华;润色取美,譬缯帛之染朱绿。朱绿染缯,深而繁鲜;英华曜树,浅而炜烨,隐篇所以照文苑,秀句所以侈翰林,盖以此也。

刘勰的观点很清楚,不管是隐还是秀,都以"自然会妙"为佳;好比花卉,那美"自然会妙",充满着生命的意味;若缯帛染朱绿,那色彩过于繁艳,就缺少鲜美了。对于"隐",尤其要注意的是,不要失之晦涩艰深。如"有晦塞为深",那就只能叫作"奥"而不能叫作"隐"了。对于"秀",要防止"雕削取巧"。"雕削取巧,虽美非秀",因为它缺少的就是"卉木之耀英华"那种自然的美,生命的美。刘勰所赞赏的晋王赞的诗句:"朔风动劲草,边马有归心",表达"气寒""事伤""羁旅""怨曲"的情怀是很成功的,形象卓绝秀挺而其中所蕴的深层意味又耐人品味,真可谓言有尽而意无穷。

第六节　艺术风格：才性

风格是艺术美学中的一个重要问题。对于艺术家来说，风格是他的审美个性在作品风貌上的体现。艺术是最讲究审美个性的，因而，艺术学都将风格的形成看成艺术家成熟的标志。

《文心雕龙》虽然没有设"风格"篇，但它的《体性》篇讨论的基本上是风格问题；除此以外，《才略》《事类》《养气》《神思》等篇也都涉及风格问题。可以说，刘勰是中国美学史最早注意到风格问题的美学家。

《文心雕龙》中"风格"这一概念也出现过。《议对》篇中讨论应玚、傅咸、陆机三人的作品时，刘勰说"亦各有美，风格存焉"。《夸饰》篇中又说："虽《诗》《书》雅言，风格训世，事必宜广，文亦过焉。"可惜，刘勰还未能赋予"风格"以审美个性的意义，他在这些地方说的"风格"是指文章的风范格局。刘勰谈风格，用的概念不是"风格"这个词，而是"才性"。

刘勰明确肯定，由于人的才性不同，故而行文的风格不同。他说："才性异区，文辞繁诡。"①有什么样的才性，就有什么样的文辞。为什么会这样？因为文学作品是人的才性的外现。才性既有情感的内涵，也有理智的内涵，才性的外现也可看成思想情感的外现。刘勰在《体性》篇一开头就指出："夫情动而言形，理发而文见，盖沿隐以至显，因内而符外者也。"既如此，我们可以说，才性是风格的内在根据，风格是才性的外在显现。

法国自然科学家布封有一句名言："风格就是人本身"，这话黑格尔和马克思都引用过。刘勰的观点与布封是一致的，他在《知音》篇中说："夫缀文者情动而辞发，观文者披文以入情，沿波讨源，虽幽必显。世远莫见其面，觇文辄见其心。""觇文辄见其心"，也就是"风格就是人本身"的另一说法。

说才性是风格产生的原因，还只是笼统的说法。刘勰做了具体深入的阐述，将才性分成"才""气""学""习"四种心理因素，他说：

---

① 刘勰:《文心雕龙·体性》。

才有庸儁，气有刚柔，学有浅深，习有雅郑，并情性所铄，陶染所凝；是以笔区云谲，文苑波诡者矣。故辞理庸儁，莫能翻其才；风趣刚柔，宁或改其气；事义浅深，未闻乖其学，体式雅郑，鲜有反其习；各师成心，其异如面。①

刘勰说的四种心理因素，"才"与"气"是"情性所铄"，属于先天禀赋；"学"与"习"是"陶染所凝"，属于后天修养。"才"，在刘勰的用法，主要是指天资，它决定人的聪明与否，即"庸儁"。刘勰常将"才"与"学"对举："文章由学，能在天资。才自内发，学以外成，有学饱而才馁，有才富而学贫。学贫者迍邅于事义，才馁者劬劳于辞情，此内外之殊分也。"②"气"，在中国古代哲学用法不一，刘勰说的"气"在这里是指人的气质，有时将它说成"血气"。刘勰不懂生理科学，误以为"气质"与人的气血有关。"气"，在刘勰看来，是"才力"的源泉："才力居中，肇自血气"③；"气"也是"志"的内涵："气以实志。"④"才"的差等在"庸儁"，"气"的区分在"刚柔"。"才"与"气"合为"才气"，乃"自然之恒资"⑤。"学"与"习"都属于后天的修养，"学"讲一般性的知识修养，"习"则专说长期习染所形成的审美情趣的性质，它是"雅"也是"郑"，既是高雅的也是庸俗的。刘勰对"习"很看重，因为"习亦凝真，功沿渐靡"⑥，一旦成习，就成为影响作家风格的一种永恒的因素了。"学"与"习"关系密切，"学慎始习，斫梓染丝，功在初化，器成彩定，难可翻移"⑦。所以，要想培养高尚的审美情趣，自小就要朝正确的方向去学习，"童子雕琢，必先雅制，沿根讨叶，思转自圆"⑧。

"才""气""学""习"四者共同作用，铸就了作家一定的才性，这才性

---

① 刘勰：《文心雕龙·体性》。

② 刘勰：《文心雕龙·事类》。

③ 刘勰：《文心雕龙·体性》。

④ 刘勰：《文心雕龙·体性》。

⑤ 刘勰：《文心雕龙·体性》。

⑥ 刘勰：《文心雕龙·体性》。

⑦ 刘勰：《文心雕龙·体性》。

⑧ 刘勰：《文心雕龙·体性》。

就相应地影响了作品的风格。刘勰举了许多例子：

> 是以贾生俊发，故文洁而体清；长卿傲诞，故理侈而辞溢；子云沉寂，故志隐而味深；子政简易，故趣昭而事博；孟坚雅懿，故裁密而思靡；平子淹通，故虑周而藻密；仲宣躁锐，故颖出而才果；公干气褊，故言壮而情骇；嗣宗俶傥，故响逸而调远；叔夜隽侠，故兴高而采烈；安仁轻敏，故锋发而韵流；士衡矜重，故情繁而辞隐。①

刘勰以上对汉魏晋作家的分析基本上是准确的。这里，我们择嵇康、陆机两位作家的创作个性与其风格的关系，试加说明。刘勰云："叔夜隽侠，故兴高而采烈。""叔夜"即嵇康。据《三国志·魏志·王粲传》："嵇康文辞壮丽，好言老庄，而尚奇任侠。"又据嵇康兄嵇喜《嵇康传》亦云："家世儒学，少有俊才，旷迈不群，高亮任性，不修名誉，宽简有大量，学不师授，博洽多闻。长而好老庄之业，恬静无欲，超然独达，遂放世事，纵意于尘埃之表。"看来，刘勰说嵇康隽侠是有所据的。从嵇康的文章来看，也的确与其隽侠个性相一致，称得上旨趣高迈，风采壮烈。"士衡"即陆机，刘勰说他"矜重"，亦有所据。《晋书·陆机传》说，陆"伏膺儒术，非礼不动"。《世说新语》载："士衡长七尺余，声作钟声，言多忼慨。"② 又载："卢志于众坐，问陆士衡：'陆逊、陆抗是君何物？'答曰：'如卿于卢毓、卢珽。'士龙失色，既出户谓兄曰：'何至如此？彼容不相知也。'士衡正色曰：'我父、祖名播海内，宁有不知，鬼子敢尔！'"③ 从这些记载看，陆机是颇以自己的门庭自豪的，说他"矜重"很恰当。他的文章也的确是"情繁而辞隐"，钟嵘说是"才高词赡，举体华美"。④《世说新语·文学》载："孙兴公云：'潘文若披锦，无处不善；陆文若排沙简金，往往见宝。'"又载："潘文浅而净，陆文深而芜。"

刘勰从作家个性入手分析风格的方法，为后代文评家广泛采用。如王通评南朝作家作品："谢灵运小人哉，其文傲，君子则谨。沈休文小人哉，其

---

① 刘勰：《文心雕龙·体性》。
② 刘义庆：《世说新语·赏誉》。
③ 刘义庆：《世说新语·方正》。
④ 钟嵘：《诗品》。

文治,君子则典。鲍照、江淹,古之狷者也,其文急以怨;吴筠、孔稚珪,古之狂者也,其文怪以怒;谢庄、王融,古之纤人也,其文碎;徐陵、庾信,古之夸人也,其文诞。"①

"文如其人"是中国古代文评家的一个基本观点,一般来说,这个观点是不错的。但有一个前提,就是为文者都必须真正做到"心画心声",从自己的真情实感出发。如不是这样,那文也是可以矫饰心态,糊弄世人的。像石崇、潘岳,为人很卑鄙,则文非如人。《晋书·潘岳传》说:"岳性轻躁,趋世利,与石崇等谄事贾谧,每候其出,与崇辄望尘而拜。"可是,潘岳的文章《闲居赋》却显示出一副高洁的姿态来,石崇的作品亦如此。因此,元好问在《论诗三十首·其六》中对"文如其人"提出质疑:"心画心声总失真,文章宁复见为人。高情千古闲居赋,争信安仁拜路尘。"

尽管文不一定如人,中国传统美学还是更多地主张文如其人,这种主张包含为文必重修身的意义。就是说,要做出好文章,就必须注重各方面修养特别是道德修养,做一个高尚的人。在道德修养与艺术修养这两方面,中国传统美学总是将道德修养放在第一位的。明代唐顺之《答茅鹿门书知县》云:"陶彭泽未尝较声律,雕句文,但信手写出,便是宇宙间第一等好诗,何则? 其本色高也。自有诗来,其较声律,雕句文,用心最苦而立说最严者,无如沈约;苦却一生精力,使人读其诗,只见其捆缚龌龊,满卷累牍,竟不能道出一两句好话,何则? 其本色卑也。"② 刘勰也是很注重文人品德的,在《程器》篇他列举了文人无行的大量事实,诸如"相如窃妻而受金","扬雄嗜酒而少算","班固谄窦以作威","丁仪贪娄以乞货",等等,但是刘勰尚能将他们的文学成就与道德上的欠缺适当区别开来,既看到他们道德上的欠缺影响他们的文学成就,又看到道德与文学毕竟还不是一回事,这是难能可贵的。

刘勰在深刻论述了作家的才性与其作品风格的关系之后,又提出了风

---

① 王通:《文中子·中说》。
② 《荆川文集》卷七。

格类型问题，他概括出"八体"，即八种风格：

> 一曰典雅，二曰远奥，三曰精约，四曰显附，五曰繁缛，六曰壮丽，七曰新奇，八曰轻靡。

这八种风格是两两相对的：典雅—新奇，远奥—显附，精约—繁缛，壮丽—轻靡。当然，风格实际上也不限这八种，就是这八种也彼此交叉渗透，形成许多具有一定综合性又以某一种为主的风格。

刘勰不仅深刻地论述作家艺术家的个人风格问题，而且也深刻地论述了时代风格问题。刘勰认为，"时运交移，质文代变"①，文章的风格不能不随着时代的变化而变化，而决定时代风格的是时代的政治、经济、文化状况。刘勰在《时序》篇论述自陶唐到他所处时代文学风格的变化过程，其中不乏精辟的见解，比如他论建安文学的风格："自献帝播迁，文学蓬转，建安之末，区宇方辑。魏武以相王之尊，雅爱诗章；文帝以副君之重，妙善辞赋；陈思以公子之豪，下笔琳琅；并体貌英逸，故俊才云蒸。仲宣委质于汉南，孔璋归命于河北，伟长从宦于青土，公干徇质于海隅；德琏综其斐然之思，元瑜展其翩翩之乐。文蔚、休伯之俦，于叔、德祖之侣，傲雅觞豆之前，雍容衽席之上，洒笔以成酣歌，和墨以藉谈笑。观其时文，雅好慷慨，良由世积乱离，风衰俗怨，并志深而笔长，故梗概而多气也。"这段文字不仅准确地概括了建安文学"志深而笔长""梗概而多气"的风格，而且分析了形成这种风格的社会原因，包括"世积乱离""风衰俗怨"，即战乱年代给人们生活、心灵带来的巨大创伤。另外，曹操、曹丕、曹植作为文坛领袖人物，他们的诗风对整个文坛产生了巨大的影响，亦很重要。

刘勰对文体风格亦有深刻的论述，这里就不做评介了。

第七节　小　结

《文心雕龙》是中国美学史上唯一体系完整、博大精深的艺术哲学著

---

① 刘勰：《文心雕龙·时序》。

作。鲁迅先生曾指出:"东则有刘彦和之《文心》,西则有亚里士多德之《诗学》,解析神质,包举洪纤,开源发流,为世楷式。"①鲁迅先生这种看法是非常正确的。

刘勰在写作《文心雕龙》时已皈依佛门,但对孔子仍十分崇拜。在《序志》篇中他说:"予生七龄,乃梦彩云若锦,则攀而采之,齿在踰立,则尝夜梦执丹漆之礼器,随仲尼而南行,旦而寤,乃怡然而喜。大哉,圣人之难见哉,乃小子之垂梦欤!"②这段话写进作为全书序言的《序志》篇可不是随意的。他明确地告诉读者:他论文的基本立场是儒家的,实际也是如此。在《程器》篇,刘勰谈到为文的目的时,说:"摛文必在纬军国,负重必在任栋梁。穷则独善以垂文,达则奉时以骋绩。"关于文章思想的来源,他将它归之于儒家经典:"唯文章之用,实经典枝条","详其本源,莫非经典。"总之,"盖文心之作也,本乎道,师乎圣,体乎经,酌乎纬,变乎骚,文之枢纽,亦云极矣。"③从这些话来看,刘勰的儒家立场是很清楚的,不过,刘勰采纳儒家的美学思想主要在为文须经世致用这一点上,而在涉及文学的内部规律诸多问题时,他又向道家汲取营养了。他在论文学本体时,大谈自然之道,力图将道家所推崇的自然之道与儒家所推崇的人伦之道统一起来,一方面让人伦之道在自然之道上找到根据,另一方面又让自然之道落实为人伦之道。在审美理想上,刘勰推崇"自然英旨"之美,"自然"成了他美学思想中的重要范畴。清人纪昀说:"齐梁文藻,日竞雕华,标自然以为宗,是彦和吃紧为人处。"④近人黄侃也说:"彦和之意,以为文章本由自然生,故篇中数言自然。"⑤刘勰对玄学、佛学也有所吸取,但主要是在方法论上。玄学讲本体,佛学重逻辑。《文心雕龙》严密的体系结构得益于此二者。

《文心雕龙》在中国美学史上的重要地位主要在四点:

---

① 《鲁迅全集》第八卷,人民文学出版社 1981 年版,第 332 页。

② 刘勰:《文心雕龙·序志》。

③ 刘勰:《文心雕龙·序志》。

④ 纪昀《文心雕龙·原道》评语。

⑤ 黄侃:《文心雕龙札记》,中华书局 1952 年版,第 3 页。

第一，奠定了中国美学以儒家思想为主体综合道、玄、佛者家的体系结构。

第二，突出了文学的审美特质。这特质一为"情"，另为"采"，"情"与"采"的统一即为文学的美质。

第三，推崇文学刚健有力的品格。这品格刘勰用"风骨"范畴来概括。"风骨"对后世的文学创作产生深远的影响。初唐陈子昂反对六朝"彩丽竞繁而兴寄都绝"的形式主义文风，就是用"风骨"作为批判武器的。"风骨"成为中华民族重要的审美理想。

第四，建构了中华美学真、善、美相统一的文学批评原则。刘勰在《宗经》篇谈到的"六义"："情深而不诡""风清而不杂""事信而不诞""义贞而不回""体约而不芜""文丽而不淫"，涉及真、善、美三个方面。其"情深而不诡""事信而不诞"可视为"真"。前者为情感的真实，后者为事理的真实。其"风清而不杂""义贞而不回"可视为"善"。强调文学要以健康高尚的思想去教育人、感染人。其"体约而不芜""文丽而不淫"可视为"美"。坚持以真、善、美相统一的原则评论文学是中华美学一大传统，这一传统虽然不能说是刘勰一个人建立的，但刘勰起了很大的作用，这是可以肯定的。

刘勰的《文心雕龙》是先秦到六朝美学的光辉总结，是中国美学发展史上一座高峰。《文心雕龙》是中国文化史上罕见的体系完备且规模宏大的学术专著，此书产生于502年左右，不要说当时世界上没有哪一部书堪与之相比，就是延及今日，在人类文明史的银河中，它也是少数最为灿烂的星座之一。

第 九 章

工艺工程美学

中国的工艺和工程美学源远流长，收入《周礼》的《考工记》汇聚了远古至西周工艺、工程的科学知识以及技术上的要求，提出"天有时，地有气，材有美，工有巧。合此四者，然后可以为良"的工艺与工程美学原则，为后代工艺和工程美学奠定了基础。在汉魏晋南北朝时期，出现了几部重要著作：《越绝书》《西京杂记》《三辅黄图》《洛阳伽蓝记》，这几部书记载了当时在工艺、工程方面所取的一些成绩。从这些介绍中，可以透视出当时人们对于工艺、工程的审美追求。由于所载多为王家宫殿、日用品、玩赏物，因此，也反映出统治阶级奢华以及审美上的畸形变态。

第一节 《越绝书》

《越绝书》是记载先秦时代吴越相争的历史典籍。关于此书的书名，《越绝书外传本事第一》开篇就有一个说明：

> 问曰："何谓越绝？""越者，国之氏也。""何以言之？""按《春秋》序齐鲁，皆以国为氏姓，是有以名之。绝者，绝也。谓勾践时也……"
> 问曰："何不称《越经书记》，而言绝乎？"曰："不也。绝者，绝也。勾践之时，天子微弱，诸侯皆叛。于是勾践抑强扶弱，绝恶反之于善，取舍

以道,沛归于宋,浮陵以付楚,临沂、开阳复之于鲁,中国侵伐,因斯衰止,以其诚于内,威发于外,越专其功,故曰越绝。故作此者,贵其内能自约,外能绝人也。"①

这段话的意思很清楚,此书的主旨是歌颂越王勾践的。在"天子微弱、诸侯皆叛"的情况下,越王挺身而出,"抑强扶弱",灭掉仇家吴国,成就霸业,主持了天下公道,让"中国侵伐,因斯衰止"。此番功劳堪称为"绝","绝"即最,有多义,如义绝、奇绝、功绝、断绝等。

此书历代均有人评论,充分肯定了它的历史价值和文学价值。至于此书作者,曾说是孔子学生子贡所作,但一直遭到否定。学术界有种说法:袁康所撰,吴平修订,成书时间为东汉,但此种说法亦无可证明。本书将《越绝书》归入魏晋南北朝来介绍,为的是与《西京杂记》《三辅黄图》《洛阳伽蓝记》配套,并不是说《越绝书》就产生于魏晋南北朝时期。

《越绝书》与本章要谈的"工艺和工程美学"相关的是它的卷十一:《外传记宝剑第十三》。古越国善铸宝剑,不少史书有所记载。《吴越春秋》云:"越王元常,使欧冶子造剑五枚。"《越绝书》主要从两个方面描述越国宝剑工艺之美。

第一,剑象之美。《越绝书》载:

> 王取纯钧……其华捽如芙蓉始出。观其钑(有的文本作"锷"——引者注),烂如列星之行,观其光,浑浑如水之溢于塘;观其断,巌巌如琐石;观其才(文——引者注),焕焕如冰释。②

> 欲知龙渊(剑名——引者注),观其状,如登高山,临深渊;欲知泰阿,观其钑(有的文本作"锷"——引者注),巍巍翼翼,如流水之波。③

上引第一段文字用了一系列美好事物作为纯钧剑的比喻:芙蓉、列星、流水、琐石、冰释等,直接写宝剑之美;第二段则从观者的心态来写龙渊剑、

---

① 《越绝书·越绝外传本事第一》。
② 《越绝书·越绝外传记宝剑第十三》。
③ 《越绝书·越绝外传记宝剑第十三》。

泰阿剑的威风,间接写宝剑之美。

如此描写,可以想见宝剑的神力:壮士握之,威风八面;敌人视之,心裂胆丧。

第二,工艺之美。这宝剑是如何造出来的? 《越绝书》介绍宝剑制造的过程:

> 当造此剑之时,赤堇之山,破而出锡;若耶之溪,涸而出铜;雨师扫洒,雷公击橐,蛟龙捧炉,天帝装炭,太一下观,天精下之。欧冶乃因天之精神,悉其伎巧,造为大刑三、小刑二:一曰湛庐,二曰纯钧,三曰胜邪,四曰鱼肠,五曰巨阙。①

这些描述诸如"雨师扫洒,雷公击橐,蛟龙捧炉,天帝装炭,太一下观,天精下之",虽然将制剑工艺神化了,但这制剑工艺之艰难、之精妙、之神奇确是事实;否则,当时各国诸侯不会以重金招募欧冶子来为自己制剑。各国诸侯曾为攫取欧冶子造的这五剑而大动杀伐,这些过程在《越绝书》中均有生动的描述。

抹去神化的部分,我们可以清楚地看到,《考工记》所说的"天有时,地有气,材有美,工有巧",在这里一一有着落。不仅如此,它还补充了两条。

第一,"因天之精神"。何谓"因天之精神"? 这是耐人寻味的,涉及何谓"天之精神"。老子提出"道法自然","因天之精神"可以囊括"道法自然",但它还要多出一点。这一点就是"精神","精神"有客观的方面也有主观的方面:客观的方面可以理解为自然的精神,主观的方面可以理解为人的精神。人的精神当其与自然的精神相符合时,也可以归于天之精神的组成因素。中华民族向来主客不分,天人合一,宋代大儒张载竟然说"为天地立心",不就是将人的精神立为自然的精神吗?

第二,"悉其伎巧"。这说明,制剑所涉及的知识与技能具有多样性,复杂性。只有将相关的各种技艺都展现得完美无缺,才能制出好剑来。

---

① 《越绝书·越绝外传记宝剑第十三》。

1965年12月，在湖北江陵出土了越王勾践剑。剑长55.7厘米，宽4.6厘米，剑身布满隐形花纹，剑上有"越王鸠浅（勾践）自乍（作）用剑"八个鸟篆铭文。此剑历经3000多年，至今寒光闪闪，锋利无比，足以证明《越绝书》所述宝剑制造工艺不虚。

第二节 《西京杂记》

《西京杂记》是一部在学术界有一定知名度的著作，关于它的作者及产生的时间，有多种说法：西汉刘歆，东晋葛洪，南朝吴均、萧贲、无名氏等。《隋书·经籍志》"史部旧事类"录有此书，未署作者名。《旧唐书·经籍志》的"史部故事类地理类"也录有此书，署"葛洪撰"。宋代晁公武的《郡斋读书志》云："《西京杂记》二卷，晋葛洪撰。"《四库全书总目提要》云："《西京杂记》六卷，旧本题晋葛洪撰"，但并未说明实为谁所作。根据现代学者成林、程章灿的研究，此书"既不是刘歆所作，也不是葛洪、吴均、萧贲或别的什么人所伪撰，而是葛洪利用汉晋以来流传的稗乘野史、百家短书，钞撮编集而成"。

此书部分内容涉及工艺、工程，可以由此推测汉至晋有关工艺、工程的审美倾向。

一、日用品和工艺品

《西京杂记》所记述的日用品和工艺品多为王家所用，这些产品不仅代表当时工艺生产的最高水平，而且透显出当时最高的审美水平，具有多方面的价值。

（一）王家生活的记载

因为为王家所用，这些产品共同的特点就是材料珍稀，制作精巧，体现出统治者奢华的生活享受。试举两例：

> 天子笔管，以错宝为跗，毛皆以秋兔之毫，官师路扈为之，以杂宝

为匣,厕以玉璧翠羽,皆直百金。①

汉制:天子玉几冬则加绨锦其上,谓之绨几。以象牙为火笼,笼上皆散华文。后宫则五色绫文。以酒为书滴,取其不冰。以玉为砚,亦取其不冰。②

这两段皆说天子的日用品。上段说,天子用的笔管用错金的宝石镶嵌在笔端,笔毛为秋天的兔毛,由工匠的首领路扈制作,用各种宝石镶嵌的盒子为笔匣,杂置各种玉璧和翠鸟的羽毛为装饰,它们皆价值百金。下段说,按照汉朝的制度,天子玉几在冬天要铺上光亮彩色丝锦,名之为"绨几"。用象牙做火笼,火笼散见美丽的花纹。后宫的火笼上面也有花纹,是五色的绫文。天子用酒研墨,是看中了酒冬天不冻。天子也以玉为砚,也因为玉砚中的墨水不结冰。

(二) 工艺精湛的记载

《西京杂记》记载了一些技艺精湛的工艺品,如:

高祖初入咸阳宫,周行库府,金玉珍宝,不可称言。其尤惊异者,有青玉五枝灯,高七尺五寸,下作蟠螭,以口衔灯,灯燃,鳞甲皆动,焕炳若列星而盈室焉。③

现在传世的汉代宫灯有长信宫灯,已经美轮美奂的了,但与此青玉五枝灯相比,又似是小巫见大巫。

《西京杂记》中记载的一些工艺品,堪称奇异:

有方镜,广四尺,高五尺九寸,表里洞明,人直来照之,影则倒见。以手扪心而来,则见肠胃五脏,历然无碍。人有疾病在内,则掩心而照之,则知病之所在。又女子有邪心,则胆张心动。秦始皇常以照宫人,胆张心动者则杀之。高祖悉封闭以待项羽,羽并将以东,后不知所在。④

---

① 葛洪:《西京杂记·天子笔》卷一。
② 葛洪:《西京杂记·几被以锦》卷一。
③ 葛洪:《西京杂记·咸阳宫异物》卷三。
④ 葛洪:《西京杂记·咸阳宫异物》卷三。

这面镜子的功能极奇异,有虚有实,有真有假,不可全然否定。其中说此镜能透视人的肠胃五脏,虽然有夸大,但不是完全不可能。有些则明显属于想象,如镜能照见人的邪心。尽管如此,也极可贵。

《西京杂记》对于汉宫的博香炉也有所介绍:"作九层博香炉,镂为奇禽怪兽,穷诸灵异,皆自然运动。"① 现博香炉有实物留存,让人叹为观止。

(三) 国际交往记载

《西京杂记》写到一些日用品和工艺品系外国进贡而来,这些物品多为奇珍。如从南越进贡来的珊瑚,"高一丈二尺,一本三柯,上有四百六十条",南越王赵佗所献,号为烽火树。珊瑚工艺是中国以及东南诸多国家重要的工艺,这些记载有助于我们了解珊瑚工艺的发展历史。

《西京杂记》还写了从身毒国来的一面铜镜,反映了早在汉代,中国与印度就存在着文化交流了。故事具有传奇色彩:

> 宣帝被收系郡邸狱,臂上犹带史良娣(史为姓,良娣为太子妃官名——引者注)合采婉转丝绳,系身毒国(古印度名——引者注)宝镜一枚,大如八铢钱(古钱币,长径约三厘米——引者注)。旧传此镜照见妖魅,得佩之者为天神所福,故宣帝从危获济。及即大位,每持此镜,感咽移辰。②

这个故事有些复杂。汉宣帝刘询为汉武帝的曾孙,是太子刘据的孙子。太子妃史良娣生皇孙,皇孙纳王夫人,生宣帝,宣帝一生下就被收系在郡邸狱里。宣帝之所以蹲监狱,是因为他的祖父刘据被坏人诬陷。汉武帝的近臣江充与刘据不和,诬陷刘据在宫中埋木偶,以诅咒生病的父亲汉武帝早死。晚年的汉武帝十分迷信,听之大怒,下令将刘据收监。刘据抢先发兵抗拒武帝,激战五天后,兵败自杀。此次巫蛊之祸,累及多人。刘询出生才数月,也被关进了郡邸狱。在监狱里,刘询手臂上戴着祖母史良娣织

---

① 葛洪:《西京杂记·常满灯　被中香炉》卷一。
② 葛洪:《西京杂记·身毒国宝镜》卷一。

的采色丝绳，身上系一枚来自身毒国的宝镜。旧传，此镜可以照见妖魅，佩之者可以得到天神的赐福。正是这来自身毒国的宝镜的护佑，刘询才渡过了这一险关，最后当上了皇帝。刘询即大位后，每持此镜，都感动得说不出话来。

很可能真有其事，这面宝镜是如何进入太子家，最后为太子孙刘询所得，不可得知。《西京杂记》还记载身毒国献的连环羁，"皆以白玉带之，马瑙石为勒，白光琉璃为鞍。鞍在暗室中常照十余丈，如昼日。"① 这些材料说明在汉武帝时代，中国与古印度已经有经济和文化上的交往了，丝绸之路在汉武帝时代就已经相当繁荣了。

（四）历史考证价值

《西京杂记》对有些器物的记载，让我们知道它们的来历，如玉搔头。白居易《长恨歌》中云："花钿委地无人收，翠翘金雀玉搔头。"《西京杂记》记载："武帝过李夫人，就取玉簪搔头。自此后，宫人搔头皆用玉，玉价倍贵焉。"原来，武帝首用玉簪为李夫人搔头，于是这搔头的玉簪就得名玉搔头了。

二、宫宛

《西京杂记》对汉帝国首都长安的宫殿及苑囿有诸多介绍，对我们了解中国古代的宫殿与园林美学思想有所助益。

（一）宫殿结构

《西京杂记》开卷是《萧何营未央宫》：

> 汉高帝七年，萧相国营未央宫。因龙首山制前殿，建北阙。未央宫周回二十二里九十五步五尺，街道周回七十里。台殿四十三：其三十二在外，其十一在后宫，池十三，山六。池一，山一，亦在后宫。门闼凡九十五。②

---

① 葛洪：《西京杂记·咸阳宫异物》卷三。
② 葛洪：《西京杂记·咸阳宫异物》卷三。

这个介绍的价值是,它揭示了未央宫的结构。外部结构,未央宫与龙首山的关系,未央宫位于它的北坡。内部结构,未央宫内有殿,有山,有池,仍然有一个建筑与自然山水的关系。建筑与建筑之间的关系,包括街道与宫殿的关系,前殿与后殿的关系,等等。依山,临水,这是中国宫殿美学突出特点,未央宫体现出来了;分前后区,前殿为政务区,后殿为生活区,后人称之为"前朝后殿",这是中国宫殿美学另一重要特点,未央宫也体现出来了。

(二) 苑囿特点

汉朝皇家多建园林,这种园林一直是中国古典园林的主体;直到清代,民间园林蓬兴,与王家园林呈比翼之势,皇家园林的独尊地位才有所改变。《西京杂记》记载了汉朝皇家园林的一些设施、景观及情趣,具有重要的史料价值,亦可以从中认识中国古代园林的美学风采。

1.园林具多种功能

《西京杂记》云:"武帝作昆明池,欲伐昆明夷,教习水战。因而于上游养鱼,鱼给诸陵庙祭祀,余付长安市卖之。池周回四十里。"[①] 这一史料很有价值,它说明了汉朝皇家园林的多功能性。汉武帝建昆明池的目的,起初还不是审美,而是为了教习水战,以讨伐昆明夷。也正是因为这样一个目的,所以池名为昆明池。除了教习水战外,昆明池还用来养鱼。养鱼的好处很多,一是供人游赏,二是做陵庙的祭品,三是市场售卖。

2.园林集天下奇异

另外,《西京杂记》还介绍了上林苑的树木,云:"初修上林苑,群臣远方,各献名果异树,亦有制为美名,以标奇丽者。"[②] 原来,这上林苑汇聚了天下名贵的果树和奇异的树木,而且均有一个美好的名字。

《西京杂记》开列一个清单,不仅写出树名,而且写出同一树种下的不同品种,如李树有十五个品种,一一写出。另外,还写出什么树有多少株,

---

① 葛洪:《西京杂记·昆明池养鱼》卷一。
② 葛洪:《西京杂记·上林名果异木》卷一。

如"槐树六百四十株,千年长生树十株"。

在列举上百种树名之后,《西京杂记》作者说:"余就上林令虞渊得臣所上草木名二千余种。邻人石琼就余求借,一皆遗弃。今以所记忆,列于篇右。"意思是,他从上林令虞渊那里获得朝臣进献各种名贵的草木多达2000多种,这个清单后来为邻居石琼借去,不想弄丢了。他是凭记忆写下这些草木名的,列在篇右。

3.园林生态良好

《西京杂记》介绍太液池,说"太液池边皆是彫胡、紫箨、绿节之类。菰之有米者,长安人谓为彫胡;葭芦之未解叶者,谓之紫箨。菰之有首者,谓之绿节。其间凫雏雁子,布满充积,又多紫龟、绿鳖,池边多平沙,沙上有鹈鹕、鹧鸪、鸡鹕,动辄成群"①。太液池的植物均是当地植物。彫胡为长安人的说法,它是一种水生植物,结有米一样大的果实。紫箨是一种芦苇,叶片没有张开。露出头来的菰称之为绿节。这些植物丛中,布满了小野鸭、小野雁等当地的禽类,还有紫龟、绿鳖这样的爬行动物。池边的沙滩上,鹈鹕、鹧鸪、鸡鹕等鸟类,动辄成群结队。

4.园林构制要素

《西京杂记》主要记载皇家园林的情况,但也记载了一些私家园林,如茂陵富人袁广汉的园林。这个园林也很大,东西四里,南北五里。在描绘这个园林时,它谈到了园林构制的一些技法,主要有:

(1)"构石为山"②。从袁广汉的园林,我们得知,假石山的做法,早在汉代就有了。

(2)"屋皆徘徊连属,重阁修廊,行之,移晷不能遍也。"③ 这里说到园林中的建筑的设计:屋宇它们回旋相连,为的是便于人们之间的联系,以见出家庭的温馨感;重阁,便于登高观景;修廊,便于将园中的景观串联起来。这些造园法后代都有承传。

---

① 葛洪:《西京杂记·太液池》卷一。

② 葛洪:《西京杂记·袁广汉园林之侈》卷三。

③ 葛洪:《西京杂记·袁广汉园林之侈》卷三。

第三节　《三辅黄图》

《三辅黄图》是一部专记秦汉都城建设的书,其中以介绍汉代的长安城为主。这部书又名《西京黄图》,不著作者名,成书时间有多种说法,包括汉末、汉魏间、梁陈间。

"三辅",此书亦做了解释,"景帝分置左右内史,此为右内史。武帝太初元年改内史为京兆尹,与左冯翊、右扶风,谓之三辅。"[①] 应劭在对《汉书》的注释中说:"汉武帝改曰京兆尹、左冯翊、右扶风,共治长安城中,是为三辅。"[②]

此书内容丰富,凡与城市建设相关的事都记,涉及城市选址、宫殿、苑囿、馆阁、池沼、学校、桥梁、仓库等。本节挑与城市美学、园林美学相关的内容,做简略的介绍。

一、都城建设

本书谈都城建设从居谈起,序的开篇即云:"上古穴居而野处,后世圣人易之以宫室,上栋下宇,以待风雨,盖取诸大壮。"穴居是上古人的居住方式,这种方式代表着野蛮,后世圣人"易之以宫室",意味着进步,宫室的居住方式代表着文明。

将都城建设定位于文明基础上,显示出《三辅黄图》作者的思想高度。

(一) 选址

都城建设首先是选址。《三辅黄图》主要谈了两点:

1. 形胜

形胜包括地理形胜、经济形胜和政治形胜。《三辅黄图》谈汉高祖在洛阳定都的事:

---

① 《三辅黄图·三辅沿革》。
② 《三辅黄图·三辅治所》。

五年，高帝在洛阳，娄敬说曰："夫秦地被山带河，四塞以为固，卒然有急，百万众可立具，因秦之故，资甚美膏腴之，此所谓天府。陛下入关而都之，山东虽乱，秦故地可全而有也。"①

这段话的背景是，刘邦在打败对手项羽，决定定都洛阳。娄敬是他的一位谋臣，他建议入都关中。关中为秦故地，咸阳为秦都。娄敬陈说秦地有形胜，包括以下几个方面。

地理形胜："被山带河"，"四塞以为固"，安全，有助于防守。

经济形胜："因秦之故，资甚美膏腴之，此所谓天府"。

政治形胜："山东虽乱，秦故地可全而有也"。

同样的观点还体现在谋士田肯的进言中，田肯对刘邦说：

"陛下治秦中，秦形势之国，带河阻山，持戟百万，秦得百二焉。地势便利，其以下兵于诸侯，犹居高屋之上建瓴水也。"②

2.应天

应天，主要指应天象。对于天象的重视，可溯源于尧。尧都陶寺考古发现有观天的设施，说明尧时对天象的重视。如果从文献上找源头，可以达颛顼时代。《国语》载，颛顼基于"民神杂糅，不可方物"的现实，决定由国家控制司天和司地的权力，于是"命南正重司天以属神，命火正黎司地以属民"，这就是"绝地天通"。

《三辅黄图》说，应天象，在秦朝的都城建设中已有成熟的经验，咸阳城建设，"渭水贯都，以象天汉，横桥南渡，以法牵牛"③。汉的长安城也是如此，汉高祖七年开始建长安城，到他的儿子惠帝时，继续建，且扩大规模，历五年之功，方才建成。长安城"城南为南斗形，北为北斗形"④。

（二）布局

城市布局关乎城市的功能，也关乎城市的景观。《三辅黄图》对于长安

---

① 《三辅黄图·三辅沿革》。
② 《三辅黄图·三辅沿革》。
③ 《三辅黄图·咸阳故宫》。
④ 《三辅黄图·咸阳故宫》。

城布局的介绍，主要包括城门、街市、宫殿和园林。基于宫殿和园林的重要性，我们将单列介绍，这里只介绍城门和街市。

1. 城门

长安城十二道城门，平均分布在东南西北四面，每面三座城门。城门有利于城内与城外的联系，也有利于城市的守护。城门是城市重要的景观，长安的每座城门都有它的形象特色，也都有它的故事。比如城东出南头的第一门名"霸城门"，名"霸"足见出它的威武。不过，百姓对它还有另一种感觉，因为此门颜色是青的，所以又叫"青门"，这"青"就让人喜悦了。青门还有掌故。城门外产佳瓜，广陵人邵平为秦东陵侯，秦亡后他无官可做，就在这青门外种瓜，"瓜美，故时人谓之东瓜。"王莽天凤三年（16），霸城门遭灾，王莽修复后更名为仁寿门无疆亭。

2. 街市

长安城有九市，六市在道西，三市在道东；四里为一市，可见市场很大。"市楼皆重屋"，每市也都有故事。比如直市，"物无二价，故以直市为名"；东市，"晁错朝服斩于东市"。长安的街与市并不统一，长安有"八街九陌"，街也有故事，如"京兆尹张敞走马章台街"。张衡《西京赋》描写长安的街道："旁开三门，参涂夷庭，方轨十二，街衢相经，廛里端直，甍宇齐平。"意思是长安城每一面开有三门，每一门有三条道路平坦直伸，一面三门有九条道路，四面十二门有三十六条道路。三十六是九的倍数，故称长安街道为九陌。这已为考古所证实。① 长安城中还有诸多"闾里"："长安闾里一百六十，室居栉比，门巷修直。"何清谷注释说："长安城里的里平面呈长方形或正方形，外有围墙，里的大门叫闾，中门叫阎，住宅皆在里巷内，个别贵族可以当街辟门。"② 这种里，就是唐长安城里坊的前身。

中国城市的审美特征之一是封闭性与开放性的结合，这种特征与这种

---

① 参见《三辅黄图·长安八街九陌·注八》。

② 《三辅黄图·长安城中闾里·注一》。

布局有很大关系。

二、宫殿

《三辅黄图》记载了长安城诸多的宫殿，其中最重要的是未央宫，其次是建章宫。从这些宫殿，我们可以了解中国古代宫殿审美的一些重要特征。

（一）壮丽威严

《三辅黄图》说，汉高祖七年（前200），萧何开始营造未央宫，很快做好了东阙、北阙、前殿、武库、太仓。汉高祖去视察，发生了这样一段故事：

> 上见其壮丽，甚怒，曰："天下匈匈，劳苦数岁，成败未可知，是何治宫室过度也。"何对曰："天下未定，故可因以就宫室。夫天子四海为家，非令壮丽，无以重威，且无令后世有以加也。"上悦，自栎阳徙居焉。①

这个故事是耐人寻味的。一般来说，壮丽为的是好看，但在萧何看来，壮丽不是为了好看，而是为了天子的面子。他说得很直接："天子四海为家，非令壮丽，无以重威。"

这是典型的审美服务于政治。当然，汉高祖说"天下匈匈，劳苦数岁，成败未可知，是何治宫室过度也"，这也是政治。但政治有大有小，大管小。萧何说的政治显然大，高祖说的政治显然小。正因为如此，高祖高兴地接受了萧何的意见，从栎阳宫搬进了未央宫。

《三辅黄图》对未央宫的壮丽有具体的描写，其中有句：

> 文杏（有文的杏木——引者注）为梁柱，金铺（金制的门铺首——引者注）玉户（玉石做的门扇——引者注），华榱（绘花的屋椽——引者注）璧珰（用玉璧做的瓦当——引者注），雕楹（雕花的柱子——引者注）玉础（玉做的柱础——引者注），重轩镂槛，青琐丹墀。左城（左

---

① 《三辅黄图·汉宫》。

边为人上的台阶——引者注)右平(右边为车行的平缓的路——引者注),黄金为壁带,间以和氏珍玉,风至其声玲珑也。①

(二) 象征天宫

中国的皇帝以天子自居,所以,所居宫殿以天宫为范本。秦始皇在渭南建信宫,建成后改名"极庙",象征天极星。天极星即北极星,因群星所拱而最为尊贵②。汉武帝的建章宫,正门曰阊阖,阊阖本是天门的称呼。由于未央宫规模太大,修建章宫就感到用地紧张,于是将建章台建在西城墙外。为了联结城中各宫殿,又筑了一条阁道,飞越城池,并做一条辇道,便于车辆上下通行。宫人在阁道上行走,就好像在天上行走一样。

(三) 取意神话

未央宫的许多建筑以神话中的动物取名,如"苍龙、白虎、朱雀、玄武,以正四方,王者制宫阙殿阁取法焉"③。建章宫有神明台,这是汉武帝祭仙人的地方。有铜仙人捧着铜盘玉杯,承接天上的甘露。武帝以甘露和玉屑食之,用此求取仙道。

(四) 极尽奢华

未央宫中有清凉殿,有降温的设备,这座殿"以画石为床,文如锦,紫琉璃帐,以紫玉为盘,如屈龙,皆用杂宝饰之。……又以玉晶为盘,贮冰于膝前,玉晶与冰同洁"④。如此种种,书中多有记载。

宫殿建筑以及宫殿中的陈设是中国古代建筑审美的华美乐章,反映了统治者的奢华,也反映了中国工艺的卓越水平。

三、园林

《三辅黄图》记载了汉朝园林的诸多史料,从中可以了解汉代园林的美

---

① 《三辅黄图·汉宫》。
② 《三辅黄图·咸阳故宫》。
③ 《三辅黄图·汉宫》。
④ 《三辅黄图·未央宫》。

学思想。

(一) 以大为美

汉朝的园林有大有小,上林苑可是大者之一。《三辅黄图》引若干典籍说明其大:

> 《汉书》云:"武帝建元三年开上林苑,东南至蓝田、宜春、鼎湖、御宿、昆吾,旁南山而西,至长杨、五柞,北绕黄山,濒渭水而东,周袤三百里。"

> 《汉宫殿疏》云:"方三百四十里。"

> 《汉书仪》云:"上林苑方三百里,苑中养百兽,天子秋冬射猎取之。"①

> "西郊苑,汉西郊有苑囿,林麓薮泽连亘,缭以周垣四百余里,离宫别馆三百余所。"②

(二) 实用功能

汉朝园林功能很多,不像唐代以后的园林主要为别墅,兼修隐,以审美为主。上林苑面积多达300里,主要为皇家狩猎用,所以园中养了许多禽兽。汉代的昆明池,在长安西南,周围40里,这么大的水面,汉武帝原本是用来操练水军用的。之所以名为昆明池,是因为此番所要讨伐的附属国为昆明国,昆明国有滇池。出于对滇池的仿效,故名为昆明池。昆明国哪里得罪了汉武帝?《三辅黄图》透露:"天子遣使求身毒国(今印度)市(疑"布")竹,而为昆明所闭。"③此事,《汉书》有记载:"张骞言使大夏时,见蜀布、邛竹杖,曰从东来。身毒国可数千里,得蜀贾人市。"④

(三) 奢华游乐

虽然上林苑、昆明池等皇家苑囿具有实用功能,但是也具有游乐功能。皇家的游乐极尽奢华之能事,《三辅黄图》也有所记载,如关于皇家在昆明

---

① 《三辅黄图·苑囿》。

② 《三辅黄图·苑囿》。

③ 《三辅黄图·池沼》。

④ 《三辅黄图·池沼》。

池游乐,有这样两条:

> 池中后作豫章大船,可载万人,上起宫室,因欲游戏,养鱼以给诸侯祭祀,余付长安厨。①

> 池中有龙首船,常令宫女泛舟池中,张凤盖,建华旗,作櫂歌,杂以鼓吹,帝御豫章观临观焉。②

这样一种游乐在皇家园林中应是常态,清朝的颐和园、承德避暑山庄,都有类似的游园活动。

(四) 神话意味

汉朝社会泛漫着浓郁的神仙道教气氛,人们普遍相信神仙,相信鬼魅。这样一来,在园林的建筑上常见神物的造型,也有诸多神话故事的造型,试图将园林打造成天上的园林或神仙生活场所。《三辅黄图》对此也有记载:

> 昆明池中有二石人,立牵牛、织女于池之东西,以象天河。③

> 建章宫北有池,以象北海,刻石为鲸鱼,长三丈。

> 《汉书》曰:"建章宫北治大池,名曰太液池,中起三山,以象瀛洲、蓬莱、方丈,刻石为鱼龙、奇禽、异兽之属。"④

(五) 史事记载

园林中也会有重要的历史活动,这种活动正式的史书一般不予记载,但非正式的史书是可以记载的。《三辅黄图》就是这样的史书,它广泛地记载了秦朝、西汉汉武帝之前一些重要的历史事件。这些事件之所以得以记载,是因为此书在记载宫殿、馆阁、苑囿、池沼、学校、仓库等物时,必然地带出与这些物件相关的人与事。比如,此书写到百子池:

> 百子池,戚夫人侍儿贾佩兰,后出为扶风人段儒妻。说在宫内时,见戚夫子侍高祖,尝以赵王如意而言,而高祖思之几半日不言,叹息凄

---

① 《三辅黄图·池沼》。
② 《三辅黄图·池沼》。
③ 《三辅黄图·池沼》。
④ 《三辅黄图·池沼》。

怆,而未知其术。使夫人击筑,歌《大风诗》以和之。①

这段描述,涉及两段重要的历史。

第一段,《大风诗》的来历。《大风诗》又名《大风歌》,是刘邦重要的著作。歌云:"大风起兮云飞扬,威加海内兮归故乡,安得猛士兮守四方。"此诗作于高祖十二年(前195)冬,是时刘邦平定英布还,过沛县,置酒沛宫,与父老、乡亲、子弟共饮。帝自击筑歌《大风歌》,高祖不仅自己唱,还令他的子侄们唱和。在激昂的歌声中,高祖拔剑起舞,慷慨伤怀,泪流满面。《汉书·高帝纪》写到这里时,说:"(高祖)谓沛父兄曰:游子悲故乡。吾虽都关中,万岁之后吾魂魄犹思沛。"②

第二段,戚夫人、赵王如意的故事。戚夫人是高祖的妃子,她的儿子即赵王如意。当时高祖已经立了吕后的儿子孝惠为太子,但是高祖认为太子仁弱,不太像自己,又想改立如意。戚夫人也常常向高祖哭哭啼啼,要求改立她的儿子如意为太子。高祖内心很矛盾,"思之几半日不言,叹息凄怆"。这次游百子池,戚夫人故伎重施,再次向高祖施加压力。虽然此时高祖还不知戚夫人又在施诡计,不过,游池触发了他的《大风歌》情结。于是,让戚夫人击节,自己引吭高歌《大风歌》。

戚夫人与赵王如意的故事,《汉书》中虽有简略的记载,但《三辅黄图》的记载有它特殊的意义。高祖游池高歌《大风歌》,一方面透显出在立太子问题上他的痛苦心情;另一方面也揭示出他以国家为重的基本立场。一边是爱子,另一边是江山,是要爱子,还是要江山?高唱《大风歌》,已经透露出答案了。

第四节 《洛阳伽蓝记》

《洛阳伽蓝记》是我国南北朝时期的著作,作者杨衒之,家世生卒不可

---

① 《三辅黄图·池沼》。
② 《汉书·高帝纪》。

考。《魏书》无传，但就此书的自述，可知他做过魏抚军司马、秘书监等官。《洛阳伽蓝记》主要记述北魏期间洛阳佛寺的兴废，由于时间跨度大，且此书涉及宗教、政治、军事、文化、风俗等诸多内容，因而实际上也可以看成一部北魏史。

从工程维度视之，此书主体为洛阳城、寺观园林，因此，从中可以了解当时城市规划、建筑、园林等方面的美学思想。

一、城市

(一) 城门

中国古代的城市均有城墙，城墙有四面，每一面均有城门。

《洛阳伽蓝记》"自序"说，北魏太和十七年 (493)，孝文帝拓跋宏将国都从平城 (今山西大同) 迁到洛阳，下令司空穆亮负责建造皇宫。那时，洛阳城格局为曹魏及西晋时期所定，城门分东南西北而建。城东三门，为建春门、东阳门、青阳门；城南四门，为开阳门、平昌门、宣阳门、津阳门；城西四门，为西明门、西阳门、阊阖门、承明门；城北二门，为大夏门、广莫门。每道城门有三道门扉，对应三条道路，中间为御道，皇家专用，两边为官员及百姓所用的道。洛阳城东西南北各有三道门，一门三扉，三门九扉，古时称"九轨"，意思是九条道路。

这种建制沿自魏晋，体现的是《周礼》所奠定的建城体系，即皇权至尊，居中为贵，"九"数为大。

(二) 城区

集中体现首都气象的是宣阳门外以皇家大道为中轴线的城区。

> 宣阳门外四里至洛水，上作浮桥，所谓永桥也。南北两岸有华表，举高二十丈，华表上做凤凰似欲冲天势。永桥以南，圜丘以北，伊洛之间，夹御道：东有四夷馆，一曰金陵，二曰燕然，三曰扶桑，四曰崦嵫。道西有四夷里，一曰归正，二曰归德，三曰慕化，四曰慕义。吴人投国者，处金陵馆，三年已后，赐宅归正里。北夷来附者，处燕然馆，三年已后，赐宅归德里。东夷来附者，处扶桑馆，三年已后，赐宅慕化里。西夷来

附者,处崦嵫馆,三年已后,赐宅慕义里。①

从永桥上的装饰——华表以及华表上的凤凰来看,北魏政权俨然以正统王朝自居,视己为华夏。华表来自尧时代的诽谤之木,尧在宫外立诽谤之木,让百姓在木上刻上自己的意见。后代诽谤之木美化,以横木交柱头,状若花,立于大路帝,以表王者纳谏之意,称之为华表。北魏政权不仅在永桥立华表,而且华表上刻有展翅欲飞的凤凰,更显示出它的华夏血统。

北魏以己为正统,视周边政权包括南朝(称"吴人")为夷,四夷馆的设置,其政治含义十分清楚。

北魏宣武帝景明初年(500),南齐建安王萧宝夤归顺北魏,朝廷封他为会稽公,没有安排他先住金陵馆,而是直接在归正里为他建了宅邸。后来萧宝夤晋升为齐王,并娶了南阳公主,但他还是在归正里居住,不得不经常在这里接待从南朝来的叛臣,为此他感到羞耻。于是,宣武帝从永安里找了一处宅院赏给了他。②

从《洛阳伽蓝记》的描绘来看,洛阳也果真像华夏的中心:

> 自葱岭已西,至于大秦,百国千城,莫不欢附。商胡贩客,日奔塞下,所谓尽天地之区已。乐中国土风,因而宅者,不可胜数。是以附化之民,万有余家。③

而当时的洛阳城,经济繁荣,生活富裕,市容美丽:"门巷修整,阊阖填列,青槐荫柏,绿柳垂庭。天下难得之货,咸悉在焉。"④

二、建筑

北魏佞佛始于太祖皇帝拓跋珪,最盛时佛寺多到1367所;北魏迁都邺城后,还有421所。《洛阳伽蓝记》虽然只介绍了洛阳城内数十座寺院,但

---

① 杨衒之:《洛阳伽蓝记·宣阳门》。
② 参见杨衒之:《洛阳伽蓝记·宣阳门》。
③ 杨衒之:《洛阳伽蓝记·宣阳门》。
④ 杨衒之:《洛阳伽蓝记·宣阳门》。

概括了洛阳佛事之辉煌。杨衒之的介绍，有一个重要特点，就是不只写佛事，还很注重写寺观的建筑。从这些描绘，我们可以感受到佛教建筑的某些审美特点。

这里，我们仅以永宁寺为代表说明。

永宁寺是佛教建筑群，围在中间的是一座九层佛塔，全由木头构建。塔高 90 丈，塔顶还有一根 10 丈高的幡柱。塔和幡柱加起来共 100 丈，高出地面 1000 尺，在百里之外也能遥遥望见。宝塔上有金宝瓶，容积为 25 石，金宝瓶下有承露金盘，也有 30 层之多。承露金盘的作用是承接佛法甘露。宝塔上挂有 120 只金风铃，共有 12 座门、24 扇窗，镶嵌 5400 枚金钉。门扉上有龙首衔环雕饰，称作铺金。夜间如果有风，风铃齐鸣，声传百里，震撼心灵。

对于这座宝塔的结构与造型，《洛阳伽蓝记》的评价是：

> 殚土木之功，穷造形之巧，佛事精妙，不可思议，绣柱金铺，骇人心目。[①]

永宁寺塔（电子复原）

---

① 杨衒之：《洛阳伽蓝记·永宁寺》。

这种评价包含有对佛寺过于奢华的批评，但是，就在这种批评中，也揭示了中国佛教建筑"造形之巧"。

除了极尽奢华外，永宁寺的建筑还有两个重要特点。

第一，融入皇宫规制。《洛阳伽蓝记》说：

> "寺院墙皆施短椽，以瓦覆之，若今宫墙也。四面各开一门。南门楼三重，通三阁道，去地二十丈，形制似今端门。"[1]
>
> "北门一道，上不施屋，似乌头门。"[2]

这乌头门是皇宫规制，六品以上官员一般不从皇宫北门进出。正是因为被融入皇家规制，所以，"明帝与太后共登浮图，视宫内如掌中，临京师若家庭"[3]。

第二，融入道家文化。《洛阳伽蓝记》说，永宁寺的墙及门，"图以云气，画彩仙灵"，这些道家文化元素皆被融入了佛教建筑的装饰。

三、园林

《洛阳伽蓝记》所介绍的园林有两类，一类为寺观园林，另一类为皇家园林。

（一）寺观园林

寺观园林多借助当地的山水景观，加上人工栽培的果树，构成自然景观，与寺观的各种建筑相和谐，以景明寺为代表：

> 景明寺……前望嵩山、少室，却负帝城。青林垂影，绿水为文，形胜之地，爽垲独美。山悬堂观，一千余间。复殿重房，交疏对霤，青台紫阁，浮道相通。虽外有四时，而内无寒暑。房檐之外，皆是山地，竹松兰芷，垂列阶墀，含风团露，流香吐馥。[4]

这里说的景明寺，其园林景观是依托着嵩山、少室山两名山的。可以

---

① 杨衒之：《洛阳伽蓝记·永宁寺》。

② 杨衒之：《洛阳伽蓝记·永宁寺》。

③ 杨衒之：《洛阳伽蓝记·永宁寺》。

④ 杨衒之：《洛阳伽蓝记·景明寺》。

说,嵩山、少室山既是它的背景,又是它的借景。寺内 1000 余间僧房掩映于树木绿水之间,花草遍地,鸟语花香,美不胜收。此地冬无严寒,夏无酷暑。景明寺内有三个池塘,水面宽广,其间生长着各种野生水草及水生动物,更有"青凫白雁,浮沉于绿水"。

寺观园林景观主要特色取一"静"字,静中充满生意,静中有动。

寺观景物大体布局,随任自然,但景观细部则讲究精致,注重细部的情调与韵味,与佛理暗通。

佛教传入中国,按杨衒之此书"自序"的说法,始自东汉明帝时代。其传入中国后,不论其经义,还是寺庙建筑、园林均接受汉化。《洛阳伽蓝记》这方面的意义在于它不仅描写了佛教寺庙园林的汉化,而且反映了中国传统的建筑、园林如何纳入佛教的建筑与园林,从而丰富了自身。

(二) 皇家园林

皇家园林有在宫殿之内的,也有在宫殿之外的,《洛阳伽蓝记》介绍的都是宫殿之外的。宫外的皇家园林以建春门为代表,这是洛阳城东靠北的一座门,御道北部有一大片空地,园林就建在这片空地上。这座园林有这样几个特点:

1. 山水优越

此地有很好的自然山水基础,主要有池,名翟泉,"水犹澄清,洞底明静,鳞甲潜藏,辨其鱼鳖。"[1] 泉西有一座旧园林,名华林园;园中也有浩大的湖面,名天渊。

2. 皇家青睐

这个地方,西晋时就是官员居住区,名步广里。北魏高祖孝文帝喜欢这块地方,拟有安排,特置河南尹,以管理好这块地方,一度拟建太子的宫殿——东宫。

3. 仙家风范

园林建设始于高祖,园林设计体现的是仙家风范:

---

[1] 杨衒之:《洛阳伽蓝记·建春门》。

高祖以泉在园东,因名苍龙海,华林园中有大海,即魏天渊池。池中犹有文帝九华台,高祖于台上造清凉殿,世宗在海内作蓬莱山。山上有仙人馆,台上有钓台殿。并作虹蜺阁,乘虚来往。①

北魏系鲜卑族,但仰慕汉族文化,对于神仙道家尤其向往,因此在园林中设置神仙世界,陶醉虚拟的腾云驾雾的神仙生活。

4. 华夏祖脉

北魏虽然是鲜卑族,但追祖,还是归至黄帝一脉。园林景观以及皇帝的游园活动处处体现这一点,比如,"三月禊日,季秋已辰,皇帝驾龙舟鹢首游于其上。"②"禊"是一种祭祀,《晋书·礼志》云:"汉仪,季春上已,官及百姓皆禊于东流水上,洗濯祓除,去宿垢"③,可见是汉族的习俗,而鲜卑族也奉行这样的习俗。玩龙舟也是汉族的习俗,现在北魏皇帝也驾龙舟鹢首在天渊池游来游去,可见汉化之深。建春门这座园林也有山,山名景阳山,位于天渊池的西边,山的东边有岭名羲和岭;山西有峰,名姮娥峰。这些峰名虽然未必为北魏所定,但北魏沿袭之,也足以说,北魏自认为华夏一脉。

北魏原建都平城即今大同,太和十七年(493),北魏高祖孝文帝拓跋宏决定迁都洛阳,令将作大匠董爵前去整治洛阳城。太和十九年(495),正式迁都洛阳。太和二十年(496),北魏皇帝下诏,改拓跋姓为元,这些重要举措,核心是汉化。其后几代北魏皇帝坚持汉化道路,并且以中国正统自居。《洛阳伽蓝记·报德寺》有一段介绍王肃的故事,耐人寻味。王肃本为南朝官员,后投顺北魏。开初一段时间,他不吃羊肉及牛奶等物,经常吃饭食、鲫鱼羹,饮茶,数年后则完全习惯了北方生活,也食牛羊肉,饮酪浆了。一次,他与北魏高祖皇帝一同吃饭,在席上食羊肉、酪浆甚多,高祖感到奇怪,问他"羊肉何如鱼羹,茗饮何如酪浆",他回答说:

羊者陆产之最,鱼乃水族之长,所好不同,并各称珍。以味道言之,

---

① 杨衒之:《洛阳伽蓝记·建春门》。
② 杨衒之:《洛阳伽蓝记·建春门》。
③ 杨衒之:《洛阳伽蓝记·建春门·注一八》。

甚是优劣。羊比齐鲁大邦，鱼比邾莒小国。唯茗不中，与酪作奴。①

这个回答，虽然见出他作为降臣不得已的谦卑，但主导思想是：南北习俗，没有优劣之分，意味着北魏与南朝都是华夏正统。

《洛阳伽蓝记》作为北朝的典籍，最大价值是通过北魏寺观园林说明北魏承接的仍然是华夏传统。这也说明中华民族文化具有整一性，这整一性并不因统治者是汉族或少数民族而转移，也不因外来的佛教文化或本土产生的道教文化而分化。

---

① 　杨衒之：《洛阳伽蓝记·报德寺·注三三》。

第 十 章
陶渊明的美学思想

　　在魏晋南北朝的人物中，也许只有陶渊明堪称这个时代的一面旗帜。陶渊明（365—427），名潜，字渊明，又字元亮，浔阳柴桑（今江西九江）人。曾祖父陶侃为东晋开国元勋，然到父亲，这个家族已经衰落，他的父亲就没有正式做过官。陶渊明自己仕途也不佳，多为他人幕僚，真正的国家官员，就只是彭泽令了，然只做了三个月。虽然如此，他对国家政治形势是十分了然的，这不仅是因为他是给桓玄、刘裕这样主宰东晋政治风云的大人物做幕僚，而且因为出身世家，且为名士，社交圈是比较高层的。陶渊明的超脱、飘逸，不能说真，也不能说假。但确是对政治极度希望又极度失望后的畸形体现，他的可贵是极度的清醒，不对统治者再寄予任何期望。

　　陶渊明熟读孔孟之书，但算不上真正的儒家信徒，他诗文中对于儒学时有讥讽。但他也算不上真正的道家，因为他一直生活在世俗之中，热爱生活，热爱人生，热爱亲朋好友。说他是玄学之徒，更不合适，陶渊明与玄学的代表人物如孤傲、佯狂、自负的"竹林七贤"完全不是一类人物。陶渊明虽然高尚，但并不孤傲，而是一位善良、厚道、温润、平和、好打交道的读书人。陶渊明兼有儒、道、玄、佛等多种精神元素，不能归于其中之一种。但他并不是一个混合体，更不是一个复杂人物；相反，他是极单纯的人、极清纯的人，李白说他的诗"清水出芙蓉"；其实，他的人品也是如此。

陶渊明是中国文化史中第一流的人物，他在中国文化史上一直被后世当作理想人物的代表，称得上魏晋南北朝审美风尚的正面代表，是时代人格觉醒、审美觉醒的代表。

第一节　独立人格

中国知识分子的人格向来是缺乏独立性的。儒家知识分子对于统治者的依附性最重，因为他们的人生理想——"治国平天下"，离开统治者就完全没有办法实行。道家知识分子似是独立，且不说这种独立往往用来抬高身价，实是"情投于魏阙"，只不过"假步于山扃"；就算是真正的道家，他们那种完全脱离社会的隐逸行为于社会没有任何价值，于个人也意义不大。

(明) 陈洪绶：《陶渊明像》

陶渊明是追求独立人格的。

第一，陶渊明有济世救国之志。他在诗中曾这样自诩：

忆我少壮时，无乐自欣豫。

　　　　猛志逸四海，骞翮思远翥。①

　　　　少时壮且厉，抚剑独行游。

　　　　谁言行游近，张掖至幽州。②

　　"猛志"自少年就立下了，从"抚剑独行游"来看，有投军从戎的意愿。当时，南北分裂，东晋也一直渴望北伐，收复天下。诗中反问"谁言行游近，张掖至幽州"，分明说的就是北伐了。事实上，东晋有过多次北伐，陶渊明投身刘裕幕府，就是因为刘裕正在筹备北伐，他希望能在军旅中建功立业。

　　即使是在完全归隐之后，陶渊明仍壮志不衰，他在咏史的诗中写道："精卫衔微木，将以填沧海。刑天舞干戚，猛志固常在。"这里的"猛志"，与少年时"逸四海"的猛志是一致的。

　　陶渊明也想做官，做好官。他在诗中表扬一些他心中的好官：

　　　　袁安困积雪，邈然不可干。

　　　　阮公见钱入，即日弃其官。③

　　第二，陶渊明有人格至上意识。人格意识有两个维度，个体人格与社会人格。

　　人格意识儒家是有的，但个体人格往往屈服于统治者的意志。由于统治者的意志并非真正的为国为民，因而这种屈服既丧失了个体人格，也丧失了社会人格。

　　人格意识道家也是有的，但是，道家为了个体人格意识，采取与统治者不合作的态度。道家的态度虽值得一定程度的肯定，但一味地逃避，归隐于山林，实际上放弃了社会责任，也等于丧失了社会人格。

　　陶渊明不这样，因为与统治者的意志相冲突，他不愿意丧失个体人格，因而从官场退出。虽从官场退出，但他没有放弃社会责任。陶渊明退出官场后，不是如隐士那样，只是一味地逃避；而是做一个普通人，既享受做普

① 　陶渊明：《杂诗十二首之五》。

② 　陶渊明：《拟古九首之八》。

③ 　陶渊明：《咏贫士七首之五》。

通人的乐趣，又承担起做普通人的责任。他在做普通人中，实现个体人格与社会人格的统一。

《归去来兮辞》全面地展现了他做普通人中所实现的个体人格与社会人格的统一。

（1）做普通人所享受的家庭生活之乐：

乃瞻衡宇，载欣载奔。僮仆欢迎，稚子候门。……携幼入室，有酒盈樽。……审容膝以易安。

（2）做劳动者所享受的劳动之乐：

农人告余以春及，将有事于西畴。……朝为灌园，夕偃蓬庐。①……开荒南野际，守拙归园田。②……晨兴理荒秽，带月荷锄归。③

（3）做他人邻居所享受的邻里和睦之乐：

邻曲时时来，抗言谈在昔。奇文共欣赏，疑义相与析。……过门更相呼，有酒斟酌之。农务各自归，闲暇辄相思。相思则披衣，言笑无厌时。④

（明）仇英：《桃源图》

---

① 陶渊明：《答庞参军》。
② 陶渊明：《归园田居之一》。
③ 陶渊明：《归园田居之三》。
④ 陶渊明：《移居二首》。

（4）做自由的读书人所享受的读书弹琴之乐：

> 悦亲戚之情话，乐琴书以消忧。……登东皋以舒啸，临清流而赋诗。……清琴横床，浊酒半壶。①

（5）做自然知己所享受的与自然对话之乐：

> 或命巾车，或棹孤舟，既窈窕以寻壑，亦崎岖而经丘。木欣欣以向荣，泉涓涓而始流。

以上所说的五种身份都有它独特的人格意义，这其中有个体人格，也有社会人格，陶渊明都尽可能实现了。陶渊明将所有人格都称为"天命"，上天既赋予人如此多的"命"，为什么不去实现它呢？而这实现，在陶渊明看来，就是最大的快乐。在《归去来兮辞》结尾处，他高唱："乐夫天命复奚疑。"

以尽"天命为乐"，这是陶渊明的人生哲学，也是他的人生美学。尤其值得我们注意的是，此文的题目《归去来兮辞》。何以归？何以去？何以来？归，是归家，这是很清楚的。去，是辞官。来，应是去的呼应，与归是同一意思。关于陶渊明的辞官，沈约《陶潜传》和昭明太子《陶渊明传》都说是因不愿为五斗米折腰事。② 这可能是原因，但陶渊明这篇文章将此事隐去，说的是另外两个原因。一是"质性自然，非矫厉所得"，就是本性亲近自然，不愿委屈自己，迁就去做官。二是"寻程氏妹丧于武昌，情在骏奔，自免去职"。应该说，这两个理由也是存在的。可以说，深层次的理由是"质性自然"，导火线是不愿束带去见上级派员督邮；但这理由不便拿到台面上来，至于奔丧，不过用来遮饰的理由罢了。

对于为官，陶渊明说是因为家里穷，家中儿女多，"耕植不足以自给"，想通过做官，赚取俸禄以养家。但后来发现，这做官常需要委屈自己心志，扭曲人格，像这束带见督邮事就属于此类。陶渊明将这类事称之为"自以心为形役"。

上面不是说陶渊明有济世之志吗？有济世之志为何又不能委屈自己

---

① 陶渊明：《时运》。

② 沈约《陶潜传》云："郡遣督邮至，县吏白应束带见之，潜叹曰：'我不能为五斗米折腰向乡里小人。'即日解印绶去职。"

呢？问题是做上了彭泽令，又是否真的能实现自己的济世之志？陶渊明失望了，腐败的官场没有给他实现济世之志的可能。既如此，还不如弃官回家耕田去。

(元)佚名:《归去来兮辞》

在封建社会，做官是知识分子实现济世之志的必经之路，但是做官未必能实现这样的志向，而且还有可能扼杀自己的人格，包括个体人格和社会人格。在这种情况下，是要人格，还是要做官？陶渊明选择的是人格，在陶渊明看来，人格至上。这是不是也反映了魏晋时代人的自觉？魏晋时代人的自觉的表现是多方面，这多方面中，人格至上无疑是最为重要的。人物品评中，人格最为重要。它不仅是善之灵魂，而且也是美之灵魂。

陶渊明的《归去来兮辞》在文学史上享有崇高地位。"欧阳修曰：'晋无文章，惟陶渊明《归去来兮辞》一篇而已'"①，这当然一方面确是因为文章写得好，然另一方面则是文章所表达的标举独立人格的思想空前，诚为当时社会的思想巅峰。

第二节　超越生死

生死，人之大事也！一般多以人之生为乐，以人之死为悲。庄子为妻

---

① 　袁行霈:《陶渊明集笺注》，中华书局 2020 年版，第 328 页。

子的死鼓盆而歌，遭到惠子（施）批评。虽然庄子为自己所为做了辩护，这辩护从理论上讲也能成立，但毕竟在情感上还是难以为人所接受。陶渊明对于死的态度则有所不同，他承认死的可怕，但是将这事化成了幽默，在很大程度上将死美学化了。

陶渊明有为自己写的《拟挽歌辞三首》，我们且看之一：

> 有生必有死，早终非命促。
>
> 昨暮同为人，今旦在鬼录。
>
> 魂气散何之，枯形寄空木。
>
> 娇儿索父啼，良友抚我哭。
>
> 得失不复知，是非安能觉！
>
> 千秋万岁后，谁知荣与辱？
>
> 但恨在世时，饮酒不得足。

"有生必有死"这种认识不出奇，问题是即使懂得这个道理，人还是害怕死。因为死不仅意味着个人所得的一切全没了，而且会给亲友带来巨大的伤痛。此诗中，死亡的情景全是想象的，想象得很真切，像那么回事。但有一个重要处，那就是，陶渊明只说亲友们是如何伤心的，却不说作为死者的他是不是也伤心。这是为什么呢？仔细品味，字里行间，应该说有伤心，但更多的是豁达。如果仅仅是豁达，像庄子那样，妻子死了鼓盆而歌，那没有幽默。豁达不是幽默。

陶渊明这首挽歌的妙处是，将死这样的大事与喝酒这样的小事联系在一起。他说，死没什么，唯一遗憾的是生前酒没有喝够。

幽默，真正的幽默！

《拟挽歌辞三首》之二也很幽默，诗云：

> 在昔无酒饮，今但湛空觞。
>
> 春醪生浮蚁，何时更能尝！
>
> 肴案盈我前，亲旧哭我傍。
>
> 欲语口无音，欲视眼无光。
>
> 昔在高堂寝，今宿荒草乡。

一朝出门去，归来良未央。

荒草何茫茫，白杨亦萧萧。

此诗说，生前总是没有酒喝，现在死了，在我的灵前摆着酒，可是我却不能喝。看着那酒面上泛着酒糟泡沫，将我馋死了。我想说话，不能说；我想看，眼无光。白天没有我活动的天地，只有晚上活动了。

似是有些悲伤，却难得有着高雅的幽默。写死，没有通常有的悲惧，却有着难得的世情温馨。幽默一般以笑为特征，但是至高的幽默却不是笑，而是让人回味，让人感到温馨，哪怕说到死亡这样可怕的事！此诗就是。

死是人生最大的挫折，最大的失败。其实，人的一生在不断地失败着，但正常的人不会因此而放弃奋斗。奋斗，失败；再奋斗，再失败；直至死亡。这就是人生的"天命"。天命包括成功，也包括失败；只接受成功，不接受失败，不算懂天命。陶渊明的可贵就是既能接受成功，也能接受失败；而且这种接受是坦然的、豁达的。在陶渊明，坦然、豁达地接受失败，常表现为幽默。

幽默与严肃是同一脸面的两种表情，幽默后总潜藏着严肃。陶渊明在他63岁那年，做了《自祭文》，这篇文章仍然有着陶式的幽默，但更有着陶式的严肃。在文章中，他表达了自己对于生死的基本看法。

第一，对于生的看法。他说，"茫茫大块，悠悠高旻，是生万物，余得为人"，将人与万物看作一样，均是大地的产物。这一生虽然过得很艰难，但均是顺应自然而生活："春秋代谢，有务中园"，"冬曝其日，夏濯其泉"，总体来说，"乐天委分，以至百年"。而死，也不过是"聊乘化以归尽"①，更何况"人生实难"，因此"死如之何"②？

第二，对于死的看法。他认为人们都珍惜短暂的一生，自己也不例外。和一般人不同的是，他明白，社会上各种荣宠并不是自己光荣（"宠非己荣"），污浊的世道岂能将自己染黑（"涅岂吾缁"）？在贫穷的草屋中，坚守

---

① 陶渊明：《归去来兮辞》。

② 陶渊明：《自祭文》。

节操,饮酒赋诗("捽兀穷庐,酣饮赋诗")。他知道他的命运就是如此,没有什么抱怨的,现在自己将死去,可以无所遗恨("余今斯化,可以无恨")。这种对于死的看法亦如对待生的看法,也是"乐天委分"。

他将自己的生命与天地自然联系在一起,既然天地无所谓生也无谓死,那么自己也就无所谓生也无所谓死。这样,陶渊明就从精神上做到了对生死的超越。

概括来说,生与死的问题。陶渊明总体回答是:

> 纵浪大化中,不喜亦不惧。
>
> 应尽便须尽,无复独多虑。①

只有通达生死的意义,将自身化为审美对象,才能超越生死,对死亡幽默了。幽默之所以是审美的最高境界,从根本上说,是因为幽默具有审美的本质:超越。

陶渊明的幽默不独表现在对于死亡的态度,也表现在诸多方面。

他有一首名为《命子》的诗,主题与《责子》差不多。诗的前面共24句写赫赫家世,什么"悠悠我祖,爰自陶唐。邈焉虞宾,历世重光",一直传下来,代代有做官的,真个是"浑浑长源,蔚蔚洪柯"。如此家世,再怎么也应该出人物不是?

下面写儿子。儿子出生的时辰好极了,取的名字为"俨",表字为"求思",那是希望儿子温和恭敬,像孔子的孙子孔伋,成为有出息的孩子。

家世好,出生时辰也好,家庭的教育与爱呢? 那也是好的。陶渊明写道:

> 厉夜生子,遽而求火。
>
> 凡百有心,奚特于我!
>
> 既见其生,实欲其可。
>
> 人亦有言,斯情无假。

这话的意思是,一个漆黑的夜里,我的儿子出生了。赶快拿灯火来照视,看是个什么样子。人人都希望儿子胜过自己,并非只有我如此。看到儿子

---

① 陶渊明:《形影神·神释》。

降生了,总希望他好好成长。大家都望子成龙,这话一点也不假。

下面再写如何日夜呵护儿子:

> 日居月诸,渐免子孩。
>
> 福不虚至,祸亦易来。
>
> 夙兴夜寐,愿尔斯才。

真是成天悬着一颗心! 担心祸,担心灾,担心病……起早睡晚,日夜操劳,总之,希望儿子你成才。

诗写到这里,可以说,已经将"包袱"兜得大大的了。顺着这思路,人们想,你这儿子应该成才,不成才那才怪? 然而,诗的结尾陡地一转:"尔之不才,亦已焉哉!"意思是,儿子你如果不成才,那我也没有办法! 读到这里,任何人都会情不自禁地笑了。

人生其实是有许多无奈的,陶渊明除《命子》诗外,还有一首《责子》诗,写自己教育儿子的失败:

> 白发被两鬓,肌肤不复实。
>
> 虽有五男儿,总不好纸笔。
>
> 阿舒已二八,懒惰故无匹。
>
> 阿宣行志学,而不爱文术。
>
> 雍端年十三,不识六与七。
>
> 通子垂九龄,但觅梨与栗。
>
> 天运苟如此,且进杯中物。

陶渊明写这诗时 44 岁,育有 5 个儿子,应该算有福气吧,然而 5 个儿子没有一个争气的,不是太懒,就是贪玩,也许智力还有问题。陶渊明真的是失望透顶了,然而他既没有怨天也没有尤人,只是长叹一声:"天命既然如此,我还是去喝我的酒吧!"

这里,是不是也构成了幽默的情境? 按常理,有这样的儿子,应该气不打一处来才是,应该将儿子臭骂一通或者将自己臭骂一通才是;可陶渊明不这样,他将这一切推之"天运"。既是"天运",何忧之有? 还是去寻找自己的快乐吧,那快乐就在于"杯中物"——酒。

好个"且进杯中物"！正是这"且进杯中物"，让严肃变成了轻巧，痛苦变成了欢乐，冷嘲变成了幽默。

人无完人，就是陶渊明，缺点也不少。比如，他喝酒没有节制，为此，亲友没少劝过他。他也想改，但总是改不了，为此他写诗嘲弄自己，《止酒》诗云：

> 居止次城邑，逍遥自闲止。
>
> 坐止高荫下，步止荜门里。
>
> 好味止园葵，大欢止稚子。
>
> 平生不止酒，止酒情无喜。
>
> 暮止不安寝，晨止不能起。
>
> 日日欲止之，营卫止不理。
>
> 徒知止不乐，未知止利己。
>
> 始觉止为善，今朝真止矣。
>
> 从此一止去，将止扶桑涘。
>
> 清颜止宿容，奚止千万祀。

这诗前面几句说他生活在距城市不远的郊区，日子过得很逍遥。每日在大树下坐坐，在院子里散散步。最好的味道就是园子里自家种的蔬菜，最高兴的事儿不过是逗逗儿女。下面就写戒酒了。他调侃地说："一辈子都喝酒，如今让我戒酒，那真是有点不高兴。晚上不喝酒，这晚上就别想睡安稳；早晨不喝酒，床也不想起了。我倒是想整天不喝酒，可是我这身体它不答应，这调节气血的经脉，可要罢工了。"

写到这里，他觉得自己如此强调戒酒的困难，实在有点对不起亲人，辜负了他们的好心，也对不起自己。于是，他顿时严肃起来，将自己猛批一顿："我只知道戒酒是件不快乐的事，却不知道这戒酒是有利于自己的。"然后，振振有词地表态："我现在知道了戒酒是好事，今天真个要戒了。"接着，他就在大帽子底下开起小差来，话语说得有些不着边际："我啊，从此天天戒酒，戒呀戒，一直戒下去，戒到时间的源头——那太阳出生的地方扶桑水边上去。从此，我就保留这年轻帅哥的模样，千年，万年。"

很天真,很可爱,真的像儿童说"我要飞到月亮上去了,我要与嫦娥姐姐一同喝桂花酒"。

真性情地活着,这比什么都重要! 在真性情面前,死亡也害怕了。

第三节　向注爱情

爱情是人生的永恒主题之一。人类的爱情史,在某种意义上说,就是人类文明史的另一种表达。史前,人类应该是有比较纯粹的爱情的;但在先秦礼制社会,爱情出现异化。在上流社会,男女结合成为政治的联姻;而在下层社会,爱情更多直奔婚姻,而婚姻更多为了传宗接代或为了经济利益。尽管如此,也还有爱情存在,至少在先秦时代,《诗经》就有不少爱情诗。汉代社会上爱情与婚姻状况与先秦差不多,值得注意的是,文学作品中涉及男女爱慕的诗出现了分化。一类可以称为爱情诗,此类诗可以溯源于《诗经》《楚辞》。《古诗十九首》有这样的作品,赋体文学中也有,如司马相如的《美人赋》,蔡邕的《青衣赋》等,这类诗对于爱情持肯定的态度。另一类可以称为闲情诗,"闲情"中的"闲"为防范的意思。王粲有《闲邪赋》,"闲邪"就是防范邪恶。"闲情",意味着对于情感要有所防范。闲情诗主要存在于赋体文学,张衡有《定情赋》,蔡邕有《静情赋》。这些作品一方面描绘并赞美女性的美,但另一方面又提出要防范淫意放荡,如陶渊明在《闲情赋》的序中所说的"抑流宕之邪心""有助于讽谏"。

魏晋南北朝时代,随着儒家统治的松懈,男女情爱获得肯定,《世说新语》就透露了不少这方面的信息。在文学作品中,则是爱情诗的兴起,其中有杨修的《神女赋》、陈琳的《神女赋》、应场的《神女赋》、徐干的《嘉梦赋》和曹植的《洛神赋》。有意思的是,这类诗多与神女联系在一起,体现出寻仙的主题,而将真正的爱情放在一边。这个时代闲情诗也得到了发展,主要有王粲的《闲邪赋》、应场的《正情赋》、陈琳的《止欲赋》、阮瑀的《止欲赋》。

我们现在要讨论的是,陶渊明也写了一首名义上归属于闲情诗的《闲情赋》。此赋作于晋海西公太和五年（370），陶渊明时年 19 岁 ①。此赋序明白地交代，他继承了由张衡的《定情赋》、蔡邕的《静情赋》所奠定的闲情诗传统，"检逸辞而宗澹泊，始则荡以思虑，而终归闲正"。而实际上则完全不是，它是一首真正的爱情诗，所谓"始则荡以思虑，而终归闲正"只不过是掩护。

第一，此赋描绘出恋爱中的女子之美。赋的开篇即云：

夫何瑰逸之令姿，独旷世以秀群。表倾城之艳色，期有德于传闻。佩鸣玉以比洁，齐幽兰以争芬。淡柔情于俗内，负雅志于高云。

这是写女子的色与德。色摆在前面，说是"瑰逸之令姿"，顿时让人注目。作为女性，陶渊明突出其"柔情"，而且说这柔情是世俗（"俗内"）的。

上面的描写是静态的，甚至还多少是抽象的。下面的描写则是全景的、动态的。这是一位正在弹着清瑟的女子："褰朱帏而正坐，泛清瑟以自欣。"这里，重要的是她弹清瑟不是让别人欣赏，而是"自欣"。女人的独立人格灿然亮出。

继而描绘她弹琴的动作：

送纤指之余好，攘皓袖之缤纷。瞬美目以流眄，含言笑而不分。

纤指因弹琴更美丽，而琴声因纤指更清越。美目随着乐音在流眄，是言是笑分不清，那才更迷人。

这位女子与曹植《洛神赋》笔下洛水女神大相径庭。

首先，这是生活中真实的女孩，而洛水女神完全是曹植想象中的女子。

其次，这是有言笑有情感的女孩，而洛水女神完全是不苟言笑的高冷女子。

最后，这是正在弹琴自乐的女孩，琴声与笑声言语声化合成人世间最美丽的声音。这女孩的美为动态之美，动态美是生命美的极致，而洛水女神的美基本上是静态的美。

尽管曹植用尽了比喻描绘女神的美，但女神的美仍然是抽象的，美而不动人；而陶渊明笔下的这女子是具象的，她不仅美丽而且可爱，因而特别

① 据袁行霈的研究，见《陶渊明诗笺注》，中华书局 2020 年版，第 312 页。

迷人。

显然，陶渊明是在描绘他的情人，他的恋人。只有怀着恋爱的心态，才能将笔下的女子描写得如此美丽动人。

第二，此赋明确表达男子与女子交好的意愿。

"激清音以感余，愿接膝以交言。"——听了清音后，产生强烈的爱意，意图与她并坐以交谈的表示。

"欲自往以结誓，惧冒礼之为愆。"——想与她缔结山盟海誓，又怕冒犯礼制，受到谴责。

"待凤鸟以致辞，恐他人之我先。"——想等待凤鸟为我传个话儿，又担心别人捷足先登。

"意惶惑而靡宁，魂须臾而九迁。"——心意惶惑不得安宁啊，魂不守舍，不知到哪儿去了。

这些心态只能是陷入恋爱中的男子的心态。

第三，此赋真实描绘了恋爱中的男子对于心仪女子的强烈欲念与矛盾心态：

> 愿在衣而为领，承华首之余芳；悲罗襟之宵离，怨秋夜之未央！
>
> 愿在裳而为带，束窈窕之纤身；嗟温凉之异气，或脱故而服新！
>
> 愿在发而为泽，刷玄鬓之颇肩；悲佳人之屡沐，从白水而枯煎！
>
> 愿在眉而为黛，随瞻视以闲扬；悲脂粉之尚鲜，或取毁于华妆！
>
> 愿在莞而为席，安弱体于三秋；悲文茵之代御，方经年而见求！

试将这几句翻译一下：

> 我愿在你衣服上成为衣领，嗅着你美丽头颅上的芳香；悲伤的是罗衣晚上要暂时离开，因而我怨恨秋夜的漫长！
>
> 我愿在你裙裳上成为衣带，束着你窈窕的纤纤身段；可叹的是天气温凉变化，你不免要脱下旧衣换上新装！
>
> 我愿在你头发上成为发膏，涂抹你黑色的发鬓披拂着你的柔肩；悲哀的是你经常洗发，而发膏会随着清水流逝而枯竭！
>
> 我愿在你眉上成为眉黛，随着你美丽的目光四处闲扬；悲哀的是

你总是换上新的脂粉，因而不得不让位给你的华妆！

我愿在你的床垫上成为凉席，让你的弱体倚靠着直到秋凉；悲哀的是你要换上新的床褥，一年之后才能重新铺上！

以"愿在"为首表示爱慕排比，多达 10 组。

这些诗句表达的情感，显然只会是情人而且只会是热恋中的男子才有的。

根据以上的分析，我们可以判断这是一首爱情诗。虽然此赋的开头有几句效法张衡、蔡邕闲情赋的话，似乎此赋的主题也是讽谏，但作品的实际效果绝不是这几句所能替代的。

真正的爱情是人性的充分体现。陶渊明在这里所描写的爱情是真正的爱情，它没有受到任何功利的污染，这在封建社会是难能可贵的。比之曹植的《洛神赋》，陶渊明这首《闲情赋》中的爱情真实得多，世俗得多。它表达的是人与人的爱情，而不是人与神的爱情。这首赋不仅反映出陶渊明对纯真爱情的向往，而且反映出魏晋时代自由人性的觉醒。

第四节　自然净土

自然是陶渊明心中的净土、乐土，也是他身体和灵魂的归宿。陶渊明作品的主体是自然。

陶渊明作品中的自然有两类。一类是野性自然，通常称为自然山水；另一类是人性化的自然，可以称之为田园自然。两类自然，陶渊明均全身心投入，充分体现出他关于自然的审美观。

一、野性自然

野性自然，是没有受到人工污染的自然。这类自然在他的心目中有时为师，有时为友，他以恭敬的态度与之对话。

这种对话不一定都用语言，但都用心，用情，而都体现为真切的感受。

对话大自然中，主要有三种情感态度。

（一）崇敬

就主体来说，态度是谦卑的；而对于大自然，态度是崇敬的。

如《和郭主薄二首之二》：

> 和泽周三春，清凉素秋节。露凝无游氛，天高肃景澈。陵岑耸逸峰，遥瞻皆奇绝。芳菊开林耀，青松冠岩列。怀此贞秀姿，卓为霜下杰。衔觞念幽人，千载抚尔诀。检素不获展，厌厌竟良月。

这首诗是写秋景，具体景物有高天、寒露、严霜、陵岑、逸峰、青松、岩石，给他的感觉是朴素、圣洁、严峻、高逸、挺拔，他心中升腾的情感是崇敬、膜拜。这个过程中，他也在默默地与秋景对话，对话中有谦卑，有自怨，有励志。在这种对话的情景中，自然山水是圣人，是高士，是良师。

（二）沉思

大自然在他面前，与其说是一位圣人、高士、良师，还不如说就是一部玄意深邃的经典，他是在悟道，在探玄。如《饮酒之五》："采菊东篱下，悠然见南山。山气日夕佳，飞鸟相与还。此中有真意，欲辩已忘言。"诗中的陶渊明面对着南山、日夕、飞鸟，虽然心态悠然，但很快进入沉思。他认为这样一幅景象中有"真意"，却是语言这一工具无法探寻的。自然之真意，非语言可以探寻，就算悟出什么，也是语言无法表达的。自然之真意在语言之外，陶渊明这一哲学观点，与西方现象学的"还原"理论，异曲而同工。

（三）自语

自然的"真意"一方面非语言能表达，但另一方面人还是力求用语言表达。陶渊明在与野性自然的对话中，也还是表达了他的一些感悟。比如《归鸟》一诗，他开始说鸟"晨去于林"，飞到"八表"之外，最后还是"翻翮求心"想回家，"岂思天路，欣及旧栖"。虽然昔侣早已星散，但众鸟的鸣叫依然和谐（"虽无昔侣，众声每谐"）。这种对归鸟的描写，就好像是陶渊明在说自己。这是与归鸟的对话，也是自我表白。

（四）愉悦

陶渊明其实不是一味地对着自然山水沉思，而更多地从自然山水那里领略情趣。像这些描写自然美景的诗句，与沉思无关，但与悦耳、悦目、悦心、悦意相关：

> 孟夏草木长，绕屋树扶疏。众鸟欣有托，吾亦爱吾庐。①
>
> 白日沦西河，素月出东岭。遥遥万里晖，荡荡空中景。②
>
> 梅柳夹门植，一条有佳花。③
>
> 荣荣窗下兰，密密堂前柳。④
>
> 日暮天无云，春风扇微和。⑤

陶渊明对待野性自然的态度有三个特点。第一，不将自然山水神性化，山水虽然神圣，但不是神灵。第二，对待自然山水的基本态度是"悠然"。"悠然"含义丰富，主要有"以玄对山水""以师对山水"和"以友对山水"，其情感调质为静穆。第三，与自然山水的关系基本上为对话。对话，意味着有一定的距离，保证主客体各自的主体地位，也保证主客体之间的互尊与亲和。

二、田园自然

田园自然指的是农业环境中的自然，景观主体是与人的农业劳动相关的自然景物、农作物，这些景物会联系着农舍、农民。因此，实际上它是自然与人文综合的景观。

对于这种景观，陶渊明的身份有些特殊。他有双重身份，一是农民，二是高士。就前一身份来说，他的思想情感与农民一样；就后一身份来说，他的思想情感就与农民不同。双重身份显示他对田园风光特殊的审美认识，他的《归园田居五首》充分体现了这一点。在第一首中，他写道：

> 少无适俗韵，性本爱丘山。误落尘网中，一去三十年。羁鸟恋旧

---

① 陶渊明：《读山海经十三首之一》。

② 陶渊明：《杂诗十二首之二》。

③ 陶渊明：《蜡日》。

④ 陶渊明：《拟古九首之一》。

⑤ 陶渊明：《拟古九首之七》。

林，池鱼思故渊。开荒南野际，守拙归园田。方宅十余亩，草屋八九间。榆柳荫后檐，桃李罗堂前。暧暧远人村，依依墟里烟。狗吠深巷中，鸡鸣桑树颠。户庭无尘杂，虚室有余闲。久在樊笼里，复得返自然。

此诗定调为"复得返自然"，属于隐士的情感，但其中"开荒南野际"是地道的农民行为，所在的村落完全是一派农家风光。在田园劳动，最为关心的是作物生长，陶渊明在诗中写道："桑麻日已长，我土日已广。常恐霜霰至，零落同草莽"，这完全是农民的情感了。唯有那种对自然山水的审美感觉总还是高士的，如《归园田居之三》中的"种豆南山下，草盛豆苗稀。晨兴理荒秽，带月荷锄归"，这"带月荷锄归"的情趣与意境当然农民不会有，它只能属于高士。

陶渊明的双重身份，使得他的田园诗具有深切的真情实感。他是真正的农民，因此诗中对于农民的同情实是同情自己，他不是悯农，不是伤农，而是悯己，伤己；他是真正的高士，因此他诗中对山水的吟咏不是矫情而是抒情，是真知真慧，而不是故作风流。

陶渊明对于田园风光的描写，创造了一种新的诗体——田园诗。魏晋南北朝写山水诗的人不少，而写田园诗的人寥若晨星。陶渊明以他高品位的田园诗不仅为自己赢得"古今隐逸诗人之宗"[①]的美誉，而且为中国的田园诗发展奠定了高品位、高格调。田园诗在以后一直有人写，而且在宋朝出现了辉煌，产生一批优秀的田园诗诗人；但是，至今没有哪一位超过了陶渊明。陶渊明双重身份的地位以及他过人的天分，使得他成为古今无二的最为优秀的田园诗人。

陶渊明所开创的田园诗之所以在中国能够形成一股诗流，源源不绝，重要原因之一是中国是一个农业国家，农业是立国之本。陶渊明田园诗的创立，实际上也开创了农业审美的风尚。虽然欣赏田园风光的人绝大部分并不写或不能写田园诗，但一点也不影响它的存在与发展。

---

① 袁行霈：《陶渊明集笺注·附录·诔传序跋》，中华书局 2020 年版，第 424 页。

第五节 桃源理想

陶渊明对后世影响最大的作品是《桃花源记》，这也是他最重要的作品。作为"记"，本来是与"诗"相配的，故作品的原名为《桃花源记并诗》；但诗后世基本上不流传，其实，诗与记是互补的。

对这篇作品的意义，可以从诸多不同的方面认识。从美学上认识这篇作品，它具有四个方面的意义。

第一，提出了一种仙境的表现模式。

一提到仙境，人们脑海里会出现多种模式。

第一种是月宫模式，这种模式的特点是仙境完全与地球隔开，它存在于天上。第二种是海上仙岛模式，著名的有蓬莱三岛。此模式将仙境定在地球上，人可以去，但难以去。第三种是桃花源模式，此模式与海上仙岛模式相类，都在地球上。但它们有着重要不同，仙岛上景象完全是异于人世间的，奇花异卉，神兽怪鸟，在现实生活中看不到；而桃花源模式的突出特点，不仅自然风景同于尘世，而且仙境中的仙人们，其生活、衣着"悉如外人"。它们与尘俗之不同在于三点。一是封闭，不与外界相通。二是其间的人物均长寿，像桃花源中的人历经秦、汉、晋三代数百年，年岁不增，容颜不改，生命力依然旺盛。三是其间的人物和谐相处，这一点不要说在红尘中是做不到的，就是在通常说的仙界，仙人们也都是有矛盾的。

这样一种仙境模式让人浮想联翩，它是理想的，但在现实中可能实现。正因为存在这种可能性，所以就有可能促使人们去思考，能不能在现实中真的建一个桃花源。

第二，提出了一种仙人形象的模式。

谈到仙人，通过各种著录与传闻，人们脑海中已经有诸多的模式。一是奇人式，就是说，虽然是人的模样，但具有异于人的本领。二是怪人式，怪人不仅具有异于人的本领，而且模样也长得不同于常人。三是美人式，这种仙人通常是女仙人，称为仙女，她们美丽非凡，光彩照人。这三种模式皆不适合桃花源。桃花源中的人物就是普通的农民，或黄发或垂髫，或男或女，其劳作、饮食与现实社会毫无二致。

新的仙境模式、仙人模式于审美有何价值呢？这涉及了神仙道教与中华民族审美的关系。审美是具有理想性的，中国人的理想集中体现在神仙道教中，神仙的模样、生活方式、居住模式具有最大的审美理想性，是理想的美，是美的理想。

桃花源中的仙境与现实社会具有相通性，仙人与常人无异，这就切合审美所需求的现实性品格。审美具有理想性，但审美不具虚幻性，审美将理想建筑在现实生活中，激励人们为实现这种理想而努力奋斗。因此，就审美理想来说，桃花源具有某种典范性。

第三，提出了以和谐为本的社会理想。

中华民族对于和谐有诸多的表述，在先秦诸子哲学中，多将和谐理解为多样的统一，不同元素共同融合，从而创造出一种新事物来。这种认识无疑是先进的，具有积极的意义；但仍然让人感到，这种对于和谐的理解不太接地气。对于世俗社会，和谐不需要讲得这么高深莫测，它需要具有易理解性、可操作性、可仿效性。《桃花源记》正提供了这种和谐的标本。

关于桃花源中的社会状况，记与诗分别做了描述。在记中，陶渊明主要描述渔人亲眼见到桃花源人的生活情景：

> 土地平旷，屋舍俨然，有良田、美池、桑竹之属。阡陌交通，鸡犬相闻。其中往来种作，男女衣着，悉如外人。黄发垂髫，并怡然自乐。

这一段的前两句是对桃花源人生活的物态显示。一是耕地状况好（"良田、美池"），收成有保证。二是居住设施好（"屋舍俨然"），出行很方便（"阡陌交通"）。三是家畜很兴旺（"鸡犬相闻"），物产很丰富。后两句是对桃花源人生活的直接显示。"怡然自乐"中的"自乐"说明这乐出自己心，是真快乐；而"怡然"，说明这份日子过得多么恬静，多么自由。

对这种和谐，《桃花源诗》做了更具体更有历史深度的描写：

> 相命肆农耕，日入从所憩。桑竹垂余荫，菽稷随时艺。春蚕收长

丝,秋熟靡王税。荒路暖交通,鸡犬互鸣吠。俎豆犹古法,衣裳无新制。童孺纵行歌,斑白欢游诣。草荣识节和,木衰知风厉。虽无纪历志,四时自成岁。怡然有余乐,于何劳智慧。

这里描述的就是和谐,它表现在许多方面。一是人与物的和谐,与人的生活相关的物质条件、精神条件均为良好满足人的生活要求;二是人与人之间的和谐,各色人等无论老幼、男女各自在自己位置上生活,既履行自己的人生责任,又享受自己的人生权利;个人身心的和谐,身体健康,精神愉快;另外,还没有官府的压迫,没有豪绅的欺负,没有种种人为的破坏,更没有自然的灾害。

这种理想社会,先秦诸子哲学均有不同情况的表述。《老子》表述为:"甘其食,美其服,安其居,乐其俗。"[1]《礼记》表述为:"大道之行也,天下为公。……老有所终,壮有所用,幼有所长,矜寡孤独废疾者皆有所养,男有分,女有归。"[2]《孟子》表述为:"不违农时,谷不可胜食也……七十者衣帛食肉,黎民不饥不寒。"较之以上诸家,陶渊明的理想可能更具现实性。

第四,提出了以美丽为特征的生存环境模式。

环境可以分为自然环境和社会环境。社会环境如上所论述的社会理想,和谐安宁,此不赘述。关于自然环境,《桃花源记》的开头就描写了:

> 缘溪行,忘路之远近。忽逢桃花林,夹岸数百步,中无杂树,芳草鲜美,落英缤纷。

虽然只有30字的描写,但可以明显地感觉到,此地风景非常优美,渔人对于这样的风景已经"甚异之"。当他们继续向前探行,在林尽水源之处发现一座小山,山有小口,仿佛若有光,穿过小口后,则"豁然开朗",展现在他们面前的,是一幅人与自然和谐相处的田园风光。

学者多喜欢将桃花源说成仙境,陶渊明自己没有这样说。他说的是他发现了一个被世人遗忘的社会,除了这个社会中的人不知道现今为何朝

---

① 陈鼓应:《老子注译及评介》,中华书局1984年版,第473页。
② 王文锦:《礼记译解》上,中华书局2001年版,第287页。

代外，这个社会的生活方式与洞外之人的生活方式没有什么不同。同样，他们的生存环境也是真实的环境，只是比洞外的环境更美丽、更生态、更温馨。

桃花源是中华民族世世代代的梦，它一直真实地存在于中国人的心中，成为中华民族精神力量之源。

第十一章

北朝的夷夏融合与中华美学的构建

夷夏是中华文化中的重要概念。按传统的说法，夏指汉族，夷指少数民族。它们的关系主要是中华民族内部的关系。夷夏是不同的族群的对立，更是不同生产方式、不同文化的对立。夷夏在不同的时期、不同的背景下，其关系有着不同的意义。周王朝时诸侯国打着"尊王攘夷"的旗号驱逐夷，为的是保卫周王室；孔子强调"夷夏之辨"，为的是维护周礼的国家意识形态地位。而在东周以后，夷以各种方式广泛地进入中原地带，夷夏的关系逐步由对立走向融合。南北朝是夷夏融合一个高峰期，其突出表现是北方的少数民族政权的汉化，其汉化的先锋是鲜卑族建立的北魏王朝。北朝的夷夏融合是中华文化包括中华美学形成的关键时期，它的伟大成果为唐帝国所继承。中国的民族由单一的汉族变成了以汉族为核心的多民族共同体——中华民族，汉族中国变成了中华民族的中国，中华民族美学与中国美学实现了合流，中华美学也就成了中华民族美学与中国美学的共称。

第一节　夷夏一体探源

生活在中国大地的人民史前有三大集团：华夏集团、东夷集团和苗蛮集团,均为部族集团,也就是说具有血缘关系的部族的联合体。① 三大集团中,华夏集团为如今的汉族,他们尊奉的始祖是炎帝和黄帝,主要活动地为中国西北部一带;东夷集团的首领主要有太昊、少昊、蚩尤,主要活动地为中国东部一带;苗蛮集团的首领主要有祝融氏、驩兜等,主要活动地为中国南部一带。

徐旭生先生认为,"华夏、夷、蛮实为秦汉间所称的中国人的三个主要来源"②。三大部族集团共同生活在中国的大地上,并不是隔绝的,而是有交往的。为了争夺地盘与人口,也常发生战争,战争的积极成果之一是促进民族的融合。徐旭生先生说,"到春秋时期,三族的同化已经快完全成功,原来的差别已经快完全忘掉"③。三大部族集团中,炎黄部族集团居于绝对的优势地位。三大部族集团早期的融合,突出表现为同炎黄部族集团的融合。炎黄部族集团建立的国家政权被奉为中央政权,称为夏,而没有融合进华夏集团的国家政权就被称为夷。

夏与夷的关系既对立又融合,总体方向是融合,而且是融夷入夏。于是,作为中央政权的中国就成为以华夏族为中心的多民族统一的国家,国与族就这样融为一个整体。

夷夏融合重在观念上的认同,主要有:

(一) 始祖认同

从理论上看,中华大地生活的诸多民族始祖是不同的,但它们之间存在着通婚,因而血缘不可能是纯粹的。基于汉族文化的先进性,更基于汉族政权被视为正统,在中国大地上的存在的诸多少数民族政权为了争得正统地位,也将自己看成炎帝和黄帝之后。这种始祖认同,出现在中国诸多古籍之中,如《山海经》说,"犬戎是黄帝之后"④,又说"炎帝之孙名曰灵恝,

---

① 　参见徐旭生:《中国古史的传说时代》第二章,文物出版社 1985 年版,第 37—66 页。
② 　徐旭生:《中国古史的传说时代》,文物出版社 1985 年版,第 39 页。
③ 　徐旭生:《中国古史的传说时代》,文物出版社 1985 年版,第 39 页。
④ 　袁珂:《山海经校译》,上海古籍出版社 1985 年版,第 287 页。

灵恝生氐人"①，还说黄帝之孙"颛顼生驩头，驩头生苗民"②。《汉书·匈奴传》说匈奴"其先夏后氏之苗裔"③。这种说法为《辽史》所接受，并且上推至炎帝与黄帝："辽本炎帝之后，而耶律俨称辽为轩辕后。"④ 当然，这些说法有推崇炎黄正统之嫌。不过史前诸部落之间大量存在着婚姻关系，血缘关系不可能纯正，其实既可以说戎夷等少数民族为炎黄之后，其实也可以说炎黄是戎夷之后。《国语·晋语四》说："昔少典取于有蟜氏，生黄帝、炎帝。"⑤ 炎帝为姜姓，黄帝为姬姓。"姬姜两姓的族系渊源，是不是就上溯到生出炎、黄的少典、有蟜两族为止了呢？其实还不是。少典、有蟜两姓的族系渊源还可追溯得更远，那就是古代的氐、羌族。"⑥ 这样说来，炎帝族、黄帝族有氐、羌族的血统。夏朝实际的开国之君大禹，史说他为黄帝之后，但他有羌人血统。《史记·六国年表》云："禹兴于西羌。"⑦ 故《潜夫论·五德志》称禹为"戎禹"⑧。

魏晋南北朝时期一度统一中国的北部的鲜卑人建立的魏（北魏）也被史书认为是黄帝之后，北齐魏收著的《魏书·序纪第一》这样说：

> 黄帝以土德王，北俗谓土为托，谓后为跋，故以为氏。其裔始均，入仕尧世，逐女魃于弱水之北，民赖其勤，帝舜嘉之，命为田祖。爰历三代，以及秦汉，獯鬻、猃狁、山戎、匈奴之属，累代残暴，作害中州，而始均之裔，不交南夏，是以载籍无闻焉。⑨

按此说法，鲜卑拓跋氏与黄帝具有血缘关系，它的祖先始均是黄帝的后裔，始均在尧时做过官。帝舜时代受到过舜的嘉奖，受封为田祖。与獯

① 袁珂：《山海经校译》，上海古籍出版社 1985 年版，第 273 页。

② 袁珂：《山海经校译》，上海古籍出版社 1985 年版，第 287 页。

③ 班固：《汉书》，中华书局 1962 年版，第 3743 页。

④ 脱脱等：《辽史》，中华书局 1974 年版，第 1199 页。

⑤ 邬国义等：《国语译注》，上海古籍出版社 1994 年版，第 310 页。

⑥ 刘起釪：《古史续辨》，中国社会科学出版社 1991 年版，第 172 页。

⑦ 司马迁：《史记》，岳麓书社 1988 年版，第 146 页。

⑧ 王符：《潜夫论》，见《诸子集成》八，上海书店 1986 年版，第 165 页。

⑨ 《魏书·序纪第一》，中华书局 1974 年版，第 1 页。

鬻、猃狁、山戎、匈奴这些蛮夷不同，鲜卑拓跋氏不为害中原，因此它默默无闻，没能载诸史册。这话当然不可信，但至少说明鲜卑拓跋氏是认祖黄帝的。

（二）文化认同

文化认同基于文化影响，因此认同是相互的。文化认同史前就开始了，但大规模进行则是在周朝。周文王的儿子周公辅佐周武王执政，为了在意识形态上统一国人的思想，创立了礼制。礼制是一种先进的政治文化，它建立在伦理文化主要是家庭伦理文化的基础上。对于家庭伦理与国家礼制的统一做出精彩阐释的是以孔子为创始人的儒家学派。儒家移孝为忠，移悌为义，将家庭伦理延展到国家政治。家庭伦理中筑基于自然血缘上的等级制与公平制延展成政治意义上的等级制及公平制。至此一套完善的治国制度已经建就。这套治国制度一直延续到清王朝结束，而在新的时代仍然有着它的影响。

儒家讲"夷夏之辨"。这个"辨"主要不在族性上，而在文化上。凡是认同周礼的就是夏，反之就是夷。春秋时期，一些诸侯国的夏夷性质是不确定的。楚原本为夷，接受周礼后就成为夏。吴也如此，吴本为夏，但吴在攻入楚国之后，吴王住进楚王的宫殿，吴国大夫住进楚国大夫的府第，这就属于荒淫无道，非礼了，因此，《春秋》一度称它为"夷"。

"夷夏之辨"发展到此，文化意义上的中国概念油然而生。生活在中国大地上的中国人，不管是汉人，还是非汉人，都认同并服膺以儒家为代表的中国文化。汉化工程在没有政治上、军事上的干预下自然地进行着。南北朝时期，北方的国家政权为少数民族的政权，但国家制度几乎与南朝的汉人政权没有太大的差别，不仅北魏如此，十六国的"秦赵及燕，虽非明圣，各正号赤县，统有中土，郊天祭地，肆类咸秩，明刑制礼，不失旧章"①。到唐宋时期，汉人政权的唐帝国、宋帝国自认为是中国的代表，而少数民族政权的辽、金、西夏也均以中国正统自居。

---

① 《魏书·礼志一》，中华书局 1974 年版，第 2745 页。

第二节　华夏正统认定

魏晋南北朝时期是中华民族同化的重要时期，表现为汉化与反汉化的斗争，而主流是汉化。汉化的主体不是自然血缘的同化，而是文化上对于华夏文化的认同。

301 年，晋惠帝永宁一年，晋"八王之乱"开始。这一内乱长达 5 年，对晋朝造成巨大破坏，北方的少数民族集团趁机进入中原地带，晋王朝灭亡，王族南迁，在江南建立政权，史称东晋（317—420）。活跃在中国北方的少数民族主要为匈奴、羯、鲜卑、氐、羌，他们建立的国家政权共有十六国，故这一阶段史称"五胡十六国"。

五胡十六国时期的汉化，有一个观念是至关重要的，那就是对华夏正统的认同。

谁是华夏正统？

首先，是汉民族建立的政权。"汉族认继承西晋的东晋是自己的朝廷，就是非汉族的豪酋也不敢否认南方朝廷是华夏正统。这种建立，在南方的各朝，一直到隋统一始终享有正统的威望，为居住在北方的汉族的向往。"[1] 氐人建立的国家前秦一度统一了北方，而当前秦皇帝苻坚企图南下灭掉东晋时，苻坚的弟弟苻融竟然说，我们的国家本为戎狄国，虽然强大，但不算正统，东晋虽弱，却是中华正统，天意不会灭绝它。[2] 而事实也正如苻融所说，苻坚攻晋大败，最后亡国。

其次，虽然不是汉人建立的政权，只要在政治制度上、意识形态上实行汉化，也是华夏正统。十六国均在不同程度上实行了这样的汉化，如：

十六国中汉国（304—329）建立最早。汉国皇帝为刘渊。刘渊本为匈奴人，因崇拜汉高祖刘邦，故也姓刘。刘渊爱好汉文化，史载，他师事儒生

---

① 范文澜：《中国通史简编》修订本第二编，人民出版社 1965 年版，第 312 页。

② 《晋书·载记十四·苻坚下》中载苻融谏苻坚的话："且国家，戎族也，正朔会不归人。江东虽不绝如缕，然天之所相，终不可灭。"

崔游,学习《周易》《诗经》《尚书》三经,博览《史记》《汉书》以及诸子书,尤好《春秋左传》、孙吴兵法。刘渊推翻西晋建立汉国之后,宣告匈奴刘氏是两汉刘氏的外甥,汉国继承两汉。他祭祖不祭匈奴单于而祭汉代皇帝。刘渊的儿子刘聪精通经史诸子书,工书法,善诗文。

十六国中后赵(319—351)的汉化也很出色。后赵是羯人石勒所建立的国,石勒不识字,让人为他读《左传》《史记》《汉书》,能听懂书中大意,并提出自己的见解。石勒重视汉文化教育。他令各郡立学官,置博士、祭酒职位;还亲自到太学考试诸生。后赵的政治制度基本上参照汉制。石勒瞧不起曹操、司马懿,说他们是从孤儿寡妇手里取天下,不是大丈夫行事,说明他脑海中有儒家伦理道德标准,有"大丈夫"概念,而且企盼做大丈夫。

后秦(384—417)是羌人姚苌建立。姚苌死,儿子姚兴继位。姚兴大兴儒家,后秦首都长安有儒生1万多人。姚兴还重视佛教,长安有和尚5000人。姚兴灭后凉,得西域高僧鸠摩罗什,为其译经。鸠摩罗什的译经事业为佛教的中国化作出了巨大贡献。可以说,没有姚兴,就没有鸠摩罗什。

最后,是否获得汉人的拥戴。353年,东晋的使臣来见前燕国的皇帝,前燕国的皇帝慕容儁对晋使臣说:"汝还白汝天子,我承人乏,为中国所推,已为帝矣。"[1] 此话强调自己为中国人所推戴,说明他做皇帝是有理的。前燕国建立于西晋怀帝永嘉元年(307),建国者为鲜卑人慕容廆,这个鲜卑人建立的国完全采纳汉族的制度包括生活方式,可以说完全汉化了。正是因为这样,慕容儁才敢于说自己也是中国皇帝。

少数民族其实内心深处是有一种自卑感的,他渴望归属华夏正统,因此,一方面竭力压迫屠杀敢于反抗的汉人,另一方面又竭力淡化、抹杀胡汉的区别。出于对华夏的敬崇,十六国的少数民族国君,均不同程度地对于自己的身份有所忌讳。后赵的皇帝石勒为羯人,他严禁国内说"胡"字,羯

---

[1] 《晋书·载记第十·慕容儁》,中华书局1974年版,第2834页。

人统称为"国人"。

十六国中最后的赢家是鲜卑人建立的国家魏,史称"北魏"。北魏作为北方统一的政权,在汉化的道路上走得更坚定。北魏为鲜卑拓跋部的政权,据《魏书》所载,拓跋部原生活在中国东北,生活方式主要为游牧。东汉击走北匈奴之后,拓跋部南迁,进入北匈奴旧地。310年,拓跋部的酋长猗庐为晋朝封为代公,314年进封为代王。386年,拓跋部首领拓跋珪为部下拥戴,即代王位,同年定都盛乐(今内蒙古自治区林格尔县),改称魏王,398年,迁都平城(今山西大同),399年,改号称皇帝。拓跋氏建立的魏国,史称"北魏",至此,南北朝对立的形势基本上形成。

魏道武帝拓跋珪在汉化的道路上较之前十六国有重要发展。将都城由蒙古大草原的盛乐迁至山西平城是一战略性的举措,平城为汉人聚集区,生产方式主要为农业,将都城迁至农业生产区,意味着魏将走农业兴国的道路,事实也是如此。拓跋珪大力重用汉族知识分子,接受汉族政权的统治制度。拓跋珪深知儒家对于治国安民的重大价值。401年他亲祭先圣周公、先师孔子。魏孝文帝的雄心壮志远不在统一中国的北方,他希望统一整个中国。而统一整个中国,只能承续华夏正统。这就必须在内容上形式上均有中原大国的气象。于是,他采取了四个重要措施。

第一,迁都洛阳。

洛阳是华夏文化的中心。周公在洛水北岸修建王城和成周城,史称"初迁宅于成周""宅兹中国"。周平王后迁都洛阳,是为东周开始。刘邦建汉,初都也是洛阳,后才迁长安。汉光武帝刘秀定都洛阳。在中国够得上中华帝国之都的城市其实是不多的,在北魏时代最佳选择,也只有长安和洛阳。长安经西晋之乱后,已经破败,而洛阳相对保护得比较好,更重要的是,这个地方近中原,便于掌控汉人。494年魏孝文帝完成了迁都洛阳伟业。迁都洛阳,意义重大,意味着孝文帝不做夷狄之君,要做中国之君。

第二,禁胡服。

禁胡服的决定也是494年作出的,这就是说,刚刚迁都洛阳,立马就改换服饰了。在中国,服饰具有重要的政治意义,《周礼》对于国君、诸侯、大臣的衣饰有着极为具体的规定,不同的衣饰体现着不同的身份、不同的社会地位。魏孝文帝将胡服改为汉服,改的不只是官服,还有百姓的日常衣服。与之相关的,还有发型等。这种改变,在外观上,鲜卑人与汉人就看不出差别了。

第三,禁鲜卑语。

迁都的第二年(495),魏孝文帝颁布诏令,将汉语定为官方用语,禁止在朝廷说鲜卑语,只能说汉语。此举意义重大,实质是对汉族意识形态的认同。

第四,改皇族姓拓跋氏为元。

元姓与汉族姓氏无异,如今很少人知道元姓原来是鲜卑人,足以说明鲜卑族早就彻底汉化了。元姓出了不少在中国历史上很有影响的人物,其中就有唐朝诗人元稹。

由北魏开创的夷夏合流并不因北魏的灭亡而终结,北魏之后的东魏、西魏以及其后的北齐、北周,都继承了北魏合夷夏的国策,其中西魏的丞相、北周的奠基人宇文泰最为出色。据《北史》记载,宇文泰"其先出自炎帝。炎帝为黄帝所灭,子孙遁居朔野。其后有葛乌兔者,雄武多算略,鲜卑奉以为主,遂总十二部落,世为大人"[①]。宇文泰虽然出身鲜卑族,但倾慕汉族文化,他主掌西魏政权时,善待儒家,选择诸多有作为的儒家知识分子进入他的决策集团,其中有苏绰。苏绰建议宇文泰奉行周朝的礼制,从体制上归依华夏正统,宇文泰接受这一建议,按《周礼》的六官系统重新建构政府机构。而在用人上,他竭力抹平夷夏区分,一律以才德选人,用人。由宇文泰打造的关陇军事集团聚集了当时最优秀的军事人才,他们有鲜卑族,也有汉族,相互间有姻亲关系,这其中有隋朝创建者杨坚的父亲杨忠,唐朝创建者李渊的祖父李虎。

关陇军事集团不仅为隋、唐帝国的兴起准备人才,也准备了文化——夷夏合一的中华文化。陈寅恪说:"在北朝时代文化较血统尤为重要。凡汉

---

① 李延寿:《北史·周本纪上第九》。

化之人即目为汉人,胡化之人即目为胡人,其血统如何在所不论。"①

北朝的民族融合,主流是汉化,也存在胡化。北魏的重臣高欢本为汉人,但"极度胡化"②。汉化与胡化存在着拉锯战式的斗争。鲜卑"中央政权所在之洛阳其汉化愈深,则边塞六镇胡化对于汉化之反动亦愈甚"③。

汉化与胡化的最终走向是夷夏融合,而这种融合主要不是血统之合,而是文化之合。正是这种文化之合,让隋朝和唐朝在性质上有别于以前的夏商周秦汉诸朝代,隋唐帝国不只是夏民族(汉)的帝国,而是夷夏融合的中华民族的帝国。

第三节　外来佛教汉化

南北朝是佛教汉化的关键时期,主要进行在北朝。佛教汉化有力地促进夷夏之合,它不仅推动着中华文化一体化工程的进行,而且有力地推动着中华美学的构建。

佛教汉化在南北朝主要贡献有二:

一、译经

佛教是哲学意味很浓的宗教,大量的佛教思想存在于佛经之中。佛教是梵文写的,将梵文译成汉语,如果仅仅是传达工具上的改变,不算最难,最重要的是将佛教的经义即它的意蕴中国化。中国与印度,无论在哪个方面包括地理环境、文化渊源、思维方式、生活方式、政治经济状况均差别相当大。产生于印度的佛经要能为中国人所接受,不只是传达工具——语言要换,而且其意蕴、内涵要变。这种变既要符合佛教基本经义又要为中国人易于理解并能接受。这样就必须与中国人的思想基础——儒家思想、道家思想相融洽。另外,汉译的佛经是汉语表达的,在文辞上也必须既精美

---

① 陈寅恪:《隋唐制度渊源略论稿唐代政治史述论稿》,商务印书馆 2016 年版,第 200 页。
② 陈寅恪:《隋唐制度渊源略论稿唐代政治史述论稿》,商务印书馆 2016 年版,第 48 页。
③ 陈寅恪:《隋唐制度渊源略论稿唐代政治史述论稿》,商务印书馆 2016 年版,第 197 页。

又通俗，雅俗共赏，高下相宜。

因此，译经就是汉化工程。众所周知，现在谈及中国传统文化，都是儒道释并举，释之所以能成为中国传统文化，是因为它已经汉化了，而汉化的关键工程是译经。

北朝佛教事业的最大贡献是译经。后秦姚兴得西域高僧鸠摩罗什，让其翻译佛经。鸠摩罗什于后秦弘始三年（401）十二月到长安，到弘始十五年（413）四月去世，前后11年，共译出佛经35部294卷。鸠摩罗什祖籍印度，出生于中国，其父为龟兹国的国相，自幼受到良好的教育，汉文化功底扎实，兼精通梵文、印度文化，对佛教有着精深的研究。他的译经，真正做到了信、雅、达，历来视为译事经典。其译的《无量寿经》《金刚经》《心经》成为中国人精神之殿堂，美妙之渊薮，在中国的影响几乎达到与儒道经典并列的地步。

中华文化之纳入佛教，很大程度上在于佛经翻译。经过汉语翻译的佛教与中华文化中固有儒道两家构成既各自独立，又相互吸纳，最后融入中华民族文化的有机整体。佛教的译经，为中华美学的构建，贡献同样极为重要。

首先，它为中华美学提供了诸多的思想资料，中华美学对于审美的认识、对于艺术的认识，自佛教传入中国之后，发生重大变化。佛教并没有从根本上改变中国人早在先秦就已奠定的美学观念，但它使这些观念内涵更丰富，更深入，更灵动。

其次，佛教作为心学，其特色在重视心灵的开发。本来，儒道两家也重视人心，但它们学说之本并不是心，儒家在礼，道家在道。礼、道均在心之外，它们哲学路径是由外入内，分别为：礼化心，道化心。而佛教学说之本在心，佛在心中，即心即佛。三教虽然侧重不同，但本质相通。在佛教汉化的过程中，受佛教影响儒道也在某种意义上佛化了，这就开始了中国文化的主体——理学（道学）的建构。中国美学始于先秦诸子百家：儒道墨诸家；汉归之于新儒学——经学、新道家——黄老之学；而到魏晋南北朝，加入了佛学，又部分升华为玄学；至唐，则融会成儒为主体的理学；宋明清的美学从总体上来说,都是唐开始的理学美学的嬗变、深化与发展。

最后,中华美学诸多范畴,如境、境象、境界、妙悟、澄怀、意境、庄严、圆融、空灵等与佛经都有着或直接或间接关系。其中境、境象、境界、意境四个概念就来自佛经。这四个概念经唐宋明清诸多学人的努力,建构成中华美学的本体概念。

译经的美学成果在南北朝时期就有所展现。南北朝时期最伟大的美学家刘勰一度遁入空门,其所撰《文心雕龙》是儒道释三家美学思想融会的产物,其中诸多地方可以发现佛教的因素,如《神思篇》中的句子:"文之思也,其神远矣。故寂然凝虑,思接千载,悄焉动容,视通万里。"又如,《养气》篇所云:"水停以鉴,火静以朗",我们在诸多佛经中似有相会。

二、造像

十六国时期及南北朝时期,北方对于佛教的贡献不只是译经,还有造像。北朝佛教造像清楚地显示佛教汉化的过程。

佛教造像始于孔雀王朝阿育王时期而盛于贵霜王朝,造像成就最高的地区为今属巴基斯坦犍陀罗,由于受到希腊文化的影响,犍陀罗的佛像具有浓郁的希腊风味,此种佛像风格称之为犍陀罗。印度佛像不只是犍陀罗一种风格,笈多王朝时还出现了一种名之为抹菟罗的佛像风格。印度佛像大约在 1 世纪及 3 世纪进入中国,首先在新疆地区造像,随后在甘肃、山西一带。十六国时期的北凉时代,敦煌、凉州(今甘肃武威)有最早的佛教洞窟的开凿,而到北魏时代,佛教洞窟开凿达到全盛时期。北朝佛像造像鲜明地体现出印度文化与中国文化的交合,印度风格向中华风格转变,这中间还夹有夷文化与汉文化的融合与整一。

北朝造像的洞窟著名者很多,主要有敦煌莫高窟、炳灵寺石窟、麦积山石窟、庆阳北石窟、天梯山石窟、大同云冈石窟、洛阳龙门石窟等。

北朝早期造像,佛像面目深目高鼻,外着通肩大衣,偏袒右肩;内着僧祇支(又译僧却崎,汉语为掩腋衣)。这是一种长形衣片,着于袈裟之下。《大唐西域记》说："僧却崎，覆左肩，掩两腋，左开右合，长裁过腰。"① 这种面目和衣饰，明显地体现出印度犍陀罗、抹菟罗佛像风格。北朝后期造像，印度风格减弱了，人物更具汉人特色，如《历代名画记》卷五所云："秀骨清像，令人懔懔若对神明。"既有鲜卑人的雄健，又有汉族人的清奇。佛像外衣不再是印度通肩长袍，而是汉族褒衣博带式大衣。

关于北朝石窟佛像造像，以北魏为代表，北魏建造佛像有两个高峰，一是迁都平城（今山西大同）时在大同城西的武州山的云冈造像，另是迁都洛阳后在龙门造像。云冈造像，《魏书·释老志》有记载："和平初，师贤卒。昙曜代之，更名沙门统。初昙曜以复佛法之明年，自中山被命赴京……昙曜白帝，于京城西武州塞，凿山石壁，开窟五所，镌建佛像各一。高者七十尺，次六十尺。雕饰雄伟，冠于一世。"② 当时的造像，印度味还比较地浓，如第十八窟的立佛像和胁侍菩萨像，"全部用浅直阶梯式剖面表现衣纹，与印度（Sahethmahet）出土的迦腻色迦王纪年铭文露足结跏趺坐于狮子座的佛像刻法大致相同。至于僧祇支边的连珠纹，法国哈金（J.Hackin）等人认为是受波斯萨珊式艺术的影响。大衣袖下作折带纹，又与塔克西拉·占利安（Taxla-Janlian）发现的残半身犍陀罗后期造像的形式相似。这三身大像的粉本，完全可能来自印度或犍陀罗，因而衣饰与雕刻技法与之相似"③。值得指出的是，"尽管佛像本是来自笈多王朝，但雕刻风格应是在汉代画像石的'减地平级'的基础上，吸收犍陀罗、抹菟罗的造像风格而创造的新刻风。"④

洛阳龙门的宾阳三洞，为魏高祖孝文帝、文昭皇太后和魏高世宗宣武帝所开。关于宾阳中洞的正壁造像，佛教造像研究专家李文生有详细的介绍：

---

① 玄奘撰，辨机编次，芮传明译注：《大唐西域记全译》，贵州人民出版社 1995 年版，第 93 页。
② 《魏书·释老志》，中华书局 1974 年版，第 3037 页。
③ 阎文儒：《云冈石窟研究》，广西师范大学出版社 2003 年版，第 21—22 页。
④ 阎文儒：《云冈石窟研究》，广西师范大学出版社 2003 年版，第 33—34 页。

　　主像释迦牟尼居中，跏趺于须弥座上……头上雕高肉髻，刻波状纹，面容稍长，额广颐窄，眉目疏朗，鼻高而短，嘴唇上翻，嘴角微翘，微露笑意。颈长而细，肩削窄，胸平。左手展掌平伸下垂，掌心向前；右手展掌伸五旨举胸前，手心向前，身体各部比例适当，内著僧祇支，裙带作结下垂，外披褒衣博带袈裟，襟搭左肘上。肩部、胸侧和手臂上的衣纹呈阶梯并行线，衣裙前垂覆盖佛座，臂褶呈羊肠状，这些都是北魏后期龙门佛装的通式。①

　　这一形象就基本上汉化了。首先是面相，长圆形，大眼，鼻直，鼻头大，均符合中华民族的审美标准；其次是衣袍，除内衣仍为僧祇支外，外衣为汉族的褒衣博带式袈裟。当然，作为佛像，肉髻、手势、坐姿均是佛教专用式的，而与普通人区别开来。

　　北朝佛教造像汉化首先是道教神仙人物化。最早的佛教人物造像，人们不知道应该如何造，就按照道教神仙形象来造。道教为了突出自己的主体地位，也编造出"老子化胡"的神话，这"胡"为佛教。这样一个过程不太久，因为法显等去过印度，在犍陀罗等地看到过佛教造像，他们将这样的样本带到中国，而且晋以前，在新疆克孜尔一带早就有犍陀罗佛像的石窟。这种石窟形式通过各种途径传进内地。于是，人们抛弃了按道教神仙造像的做法，基本上按印度犍陀罗和马图拉的模式造像。通常是高鼻与额平行；深目透出阴沉；衣袍类希腊罗马长袍。此种佛像与中国人的形象相距过远，缺乏亲和，因此，北朝的造像出现了新的汉化方式，这就是帝王化、圣贤化、女性化。

　　帝王化即按帝王的模样建造佛像。北凉时期的南山洞窟佛教塑像还基本上是印度风格，高鼻深目。北魏灭北凉后，北凉的高僧昙曜奉命在北魏首都平城不远的云冈开凿佛教洞窟。昙曜在这里凿了五座洞窟，各窟建佛像一尊，高大雄伟，虽然主要为犍陀罗风格，但气质上仍透显出北魏五个帝

---

① 龙门文物保管所、北京大学考古系：《龙门石窟·龙门石窟主要洞窟总叙》，文物出版社2016年版，第265页。

王——太祖道武帝拓拔珪、太宗明元帝拓拔嗣、世祖太武帝拓拔焘、恭宗景穆帝拓拔晃、高宗文成帝拓拔濬的风采。以帝王风采造佛像其实在昙曜前师贤法师就这样做了。《魏书·释老志》载："师贤仍为道人统。是年,诏有司为石像,令如帝身。"[1]

圣贤化就是按照中华民族心目中的圣贤形象来塑造。在中华民族心目中圣贤是儒家文化的最高代表。这种形象具有两个突出特点:庄严而不失温和,饱满而显睿智。北魏盛行的秀骨清像式的佛像,其实并不瘦,主要是有一股清俊秀雅、超凡入圣之风。服饰也逐渐由印度袒右式袈裟演变成中国汉代士大夫的礼服——褒衣博带式。云冈 16 窟的主尊佛像,据说是文成帝的象征,此佛像面目清癯与汉人无异,着褒衣博带式袈裟,胸前还结有领带,让人联想到中华民族理想中的圣贤形象。

女性化在北朝已经见出端倪。北魏冯太后、胡太后下令建造的佛像就是按她们的模样制作的。到唐代,武则天在洛阳建造的卢舍那大佛就是按照她自己的容貌仪态雕刻的。北朝后期的石窟中既有男神观音又有女神观音。在诸多佛、菩萨中,观音以大慈大悲而著称,而大慈大悲在中华民族的心中那应该是母亲的形象。观音的女性化,在南北朝时代,只是个别现象,并不普遍,但到唐五代、宋朝就不仅普遍,而且观音被认定为女性,男性观音完全消失了。中华民族史前有着漫长的母系氏族社会,尽管封建社会主张男尊女卑,但实际上,不仅在统治者高层,而且在普通百姓家庭,优秀的女性掌权人都具有重要的地位。佛像的女性化或者中性化,也足以见出汉文化对于佛教文化的渗透与巨大影响。

佛教造像于中华美学的重大意义,一是外族文化的汉化,二是汉族文化的夷化。中国雕塑远可追溯到史前,秦汉则多见之于画像石、画像砖以及各种陵墓装饰。在南北朝以前,是没有佛教影响的,而在南北朝大量的佛教造像后,以中国文化为题材的造像也不同程度地吸取了来自佛教造像的因素。

---

[1] 《魏书·释老志》,中华书局 1974 年版,第 3036 页。

佛教的完全汉化是在唐朝，但它的前奏是在南北朝尤其是北朝，没有北朝佛教翻译、佛教汉化上的卓越成就，就没有唐朝佛学的辉煌。

第四节　中华美学构建（上）：艺术本质

北朝的夷夏融合对中华文化的构建起到了重大的作用，其中就有中华美学的构建。中华美学构建可以分为基本观念构建和审美文化构建。关于基本观念构建，集中在艺术本质的认识上。这也是儒家美学的核心。

儒家对于艺术本质的认识集中体现在教化与审美的关系上。先秦儒家关于艺术本质的认识可以概括为：教化为主，兼及审美。《尚书》强调"诗言志，歌永言"，但又不忘说"声依永，律和声"，希望达到"八音克谐""神人以和"的境界。也就是教化与审美的统一。孔子提出文质概念，文质内涵丰富，亦关涉艺术。就艺术来说，"质"侧重于思想教化，"文"侧重于审美娱乐，他说"质胜文则野，文胜质则史"，主张"文质彬彬"。他说诗"可以兴，可以观，可以群，可以怨；迩之事父，远之事君；多识于鸟兽草木之名"，同样是兼顾到教化与审美两者的。尽管如此，儒家对于艺术本质的认识，突出教化功能，强调思想雅纯，对于一味追求娱乐的"郑卫之声"，表示要予以放逐。

汉朝坚持先秦儒家美学的传统，但显然对于教化更为看重。扬雄论乐，说："中正以雅，多哇则郑。"[1]"雅"，联系着教化；而"郑"即郑国民歌，联系着审美。东汉的《毛诗序》将儒家的教化精神发扬到极致，说是"正得失，动天地，感鬼神，莫近于诗。先王以是经夫妇、成孝敬，厚人伦，美教化，移风俗"[2]。虽然不能说汉朝的儒家美学完全排斥审美，事实上，扬雄也说过"言不文，典谟不作经"，但这些言论相较于教化的鼓吹已经不重要了。

---

① 扬雄：《法言·吾子》，转引自《中国美学史资料选编》，中华书局 1980 年版，第 114 页。

② 《毛诗序》，转引自《中国美学史资料选编》，中华书局 1980 年版，第 130 页。

　　魏晋时期,天下动乱,儒家地位旁落,玄学兴起,虽然玄学的主题是调和儒家哲学与道家哲学,但主调是道家哲学。不是以儒统道,而是以道统儒。儒家哲学更多地关注家国大事,而玄学更多地关注个体的生存。玄学美学大谈以无为本,以纵情山水为乐,哪里还有国家的地位? 玄学诸家中,嵇康是最具有美学情怀的一位,而且是艺术修养最高的一位。他的"声无哀乐论",直接批评儒家的音乐美学思想,认为音乐与政治并没有内在的关系。对于音乐来说,重要的不是它反映了怎样的世态,也不是它透露出怎样的哀乐,而是它的曲调是否和谐,和谐即和声,而和声就是美的音乐。对于先秦两汉儒家都一致批评的郑卫之声,嵇康从纯音乐的角度给予很高的评价:"若夫郑声,是音声之至妙。"学界一般将嵇康看作真正的美学家,因为他注重形式美,而形式美又的确是美的真谛之所在。嵇康的观点影响很大。《世说新语·文学》载:"旧云,王丞相过江左,止道声无哀乐、养生、言尽意三理而已,然宛转关生,无所不入。"[1] 嵇康的"声无哀乐"为玄学三大命题之一。由此可见,玄学美学对于儒家教化说的严重忽视甚至反对。

　　西晋亡后,南北分治。南朝虽为汉人政权,但儒家美学并没很高的地位。对于艺术本质的认识并不明言轻视教化,但艺术实践却明显地体现出对于审美的偏爱与重视。这里说的审美,亦如嵇康所说的音声之妙,为形式美。南朝齐梁文人醉心于诗文声韵和谐,要求"五色相宣,八音协调""一简之内,音韵尽殊,两句之中,轻重悉异",说是"妙达此旨,始可言文"。[2] 他们又特别追求辞藻的华丽,风格绮丽、柔弱、奢靡,如南朝徐陵所撰《玉台新咏序》所云"奏新声于度曲,装鸣蝉于薄鬓"[3],弥漫着一片脂粉气息。这样的一种文艺明显地与儒家教化说相对立。《北史·文苑序》明确指出它的要害:"雅道沦缺,渐乖典则。""盖亦亡国之音也"。[4] 因为如此,南朝的文

---

① 　徐震堮:《世说新语校笺》上,中华书局 1984 年版,第 114 页。

② 　沈约:《宋书·谢灵运传论》,转引自《魏晋南北朝文论选》,人民文学出版社 1995 年版,第 298 页。

③ 　吴冠文等:《玉台新咏汇校》,上海古籍出版社 2014 年版,第 6 页。

④ 　《北史·列传第七十一·文苑》,中华书局 1974 年版,第 2782 页。

学虽然也有谢灵运、谢朓这样的大家,但总体上评价不高。

相比同一时期的北朝,文风与南朝完全不同:

> 洎乎有魏,定鼎沙溯。……当时之时,有许谦、崔宏、宏之浩、高允、高闾、游雅等,先后之间,声实俱茂,词义典正,有永嘉之遗烈焉。及太和在运,锐情文学,因以颉颃汉徹,跨蹑曹丕,气运高远,艳藻独构。衣冠仰止,咸慕新风;律调颇殊,曲度遂改,辞罕泉源,言多胸臆,润古雕今,有所未遇。①

这里说的是北魏的文风。用的概念是"词义典正"。"典正"说明它是符合儒家经典的,也就是重视教化。"颉颃汉徹,跨蹑曹丕"——比得上重视儒家的汉武帝,超得过关心时运的曹丕。

是不是忽视审美呢?也不是,而是"艳藻独构"。所有这一切都是有感而发,有现实基础,所以"言多胸臆"。

这里,还透露出传承与变革的统一。传承的是儒家传统,即所谓"衣冠仰止",变革的是"律调""曲度"。意思是将鲜卑民族作为草原民族的雄霸之风带进来了。前者可以说是"润古",后者可以说是"雕今"。这古今的统一来自华夏汉文化与草原少数民族文化的统一。

北魏开创的这种文风可以说是儒家教化与审美统一说的新发展。到东西魏、北齐北周,一直承传着,并发展着。北齐的颜之推著《颜氏家训》,其中谈及艺术,强调"敷显仁义,发明功德,牧民建国,施用多途"。这就是教化。他也重视艺术的审美性,说是"文章之体,标举兴会,发引性灵""一句清巧,神厉九霄"。②北周的文学大家苏绰也一样,《北史》说他的文章"务存质朴""属辞有师古之美"③。

南朝美学和北朝美学在文艺性质的认识与实践上,各有侧重,也各有其贡献。《北史·文苑传序》做了精确到位的评价:

> 暨永明、天监之际,太和、天保之间,洛阳、江左,文雅尤盛,彼此

---

① 《北史·列传第七十一·文苑》,中华书局 1974 年版,第 2779 页。
② 颜之推著,程小铭译注:《颜氏家训全译》,贵州人民出版社 1993 年版,第 148—149 页。
③ 《北史·列传第七十一·文苑》,中华书局 1974 年版,第 2871 页。

好尚，互有异同。江左宫商发越，贵于清绮；河朔词义贞刚，重乎气质。气质则理胜其词，清绮则文过其意。理深者便于时用，文华者宜于咏歌。此南北词人得失之大较也。若能掇彼清音，简兹累句，各去所短，合其两长，则文质彬彬，尽美尽善矣。①

《北史·文苑传序》在这里提出一种审美理想，就是教化与审美的统一，这种统一具体为文艺词义与宫商即内容与形式的统一，贞刚与清绮即阳刚与阴柔、骨气与神韵的统一，而达到的理想境界则是"文质彬彬，尽美尽善"。

值得我们注意的是唐朝开国后，在文艺思想的整饬上，接受的正是这种理想。唐太宗在《帝京篇序》中说："观文教于六经，阅武功于七德""金石尚其谐神人，皆节之于中和，不系之于淫放""释实求华，从人从欲，乱于大道，君子耻之"。② 而在为王羲之写的传论中他明确表示"详察古今""尽善尽美""凤翥龙蟠"的审美理想。

教化与审美的统一，作为中华美学的核心观念，它影响的不只是艺术发展，还有中华民族审美情怀的发展。中华民族审美情怀主要有二：家国情怀、山水情怀。这两种情怀早就存在，在南北朝特有的社会环境下，得到充分的培育与发展。南北分治，不论是南方的汉人还是北方的少数民族均因为山河破碎而有着强烈的家国情怀，在南方由于气候温润、山水秀丽，又多一重山水情怀。

北朝的乐府诗《木兰诗》描写的是女英雄代父从军的故事，故事发生地应是北魏。木兰无疑是中华民族所崇拜的理想人物：忠臣与孝子的统一，英雄与君子的统一。在北朝能出现这样的诗歌是让人感叹的，文辞质朴体现北朝的风格倒是次要的，首要的是完整地体现出中华民族的人生理想，须知，这种理想不是产生在被视为华夏正统的南朝，而是产生在希望也被视为华夏正统的北朝。这足以说明华夏文化在少数民族统治的北朝已经深

① 《北史·列传第七十一·文苑》，中华书局 1974 年版，第 2781—2782 页。
② 周祖譔编选：《隋唐五代文论选》，人民文学出版社 1999 年版，第 42 页。

深地扎下了根,且开花结果了。

山水情怀,在南北朝的文艺作品中均可见出,而以南朝为突出。最具代表性的文为陶渊明和谢灵运,画为宗炳。陶渊明的山水情怀兼具田园情怀。北方也有诗人写自然,如鲍照,鲍照所写的自然,比较具有北方的特点:荒寒、冰雪、朔风、号鸟。然鲍照的作品还是算不上北方风景的代表。真正能代表北方风景的,是北齐斛律金所唱的《敕勒歌》:

> 敕勒川,阴山下。
>
> 天似穹庐,笼盖四野。
>
> 天苍苍,野茫茫,风吹草低见牛羊。

山水情怀中可以有家国情怀。《世说新语》中描写南渡士人隔江北望的感受,就既是山水情怀又是家国情怀。而斛律金所唱的《敕勒歌》更是点点风景、字字句句都是家国情怀!

中华美学情怀丰富,但核心是家国情怀和山水情怀,前者主要出于儒家,后者主要出于道家。儒家的入世之情建立在政治理想与伦理关怀的基础上,道家的出世之念则充满着中华民族特有的哲学思考与宗教情怀。两大情怀在魏晋南北朝的文艺作品中奠定,不能说偶然的,它是自先秦以来美学发展的必然产物。

第五节　中华美学构建(下):审美文化

魏晋南北朝时期的中华美学构建,不仅表现在基本观念上,也表现在审美文化上,审美文化涉及诸多领域,有物质领域,也有精神领域,这里试举音乐、书法、文学、城市这四个方面加以论述。

一、音乐

北朝的音乐部分来自本民族的歌舞,一部分来自龟兹、西凉、印度的乐舞。这些乐舞总的特点是奔放、热烈,显示出草原民族大气、粗犷的艺术品格。《隋书》云:"西凉者,起苻氏之末,吕光、沮渠蒙逊等,据有凉州,变龟兹声为之,号为秦汉伎。魏太武既平河西得之,谓之西凉乐。至魏、周之际,遂谓之国伎,今曲项琵琶,竖头箜篌之徒,并出自西域,非华夏旧器。"① 这里说的魏太武即北魏太武帝拓跋焘,他灭西凉后,获得西凉乐。而西凉乐又来自龟兹乐。"龟兹乐。自吕光破龟兹,得其声。吕氏亡,其乐分散。至后魏有中原,复获之。"② 云冈石窟有一北魏开凿的窟,编号为 12 窟,窟内的雕塑有诸多的音乐人形象,被后世誉为"音乐窟"。

南朝音乐被称为"清乐",其与北朝音乐风格完全不同。文辞优雅,韵律柔曼,色调艳丽,品位奢靡。其中最为著名的为《春江花月夜》《玉树后庭花》《堂堂》,均为陈国后主陈叔宝所作。"叔宝常与宫中女学士及朝臣相和为诗,太乐令何胥又善于文咏,采其尤艳丽者为此曲。"③ 因为陈后主为亡国之君,这些曲子被称为"亡国之音"。

随着隋朝统一中国的步伐,北朝、南朝音乐进入统一的中华帝国。唐朝扩大战果,"我太宗平高昌,尽收其乐,又造《燕乐》,而去《礼毕曲》,今著令者,惟此十部。"④ 这种统一既是少数民族雄健华丽乐风与江南汉族清雅飘逸乐风的统一,也是中华民族传统审美理想阳刚与阴柔的统一。

二、书法

中国的书法发展到汉代,各种书体皆备,其中隶书更是达到登峰造极的高度,成为时代文化的一面旗帜,以至于后世都难以逾越,竟成为汉文化的标志之一。南北朝时期,南朝的行书有长足发展,出现了像王羲之《兰亭序》这样伟大的作品,不只是成为古今行书第一,而且成为整个书法的卓越代表。与南朝并峙的北朝在书法上是不是也有所贡献呢? 回答是肯定的。北朝书法最大贡献是新书体——魏碑体的产生。

书法史研究学者刘涛认为,"清朝碑学家所说的'魏碑'是指北魏刻石

① 《隋书·志第十·音乐下》,中华书局 1973 年版,第 378 页。
② 《唐会要·续集·金刚经·鸠异》,中华书局 1981 年版,第 269 页。
③ 《旧唐书·志第九·音乐二》,中华书局 1975 年版,第 1067 页。
④ 《旧唐书·志第九·音乐二》,中华书局 1975 年版,第 1069 页。

书迹,而且是指'真楷'康有为所谓'今用真楷,吾言真楷'"①。

碑体是怎样的一种书体? 就字形来说,它出自楷书,但是,这种楷书是刻在石头上的,因此,它自然地带出因刻石必然带来的笔画上的一些变化,各种变化,不只是字让人看得清楚,留得久远,还见出一种特有的力度。这种力度,是刀与石的奏鸣,是其他书体所不可能具有的审美情趣。随着碑体为书者所喜爱,这种本由刀、石共同创造的力之美演化为笔墨之美,也就是说,不刻石,也见出刻石之味道,这不能不说是中国书法上一大创举。

刻碑并不始自北魏,而且也不只是北魏,但魏碑集诸碑之美,堪为碑体之最。康有为说:

> 凡魏碑,随取一家,皆足成体;尽合诸家,则为具美。虽南碑之绵丽,齐碑之逋峭,隋碑之洞达,皆涵盖停蓄,蕴于其中。故言魏碑,虽无南碑及齐、周、隋碑,亦无不可。②

也许,更重要的是,魏碑见出粗犷彪悍风格与温润雅驯两种文化意味的统一,前一种文化意味更多地来自草原民族,来自北方的气候、地理、风景等因素,后一种文化意味更多地来自华夏民族,来自南方的气候、地理、风景等因素。

虽然魏碑有着大体一致的风范,但风格逸出,大放光彩。康有为在《广艺舟双楫·备魏第十》中说:

> 太和之后,诸家角出,奇逸有若《石门铭》,古朴有若《灵庙》《鞠彦云》,古茂则有若《晖福寺》,瘦硬则有若《吊比干文》,高美则有若《灵庙碑阴》《郑道昭碑》《六十人造像》,峻美则有若《李超》……通观诸碑,若游群玉之山,若行山阴之道,凡后世所有之体格无不备,凡后世所有之意态,亦无不不备也。③

魏碑体的创造与北魏汉化政策及实践有着直接关系。北魏皇帝自拓拔珪始,均具有优秀的汉文化修养。孝文帝的汉文化修养超过了前代北魏

---

① 刘涛:《中国书法史魏晋南北朝卷》,江苏凤凰教育出版社 2020 年版,第 433 页。
② 《康有为集·文论卷》,珠海出版社 2006 年版,第 94 页。
③ 《康有为集·文论卷》,珠海出版社 2006 年版,第 93—94 页。

皇帝。《魏书·高祖纪》说他："雅好读书,手不释卷。五经之义,览之便讲,学不师受,探其精奥。史传百家,无不该涉。善谈老庄,尤精释义。才藻富赡,好为文章,诗赋铭颂,任兴而作。有大手笔,马上口授,及其成也,不改一字。"①

北魏汉化一大举措是采用汉语为官方语言,为了便于交流思想,北魏道武帝拓拔珪集汉人学者编定一部四万余字的《众文经》,以此为汉字运用及书定的规范。北魏世祖太武帝拓跋焘于425年下诏整齐文字,曰:"在昔帝轩,创制造物,乃命仓颉因鸟兽之迹以立文字。自兹以降,随时改作,故篆隶草楷,并行于世。然经历久远,传习多失其真,故令文体错谬,会义不必惬,非所以示轨则于来世也。孔子曰,名不正则事不成,此之谓矣。今制定文字,世所用者,颁下远近,永为楷式。"② 这是继道武帝之后第二次规范汉字。值得注意的是,太武帝根据鲜卑族的生活需要,自制了一千多个字。可见太武帝在接受汉族文化的同时,也不忘记本民族的文化。正是在这种政治气候下书法得到发展,各种书体并行于世,魏碑得以脱颖而出,垂范百代,成为中华书法中重要的组成部分,其刚柔相济、文野相宜的书法充实了中华民族中和的审美理想。

三、文学

由于战乱,北朝留下的文艺作品确实很少,但凭包括《木兰辞》《敕勒歌》在内的乐府民歌、庾信、王褒等诗人的作品,也不难看出真正体现中华民族风格的作品其实主要在北方而不是在南方。中华民族的作品从风格上来说理想的审美品位应是刚柔相济,而以刚为主心骨的。南方的诗人像谢灵运、谢朓等,虽然佳句很多,确实很美,但乏风骨,乏气概,不是中华民族审美的真正代表。

从夷夏融合对于中华美学建构的意义这一维度来看,也许,不是南朝

---

① 《魏书·高祖纪第七下》,中华书局1974年版,第187页。
② 《魏书·世祖纪第四上》,中华书局1974年版,第70页。

的谢灵运,也不是谢朓,而是北朝的庾信是夷夏融合的美学代表。

庾信出生于南朝梁武帝天监十二年 (513)。他早年在梁朝为官,热衷宫体诗,格调华艳,为典型的南方审美品位。梁元帝时他出使西魏,梁亡后被强留于北方,受到西魏和北周的优待。官至骠骑大将军、开封府仪同三司。作为汉人官做到如此高位,说明他为北方的少数民族政权作出了贡献,这也意味着他在相当程度上夷化了,或者他让北方的少数民族政权夏化了。官位应该是夷夏融合的成果,但这只是其一,对于庾信来说,并不是主要的成果,最主要的成果是他的艺术创作。因为北方与南方风景迥异,更兼诗人境遇的变化,他的作品也一改原来的婉约缠绵而变得沉郁顿挫。他的《哀江南赋》写于北朝,主题是哀痛南方梁朝的灭亡,但全文昂扬的却是苍茫、遒劲的情调,有如北方大江大河。他的艺术创作,从审美来看,既有南方的优美,又有北方的壮美。这种优美、壮美,从形式上看是与族性、地理无关的,但是它融化族性、地理。南方的优美中融化有华夏民族固有的风雅,南方山水本来的秀丽。而北方的壮美中融化有少数民族固有的蛮野,北方山水本有的雄浑。正是从夷夏融合的维度上,我们认为南北朝在审美实践上的真正代表是庾信。

四、城市

鲜卑本为草原民族,以游猎为生,不重视建城。拓跋氏自平城建都后,方才开始重视城市建设。平城的建设已经吸收了汉城的诸多做法,比如说里坊制,城市布局为方格状,宫殿居中,已经见出中轴线。后来迁都洛阳,那时的洛阳已经残破,需要建新城,新城如何建,魏宣武帝有自己的想法,他在《徙御旧都诏》中说:"京洛兵芜,岁逾十纪。先皇定鼎旧都,惟新魏历,剪扫榛荒,创兹云构,鸿功茂绩,规模长远,今庙社乃建,宫极思崇。……既礼盛周宣斯干之制,事高汉祖壮丽之仪,可依典故。"他强调了"依典故",但他认为"庙社乃建,宫极思崇",新都要与强大的魏国相适应,而且还要"鸿功茂绩,规模长远"。于是,必须得有所发展。后来的设计与修建正是按照这一思路去做的。北魏洛阳费七年之功建成。它上承东汉的基本格局,但废弃了东汉、魏、晋以来的南北二宫结构，创立了单一的宫城制，首创里坊制，三重城垣结构。新建的城市是鲜卑族汉化、多民族融合和中西文化交流的重要见证。

洛阳新城是北魏汉化的重要成果，南梁大臣陈庆之访问北魏洛阳，归来后说："自晋宋以来，号洛阳为荒土，此中谓长江以北，尽是夷狄。昨至洛阳，始知衣冠士族，并在中原。礼仪富盛，人物殷阜，目所不识，口不能传。所谓帝京翼翼，四方之则；始登泰山者卑培塿，涉江海者小湘沅。北人安可不重？"①

是的，"北人安可不重"！在构建中华文化包括中华美学上，北人有着特殊重要的贡献。

北魏洛阳新城的建设见出中华美学内在机制：既坚持华夏文化的核心理念——儒家文化的礼乐思想，又根据诸多民族不同的生活方式而有所革新，有所创造，多元而一体；既对祖先及前朝文化有所尊重，有所承传，但又根据新时代的新需要而有所发展，有所开拓，与时俱进。

---

① 杨衒之著，杨勇校笺：《洛阳伽蓝记校笺》，中华书局2006年版，第113页。

隋
朝
编

导　语

虽然向来隋唐并提，但实际上隋朝是被忽视的。忽视的理由很简单，隋历史太短，从581年到618年，不过37年，而隋实际上统一中国的时间是589年，因此，作为统一中国的王朝它只存在29年。隋朝隋炀帝大业七年即611年，大规模的农民起义爆发，自此隋朝风雨飘摇，在苦苦挣扎7年之后，宣告灭亡。因为历史短，它的贡献确实相比于存国超出百年的朝代是要小一些。

虽然如此，隋朝在中国历史上的地位很重要。第一，它结束了中国长达270多年的南北分裂，实现了统一。第二，它重新确定以汉文化为主体的中华文化的国家主体意识形态的地位。西晋后，中国大地分裂为两北两大政治阵营，北方是少数民族政权，南方是汉人政权。南北政权均有更迭，但文化的对立一直存在。值得指出的是，北方的少数民族政权自北魏孝文帝迁都洛阳（494）始，公开采用汉朝的统治方式治理国家，而且在迁都两年后，北魏皇族拓跋氏改姓元，这说明北方少数民族文化开始有规模地向着汉文化归依。虽然如此，直到隋朝建立，这一过程才算阶段性地完成了。第三，隋朝有着开邗沟、通济渠、南北大运河好几项重大的水利工程，为中国经济的发展、南北文化进一步统一创造了重要的条件，可以说，如果不是某些其实可以避免的原因，隋朝不会这么早就灭亡。

隋朝在美学建设上也有重要贡献，主要是一大重建和一大新构建：一大重建的是儒家礼乐美学。其中主要的是儒家教化与审美统一的美学观的重建；一大新构建是指诗歌音律学的构建。两大贡献以诗歌音律学的构建最为突出，虽然，南朝周颙、沈约等最早创建了诗歌"四声""八病"的理论，但其完善还主要是隋朝学者刘善经的功劳，只可惜他的《四声指归》已佚，让人感到稍许安慰的是，此书的部分精华保存在日本学者遍照金刚的《文镜秘府论》之中，仅就此书保存的这些论述来看，刘善经于诗歌音律学的构建具有重要贡献。刘善经的贡献主要在音律的理论上，至于具体律法主要是初唐及盛唐诗人们的功劳。中国诗走上音律的道路是中国诗歌成熟的标志。中国美学实际上是以诗为品位的。中国诗对于中国美学的这一贡献，始于《诗经》而于唐诗达到了极致，因此，诗歌音律学的构建也在一定意义上成为中国美学走向成熟的标志。

隋朝诸多文人包括一些重要的文学家艺术家成为唐朝的开国重臣，为唐朝文化发展起着重要的开拓作用。

隋朝的美学实际上为唐朝美学的先声。不仅在理论上，而且也在实践上为唐朝美学铺了宽广大道。

第 一 章
礼乐美学的新发展

礼乐美学是中华美学的主体,它产生于西周。周公在其摄政第六年即制礼作乐,中国文明的礼乐时代就此开启。中国的礼乐文化源远流长,可以追溯到史前,距今9000年前的河南贾湖发现有用鹤骨做成的骨笛,这骨笛不会是一般的娱乐工具,它与祭天、祭神有某种关系,因而它含有礼的意味,可以说,这是中国礼乐文化最早播下的种子,距今6000年前的红山文化的玉器以及差不多同时的仰韶文化、大汶口文化的彩陶,也不是一般的用品,而基本可以认定为礼器。进入文明时期,礼乐文化正式确定,大体上,夏商以器物定,周朝则以文献定。夏商的青铜器,无比辉煌,将以器物为代表的礼乐文明推到了极致,而到周朝,礼乐文明进入新的阶段。这种礼乐文明主要用文字来表述。礼乐文化以国家制度为主要载体,而广泛地施行于整个社会。秦汉基本上推行西周的礼乐制度。这种制度到魏晋南北朝,因为天下大乱,各国的礼乐制度有着很大的差异,隋朝作为晋以后的另一个统一的王朝,建国后的第一件大事就是重建礼乐文明。隋朝短命,它的礼乐文明建设并没有完成,但是它的成就为此后的唐帝国奠定了基础。

第一节 礼 美 学

关于礼，《晋书》云："夫人含天地阴阳之灵，有哀乐喜怒之情，乃圣垂范，以为民极，节其骄淫，以防其暴乱，崇高天地，虔敬鬼神，列尊卑之序，成夫妇之义，然后为国为家，可得而治也。"① 这话说得很到位。它强调礼的根本功能是治国治家，而治的手段是形成一定的制度，这制度的核心是敬天、义人、列序，而这一套制度来自圣人的制作。圣人根据什么来做？根据人所具的"天地阴阳之灵""哀乐喜怒之情"。

以人的"灵""情"为根据，这为礼通向审美奠定了基础。礼是讲秩序的，讲规范的。秩序与规范是审美的重要法则。更重要的是礼是讲形式的，古人名之为"仪"，这"仪"在审美中直接化为审美形象，于是，礼，虽然其本质是善，但它的显现却是美。

隋朝开国不久，隋文帝杨坚即颁布诏书，诏书强调"礼之为用，时义大矣"，在平定天下时，"先运武功，删正彝典，日不暇给"，而在四海平之后，则"理宜弘风训俗，导德齐礼，缀往圣之旧章，兴先王之茂则"②。于是，他令越国公杨素等"修定五礼"。

隋朝的仪制基本上沿袭南朝，但有发展，主要有：

第一，更注重五行意味。五行发明当在战国，但正式进入礼制应在汉，南北朝基本上沿袭汉制，但未见突出，到隋，五行在礼制中的地位突出了。《隋书》以上下两篇的规模介绍隋朝对于五行的重视情况，自晋之后至隋的种种或喜或悲的社会现象均与五行联系起来。比如，陈后主时有宠妃张贵妃、孔贵嫔。陈朝败亡之际，后主与两位嫔妃俱投于井中躲藏，最后为隋军所获。关于此事，《隋书·五行志》引《洪范·五行传》说："华者，犹荣华容色之象也，以色乱国，故谓华孽。"③ 隋炀帝时，太原马厩马死大半，这样的

---

① 《晋书·志第九·礼上》。
② 《隋书·帝纪第二·高祖下》。
③ 《隋书·志第十八·五行下》。

事,都找《洪范·五行传》来解释,说是"逆天气,故马多死"①。

在如此重视五行的背景下,礼制与五行的关系自然成为关注点。南北朝时,迎气礼是重要的礼,天子根据春夏秋冬及季夏五个不同的时节迎接神灵:

> 春迎灵威仰者,三春之始,万物禀之以生,莫不仰其灵德,服而畏之也。夏迎赤熛怒者,火色熛怒,其灵炎至明盛也。秋迎白招拒者,招集,拒大也,言秋时集成万物,其功大也。冬迎叶光纪者,叶拾,光华,纪法也,言冬时收拾光华之色,伏而藏之,皆有法也。中迎含枢纽者,含容也,枢机有开合之义,纽者结也。言土德之帝,能含容万物,开合有时,纽结有法也……梁、陈、后齐、后周及隋,制度相循。②

这种礼制具有浓郁的美学意味,根据春夏秋冬,建立相应的神祇:春,灵威仰神;夏,赤熛怒神;秋,白招拒神;冬,叶光纪神。神灵的功能来自春夏秋冬时于人的意义,而主要是生物的意义,主要是春主生,夏主盛,秋主集,冬主藏。四时分派为四方,而中为枢纽。这种做法,具有明显的象征与比喻意味,这正是中华民族审美的习惯。

"梁、陈、后齐、后周及隋,制度相循",说明迎气礼的基本做法是没有什么变化的,但是,隋朝有一定的发展,主要是五郊坛按五行配上相应的颜色:

> 隋时五时迎气,青郊为坛,国东春明门外道北……赤郊为坛,国南明德门外道西……黄郊为坛,国南安化门外道西……白郊为坛,国西开远门外道南……黑郊为坛,宫北十一里丑地。③

这说明,新建立的大一统的隋王朝,在极力追效大一统的汉王朝,以汉帝国的继统自视。

第二,更注重皇家身份。舆辇制度是皇家礼制之一,各个朝代都非常重视,但各个朝代对它的理解不一样,隋国开国后,着手建立新的皇家的舆

---

① 《隋书·志第十八·五行下》。
② 《隋书·志第二·礼仪二》。
③ 《隋书·志第二·礼仪二》。

辇制度。也就在隋帝国建国的第一年即开皇元年（581），内史令李德林向隋文帝启奏，说北齐、北周、东魏、西魏的舆辇制度与皇家体制有所乖离，请予以废除。隋文帝采纳了这一建议。新的舆辇制度，除了更见皇家的威严外，也更为奢华，这集中体现在车辂上，隋用"五辂"制：玉辂、金辂、象辂、革辂、木辂。其中玉辂最为豪华奢侈："玉辂，青质，以玉饰诸末。重箱盘舆，左青龙，右白虎，金凤翅，书虡文鸟兽。黄屋左纛，金凤在轼前，八鸾在衡，二铃在轼……"①

玉辂这种车制之所以得到突出的重视，不仅因为有史可据，一直是帝王的乘舆，而且据《大戴礼记》，它上盖如天，二十八橑象列星，下方舆象地，三十辐象一月。这就应了帝为天子的身份。

第三，稍兼顾"取于便事"。礼的本质是分，将上下各色人等分开来，为了分，就不能不于事添加烦琐，这样就不便于办事了。隋朝的礼制注意到这一问题，于是，在某些礼制上采取既有所坚持又有所变通的方式。如朝服：

> 高祖元正朝会，方御通天服，郊丘宗庙，尽用龙衮衣，大裘毳褍，皆未能备。至平陈，得其器物，衣冠法服，始依礼具。然皆藏御府，弗服用焉。百官常服，同于匹庶，皆着黄袍，出入殿省。高祖朝服亦如之，唯带十三环，以为差异，盖取于便事。②

这里说的是隋王朝刚建立的事。朝会时，隋文帝着通天服；祭天地祭祖宗，他着龙衮衣。至于大裘毳褍这种衣服，开国时还不能制备。直到平定南朝陈国时，方才得到这套礼服。但这些礼服都藏在府库里，也就没有礼服可用。朝会时，官员们着装，皆同于百姓，皇帝的朝服也是便装，只是带上了十三环，以作为与百官的差别。这样随意，只是为了便事。

再如帽，按古代的说法："帽，古野人之服也。"③ 帽不是冠，冠是在正式的场合戴的，而帽是在不正式的场合戴的。南北朝宋齐期间，天子私宴，戴

---

① 《隋书·志第二·礼仪五》。

② 《隋书·志第二·礼仪七》。

③ 《隋书·志第二·礼仪七》。

白色的高帽，百姓戴的帽子是黑色的，样式不定，或有卷边，或有裙摆。后周之时，大家都戴突骑帽，也就是胡帽。隋朝时，隋文帝常戴乌纱帽，入朝也戴。大家都仿效之。由此可见，礼制的实行，也是看场合的。

第四，婚丧嫁娶礼仪程序最为烦琐。古代的礼仪最重要的为祭典、朝会，其次就是婚丧嫁娶。而就程序的烦琐来说，也许婚丧嫁娶要排在第一。据史载，后齐期间的聘礼，有六个程序：一曰纳采，二曰问名，三曰纳吉，四曰纳征，五曰请期，六曰亲迎。这六个程序自皇子至九品官都一样，百姓减半。纳征涉及礼品了，什么礼品，多少份数都有明确讲究。

《隋书》浓墨重彩地记述隋皇太子纳妃礼的过程，可以由此见出聘礼之讲究：

> 皇帝临轩，使者受诏而行。主人俟于庙。使者执雁，主人迎拜于大门之东。使者入，升自西阶，立于楹间，南面。纳采讫，乃行问名仪。事毕，主人请致礼于从者。礼有币马。其次，择日纳吉，如纳采。又择日，以玉帛乘马纳征。又择日告期。又择日，命有司以牲告庙，册妃。皇太子将亲迎，皇帝临轩，醮而戒曰："往迎尔相，承我宗事，勖帅以敬。"对曰："谨奉诏。"既受命，羽仪而行。主人几筵于庙，妃服褕翟，立于东房。主人迎于门外，西面拜。皇太子答拜。主人揖皇太子先入，主人升，立于阼阶，西面。皇太子升进，当房户前，北面，跪奠雁，俛伏，兴拜，降出。妃父少进，西面戒之，母于西阶上，施衿结悦，及门内，施鞶申之，出门，妃升辂，乘以几，姆加幜。皇太子乃御，轮三周，御者代之。皇太子出大门，乘辂，羽仪还宫。妃三日，鸡鸣夙兴以朝，奠菜于皇帝，皇帝抚之。又奠菜于皇后，皇后抚之。席于户牖间，妃立于席西，祭奠而出。①

整个过程分成两个大阶段：第一阶段，皇家的使者先行去纳聘：其间有纳采、问名等仪式，其后又有与主人择日纳吉，择日纳征，择日告知，择日祭告宗庙等程序。第二阶段，则是皇太子亲自前去迎亲，其间由皇帝送行。

---

① 《隋书·志第二·礼仪四》。

来到主人家，又有种种仪式：妃父如何迎，妃母如何迎，皇太子如何施礼，妃如何出门，等等。到了皇宫后，则有如何拜见皇帝、皇后等。整个程序与《仪礼》中的"士昏礼"大体相似，但排场则更为豪华。

相比于南北朝，隋朝的礼仪完备得多，这种完备的礼仪，显示出作为中华民族继晋以后又一统一王朝的庄严气象，以及以礼治国的国家立场。

第二节　乐 美 学

隋文帝非常重视礼乐建设，建国之初，他特下诏书，让大臣牛弘等议定作乐。这一工作历经 14 年才得以完成。这一工作涉及古今、雅俗、正邪的勘辨等问题。所有这些工作隋文帝都一一过问，并最后由他定夺。

第一，古乐与雅乐。

古乐，指古代先王所作的乐，按《隋书》的说法："伊耆有苇籥之音，伏牺有网罟之咏，葛天八阕，神农五弦，事与功偕，其来已尚。黄帝乐曰《咸池》，帝喾曰《六英》，帝颛顼曰《五茎》，帝尧曰《大章》，帝舜曰《箫韶》，禹曰《大夏》，殷汤曰《获》，武王曰《武》，周公曰《勺》。"① 雅乐之名来自《诗经》。《诗经》有六义说，六义本为比、兴、赋、风、雅、颂。前三者为《诗经》的主要表现手法，后三者指三类诗歌，风为各诸侯国的民歌，雅指周王室京畿一带的诗歌，颂为周王室的祭歌与史诗。《毛诗序》重新解释诗的六义，其中最重要的是重新解释了风与雅。它说："上以风化下，下以风刺上，主文而谲谏，言之者无罪，闻之者足以戒，故曰风。"于是，风成为教化。风在国家遭受重大灾难时，称之为"变风"。变风，虽然多了哀乐之音，但不违背礼义，《毛诗序》说："变风发乎情，止乎礼义。"雅是风的扩大。《毛诗序》说："是以一国之事，系一人之本，谓之风；言天下之事，形四方之风，谓之雅。雅者，正也，言王政之所由废兴也。政有小大，故有小雅焉，有大雅焉。"而颂，"美盛德之形容，以其成功告于神明者也"。虽然风、雅、颂，在功能

---

① 《隋书·志第八·音乐上》。

上有所区分，但它们都合乎礼义，因而，后世也统称为"雅"。

汉明帝时，乐有四品，一是"大予乐"，为郊庙祭祀之乐；二是"雅颂乐"，即是符合儒家各种礼制的乐；三是"黄门鼓吹乐"，为天子宴群臣之乐；四是"短箫铙歌乐"，为军乐。这四品都属于雅乐。

古乐都属于雅乐，在朝廷的重要礼仪场合都还要演奏，但因为种种原因，难以做到纯粹了，各个朝代均根据需要有所改造，这是正常的。西晋以后南北朝间，古乐与雅乐由于社会的原因没有得到很好的保护与传承，失散严重。

搜求古乐与整理雅乐体系这一伟大事业，南北朝期间，也并非完全没有人去做，其实，南朝的宋齐梁陈均有贡献，其中最重要的是梁武帝。梁武帝是南北朝时期最有成就的皇帝，他不仅建立了新的朝代——梁，而且在中华文化的传承与建设上作出巨大贡献。其中，对古乐的搜求最为重视，他下诏让群臣议论此事，尚书仆射沈约说起乐书兴衰史，他说，"五经"中的《乐经》在秦焚书中残亡，汉代河间献王与毛生等采《周官》及诸子言乐事，作《乐记》。刘向校书，对《乐记》做了整理，篇数与以前不同，另外，还辑《别录》，录入了《乐歌诗》四篇、《赵氏雅琴》七篇、《师氏雅琴》八篇、《龙氏雅琴》一百零六篇。后来，《别录》所载，再次亡逸。总起来说，乐书只留下断简残篇了。他表示赞成梁武帝的建议，提出"宜选诸生，分令寻讨经史百家，凡乐事无小大，皆别纂录，乃委一旧学，撰为乐书，以起千载绝文，以定大梁之乐，使《五英》怀惭，《六茎》兴愧"[1]。遗憾的是，乐书的搜寻在梁朝并没有突出的成果。不过，在乐律的探讨上梁朝还有做出一定的贡献。

隋开皇九年（589），隋灭陈，统一中国，也就在这一年，隋文帝杨坚下诏，让太常牛弘、通直散骑常侍许善心等议定作乐。也就在这份诏书中，杨坚明确地表示："情存古乐，深思雅道。郑卫淫声，鱼龙杂戏，乐府之内，尽以除之。今欲更调律吕，改张琴瑟。"要求牛弘等搜求古乐，而且要"速以

---

[1] 《隋书·志第八·音乐上》。

奏闻",目的是"庶观一艺之能,共就九成之业"。①

历经五年的努力,牛弘等人向杨坚交了一份搜求成果,尽管不是很理想,杨坚还是予以高度的肯定,在诏书中明言:"遗文旧物,皆为国有。比命所司,总令研究,正乐雅声,详考已讫,宜即施用,见行者停。"② 既然有了以古乐为范的雅乐体系,那么,"竞造繁声、浮宕不归"的俗乐就明令禁止了。

杨坚的这番举动,具有两个方面的意义:

第一,明确宣示,作为南北统一的王朝,隋秉承的是先秦夏商周华夏正统,坚持的是"作乐崇德,移风易俗"的治国理念。第二,为未来的唐帝国乃至此后的中央政权奠定了更为坚实的礼乐治国基础。

第二,夏乐与胡乐。

夏乐即华夏音乐,胡乐即国内少数民族音乐。南北朝时期是中华民族大融合的第一个高潮,北方的政权北魏本为鲜卑族,但北魏的统治者喜好华夏文化,不仅政治体制模仿南方的汉族政权,而且在艺术上也广泛地吸纳汉族艺术,其中就有音乐。而南方的汉族政权对于北方的艺术基本上持隐性的开放的政策,不特意加以约束。于是,北方的音乐纷纷传入南方,进入杂乐系统。《隋书》中这样介绍南朝杂乐:

> 杂乐有西凉鼙舞、清乐、龟兹等。然吹笛、弹琵琶、五弦及歌舞之伎,自文襄以来,皆所爱好。至河清以后,传习尤盛。后主唯赏胡戎乐,耽爱无已。于是繁手淫声,争新哀怨。③

来自北方少数民族的胡乐不只是用于娱乐,也进入了雅乐体系。隋朝开国时,关于如何建立隋朝的雅乐体系,朝廷上发生过一场隋文帝杨坚与黄门侍郎颜之推的论争。颜之推基于现实,向皇上进言:"礼崩乐坏,其来自久。今太常雅乐,并用胡声,请冯梁国旧事,考寻古典。"颜之推说:礼崩乐坏,由来已久,如今朝廷用的雅乐,其实是不纯粹的,它掺杂有胡乐,如

---

① 《隋书·帝纪第二·高祖下》。
② 《隋书·帝纪第二·高祖下》。
③ 《隋书·志第九·音乐中》。

今也没有别的办法，只能根据梁国的旧的音乐体系，来考寻古乐。颜之推的意思，是将就梁国旧事，容忍胡乐。而隋文帝则坚决反对。他说："梁乐亡国之音，奈何遗我用邪？"要求用华夏正声。

太常牛弘是掌管雅乐的，他完全理解并接受隋文帝的意见，他认真研究了北朝魏国的雅乐，认为的确"杂有边裔之声"，"戎音乱华，皆不可用"。唯有南朝"陈氏正乐，史传相承，以为合古"，[①] 于是，让臣下修缉之，作为隋朝雅乐的重要来源，经过牛弘等人考源研流及改造新创的努力，朝廷的雅乐体系建立起来了。隋文帝听到这种音乐时，高兴地说："此华夏正声也。"[②]

隋文帝在雅乐建设上坚持华夏本色排除胡音的做法，有些狭隘，唐太宗没有这样做，他适度地开放胡音，因此，唐朝的雅乐体系显然比之隋朝的雅乐体系，宏阔得多，也辉煌得多。

第三，变通与坚持。

在音乐雅乐体系的建设上，隋朝一方面努力搜集前朝古乐、旧乐，力求找出华夏正声来；另一方面又能根据加强皇权之需要，加以改造，比如传统乐律的"旋相为宫"，十二律 [③] 轮流作宫声，隋文帝就认为不妥，唯让黄钟作宫声。帝后房内的音乐，原有钟声，大臣们认为不妥，说是"妇人无外事，而阴教尚柔，柔以静为体，不宜用于钟"。隋文帝接受了此建议。又，文帝在登基前喜欢琵琶，曾作歌二首名《地厚》《天高》，托言夫妻之义。大臣建议用来做房内曲。由此种种，说明隋朝的音乐建议的基本原则是：华夏正声、儒家观念、皇权至上。

---

① 《隋书·志第十·音乐下》。

② 《隋书·志第十·音乐下》。

③ 按古代乐律，有五声、八音、十二律（六律、六吕）等。五声为宫商角徵羽。五声中宫为君，商为臣，角为民，徵为事，羽为物。八音，八方之风。乾之音石，坎之音革，艮之音匏，震之音竹，巽之音木，离之音丝，坤之音土，兑之音金。六律为阳，谓黄钟、太蔟、姑洗、蕤宾、夷则、无射；六吕为阴，谓大吕、应钟、南吕、林钟、仲吕、夹钟。参见《晋书·志·第十二乐上》。

第三节 娱乐之乐新发展

隋朝的娱乐文化在南朝的基础上有很大的发展。

一、礼乐之乐与娱乐之乐

乐本具有两种功能：娱乐与务礼。大体上，史前音乐主要娱乐，只有在用于祭祀等隆重的场合时，它服务于礼的功能才得以彰显。尽管如此，它没有提升到国家政治的高度。因此，这种功能并没有政治上的保障。而到周朝，周公制礼作乐，乐与礼并提，乐的政治地位空前提高，此后，虽然春秋时就开始说礼崩乐坏，但多为夸大其词，晋以前，礼乐的地位并没有降下来。直到南北朝，天下大乱，礼崩乐坏才真正成为现实。玄学的出现，某种意义上，就是一种思想的解放，从礼的约束下的解放。而乐的解放则主要在于所谓"亡国之音"的出现。

亡国之音，有人溯源于《诗经》中的郑卫之音。其实，郑卫之音，不过有些放荡，男女之情宣扬得多了一些，于男女之礼有些妨碍，还谈不到亡国的程度。而出现于南朝的"亡国之音"，几乎成为定论。从文献上看，隋文帝认为梁国之乐就是"亡国之音"了，但一般说到"亡国之音"，举的例子是产生于陈国后期的《玉树后庭花》。《隋书》这样介绍这部作品创作的背景：

> 祯明初，后主作新歌，词甚哀怨，令后宫美人习而歌之，其辞曰："玉树后庭花，花开不复久。"①

> 及后主嗣位，耽荒于酒，视朝之外，多在宴筵。尤重声乐，遣宫女习北方箫鼓，谓之《代北》，酒酣则奏之。又于清乐中造《黄鹂留》及《玉树后庭花》《金钗两臂垂》等曲，与幸臣等制其歌词，绮艳相高，极于轻薄。男女唱和，其音甚哀。②

---

① 《隋书·志第十七·五行上》。
② 《隋书·志第八·音乐上》。

　　说《玉树后庭花》等为"亡国之音"，帽子扣得重了点。就音乐来说，这样的作品主要功能是娱乐，它具有很强的审美感染力，可以让人沉迷其中，而忘怀他事。但有两点是需要说明的：沉迷其中，足见出作品艺术性强，这不是问题。孔子闻《韶》乐，"三月不知肉味"，不是也沉迷其中了吗？问题是会不会忘怀他事，这就要看听音乐人的理性、意志及其他方面的修养了。大凡一个有责任感的人，是不可能因为听音乐沉迷于其中而忘怀自己的责任的。孔子就没有因为听《韶》乐而误了自己的教育大事、家国大事。所以，"亡国之音"的帽子是扣不到《玉树后庭花》的头上的。造成亡国的不在音乐而在人。唐朝建国后，要建立自己的雅乐体系，有人说《玉树后庭花》是"亡国之音"，要将它拿掉，唐太宗说不必，他说"古者圣人沿情以作乐，国之兴衰，未必由此"。魏徵赞成唐太宗观点，说"乐在人和，不在音也"。

　　以陈后主为代表的南朝的统治者热衷于享乐，积极的意义是推动了音乐娱乐功能的发展以及相关的艺术性的提高。南朝的最高统治者多热爱文艺，富有才华，后主陈叔宝就是这样，他"不崇教义之本，偏尚淫丽之文，徒长浇伪之风，无救乱亡之祸矣"①，这个看法有道理。不过，陈叔宝的亡国，根本的还不在喜欢文艺，而在荒政。

　　隋朝的开国之君隋文帝杨坚对于"亡国之音"是有警惕的。他一度也担心他所立的太子杨广是不是喜欢声乐，有次他特意去杨广的住处，见乐器弦多断绝，又有尘埃，似长期不用它了，于是他以为杨广不好声伎。不想这完全是杨广故意做出来骗他父亲。隋朝，在隋文帝时，"亡国之音"是有所抑制的，但到隋炀帝时，则泛滥成灾了。

　　礼乐之乐与娱乐之乐，这两种音乐其实不存在对立，重要的是摆正位置。隋文帝过于看重礼乐之乐而忽视娱乐之乐，而隋炀帝则过于喜好娱乐之乐而忽视礼乐之乐，他们的偏颇，付出了亡国的代价。唐朝吸取隋朝的教训，一方面，不认为有"亡国之音"的存在，为《玉树后庭花》平反，承认娱乐之乐的存在价值；另一方面，又不忘礼乐之乐，建立起完善的雅乐体

_____

① 《陈书·本纪六·后主》。

系,其产生于战争年代的《秦王破阵乐》一直受到珍惜,适时演出,让子孙后代不忘本。

二、音乐之乐与百戏之乐

中国先秦的乐是歌、舞、诗的统一体。后来,诗首先从乐中脱离出来,而具有独立的价值,继而舞脱离出来也挣得了自己的一席之地。只是,诗与舞的独立只是价值的独立,在实际的艺术活动中,它们仍然结合在一起,只不过音乐成为主体,它们共同合作为观众表演一个具有一定意义的故事或情景。这种娱乐,我们姑且称之为"音乐之乐"。取得更多的观众,音乐艺术融汇更多的表演因素,在南北朝时,就出现了"百戏"。

> 始齐武平中,有鱼龙烂漫、俳优、朱儒、山车、巨象、拔井、种瓜、杀马、剥驴等,奇怪异端,百有余物。名为百戏。[1]

这种融汇各种表演的大杂烩,自然完全是为了娱乐,它与礼没有关系。这种百戏,周朝时称为齐散乐,秦时称为角抵。隋文帝时,它遭到排斥,而到了隋炀帝时期,则又恢复。大业二年(606),突厥染干汗来朝,隋炀帝为了自夸,将百戏艺人集中到东都洛阳,先在宫廷表演,给宫女看。百戏表演的场景是这样的:

> 有舍利先来,戏于场内,须臾跳跃,激水满衢,鼋鼍龟鳖,水人虫鱼,遍覆于地。又有大鲸鱼,喷雾翳日,倏忽化成黄龙,长七八丈,耸踊而出,名曰《黄龙变》,又以绳系两柱,相去十丈,遣二倡女,对舞绳上,相逢切肩而过,歌舞不辍。又为夏育扛鼎,取车轮石臼大甕器等,各于掌上而跳弄之。并二人戴竿,其上有舞,忽然腾透而换易之。又有神鳌负山,幻人吐火,千变万化,旷古莫俦。[2]

这种表演,今人似乎不感到陌生,因为在杂技厅我们常看到这种或这类表演。隋炀帝以这种表演彰显国力,一时的效果还是有的,的确,当时,

---

① 《隋书·志第十·音乐下》。
② 《隋书·志第十·音乐下》。

染干吓坏了。于是，隋炀帝以此方式炫耀于外邦："每岁正月，万国来朝，留至十五日，于端门外，建国门内，绵亘八里，列为戏场。百官起棚夹路，从昏达旦，以纵观之。至晦而罢。伎人皆衣锦绣缯彩，其歌舞者，多为妇人服，鸣环佩，饰以花毦者，殆三万人。"① 如此奢侈，如此浪费，仅为一时之欢，隋朝的灭亡是必然的。

偏开政治不谈，百戏的出现是中国艺术史上的重要事件。审美推动着娱乐，而娱乐也推动着审美。艺术作为审美娱乐的载体得到充分的发展，可以说，如果仅从娱乐来说，隋朝达到了前所未有的规模与高度。这是幸事还是祸事，就一言难尽了。

---

① 《隋书·志第十·音乐下》。

第 二 章
诗歌音律美学的建立

诗歌之美由多种元素构成，其中主要为两大板块，一是以情思为主要内容而以语言为形式所构成的意象；二是由诗的声调、韵律、节奏所构成的声音。这两大板块共同组合在一起，构成诗歌的美。而诗与散文的最大不同，一是讲究情感，二是重视音律。诗情的问题，早在先秦就重视了，考古发现的帛书中有孔子论诗的言论，其中就有强调诗言情的内容。《毛诗序》在肯定"诗者，志之所之也"之后，补充说"情动于中而形于言"，意在说明诗所言的志就是情，而唐朝经学家孔颖达在解释"诗言志"时，径直说"情志一也"，故可以说，对于诗的本质为抒情，一直比较明确。而诗的音律问题，则有一个认知的过程。大体上说，这一问题的提出是在汉魏，声律的建立主要在南北朝的齐梁时期和隋朝时期，而完成于唐朝初期与中期。

第一节　自然音律与人工音律

诗是语言的艺术，它是需要通过朗诵来实现的，就算是写成文字，诗仍然存在默诵的问题，默诵虽不发声，但心中有声。声顺不顺口，宜不宜耳，舒不舒心，在很大程度上关涉诗歌的美学品质。

大体上来说，中国诗歌的音律，可以分为三个方面：

第一,声的问题。

声着眼于字的音质,字的音质由字音的长短、高低、曲直、轻重(或强弱)四个方面构成。字音的这种性质,首先关乎字的意义,同一个音,只是因为长短、高低、曲直、轻重之不同,意义就变了。如 ma,可以读出妈、麻、马、骂四个意思来。在诗歌中,声的问题不只关乎字的意义,还关乎诗句读音美的问题。中国古代,北方有平、上、去、入四声,上、去、入统为仄声。诗讲究平仄,平仄合律,诗句读起来就抑扬顿挫,具有一种节奏之美,否则或就单调,或就杂乱,拗口,逆耳,堵心。

第二,韵的问题。

韵着眼于句中特定字音的呼应。中国诗的韵脚落在句末。最多的是隔句押韵;也有邻句押韵。韵在中国诗中的重要超过声,中国诗可以在声上欠缺一些,但在韵上则比较严格,旧诗如果不押韵,就是散文了,很难为人接受。如今的白话诗,基本不押韵。这样的诗虽然也有很优美的意境,但因为不押韵,因此,一直未能在中国大众中获得肯定。

第三,对仗的问题。

中国旧诗讲究对仗。对仗,不仅是意义上的对,还有语词上的对。语词上的对,包括词性、平仄上的对等。

中国诗的声律说体现出对于形式美的重视,而形式美之进入人们的审美视野,有一个过程。具体到语言声音的形式美,其受到重视,可以分两个不同的立场:

一、重内容,自然连带出形式

(一) 文气说

罗根泽说"音律的前驱是文气说"①。罗先生说,文气说小可溯源到孟子,但孟子没有提到文,真正从写文章出发,重视气的是曹丕。曹丕的《典论·论文》中说:

---

① 罗根泽:《中国文学批评史》一,上海古籍出版社 1984 年版,第 165 页。

> 文以气为主,气之清浊有体,不可力强而致,譬诸音乐,曲度虽均,
> 节奏同检,至于引气不齐,巧拙有素,虽在父兄,不能以移子弟。

气,指精神,具体到作文,则为情志,情志与语言有一种内在的联系,气有清浊,语也有清浊,气有调质,语也有调质,气有节奏,语也有节奏,因此,无须过多地炼语词,只需下功夫炼气就是了。气之顺利地得到表达,就意味着获得了相应的语词韵律。

(二)"自然"说

南朝大学者范晔说:

> 文患其事尽于形,情急于藻,义牵其旨,韵移其意。虽时有能者,
> 大较多不免此累,政可类工巧图缋,竟无得也。常谓情志所托,故当以
> 意为主,以文传意。以意为主,则其旨必见,以文传意,则其词不流。……
> 性别宫商,识清浊,斯自然也。观古今文人,多不全了此处,纵有会此者,
> 不必从根本中来。言之皆有实证,非为空谈。①

作为《后汉书》的作者,范晔是南朝最出色的文人之一。他认为,写文章包括写诗,有两种态度:一是重意,二是重文。重意,意为主,文自然随之,在随意过程中,语音的宫商、清浊都自然而然地切合其意了,而重文,则主要考虑如以文传意,尽管煞费苦心,语词仍然不够流畅。范晔反对从文章出发,从辞藻出发,而主张从意出发,从意出发,也就是说,从所要表达的内容出发,内容蕴酝于心,凝为旨,所以,也就是从旨出发,虽然没有过多地考虑到韵的问题,韵在"移意"即表达其意的过程中自然就有了。这里,他强调别宫商、识清浊是人发声的自然,不必"从根本中来",这里说的"根本"就是人工制作的声律,意思是不懂声律,也未必不合声律。

二、重形式,必然要人工建设形式

此种理论认为,诗的音律美是人工制作的。诗的押韵、声调、对仗全是人工制作出来的,这其中,四声的发明最为重要。

---

① 《宋书·列传第二十九·范晔传》。

四声的发明，学界认为南朝齐永明（483—493）年间的事，永明年间讲究四声而写成的诗称之为永明体。四声的发明人主要是周颙、沈约。

《南齐书·陆厥传》中说：

> 永明末，盛为文章。吴兴沈约、陈郡谢朓、琅邪王融以气类相推送。汝南周颙善识声律，约等文皆用宫商，以平上去入为四声，以此制韵，不可增减，世呼为永明体。

两种说法，虽然对立，但它们仍存在着统一性，人工建设形式筑基于自然形式。自然形式固然美，但筑基于自然形式的人工建设形式更美。

沈约对于四声的发明还是很自豪的，他认为"自灵均以来，此秘未睹"，就算有人写诗做到四声协律，那也是"暗与理合，匪由思至"。

两种说法，一是强调自然，二是强调人工，其实二者是可以结合的。周颙、沈约所创立的诗中的声律，是有所根据的。根据就是人的自然发声。人的自然发声中，就有四声，而且有时四声的运用，也协律，只不过那是未经过思考的，属于脱口而出。人工制作的声律就来自这脱口而出的协律的四声。人的自然发声虽然也有合律的现象，但毕竟不多，而且也未必用到最恰当的时候。而人工制作的四声，将此种打磨得很精致的音律之美恰到好处地用在诗上。众所周知，诗是人类情思的精华，而声律是人类语音的精华。两种精华分别为内容与形式，它们的统一，就创造出一种新的美来。这种美虽然来自天工，却巧夺天工，它是人类卓越的创造。

第二节　音义关系与诗歌发展

中国诗走上律的道路，有外部的原因，也有内部的原因。外部的原因，一般认为是佛教的翻译和梵音的研究的输入。据《隋书·经籍志四》载，东汉时汉明帝派遣蔡愔、秦景出使印度，求得《四十二章》及释迦立像，并带了两名印度高僧摄摩腾、竺法兰回国，在洛阳建白马寺开始了佛经的翻译，其后，更多的来自印度和西域的高僧来到中国，参与译经事业。因经文均是由梵文书写的，因此，译经首先涉及的是对于梵文的阅读与理解。梵文是拼音文字，一个字读音是由声母与韵母拼合而成的，而汉字其实也有这种现象，只是在梵音输入前，没有自觉地意识到这一现象的存在，而在梵音输入后，中国人自觉地用梵音的拼法来解读汉字的读音，于是出现了反切。在梵音的启发下，中国人不仅发现了声母与韵母的区别，而且发现了四声的存在，于是自觉地将四声的规律概括提升为声律。朱光潜先生的名著《诗论》详细地说明了四声发现的过程："齐梁时代的研究音韵的专书都多少是受梵音研究刺激而成的。比如说四声分别，它决不是沈约的发明而是反切研究的当然结果。"①

中国诗走上律的道路，主要是内部的原因，内部的原因主要在于中国诗的特殊性。中国诗与音乐有着不解之缘，它最早孕育于音乐的母体之中，也就是说，先有音乐后才有诗。史前时，人类最早的艺术是音乐，音乐最简单，它只要发声就可，人的声音当其出自情感并因抒情的需要而有所装饰时，这声音就成为音乐。距今 9000 年的河南贾湖史前遗迹发现史前初民用鹤骨做的骨笛，那个时候就如此地热爱音乐并因此而制作能有七个音阶的骨笛，足以说明当时音乐发达的程度了。在用歌声抒发感情的过程中，歌声中感情自然而然地会转化为语言，这语言与平常的说话并没有本质上不同，所不同的，它因为音乐包装而更为悦耳动听煽情，这就是诗，它本就是歌词。史前的音乐，乐声是本，歌词是末。是音乐孕育了歌词——尚未独立的诗。

进入文明时代，一个很长的时间，诗还是包容在乐之中的，先秦的乐，是音乐、歌词（诗）、舞蹈三位一体的，音乐是母体，也是总体，歌词（诗）揭示音乐的理性内涵，舞蹈表达音乐的视觉意味。

歌词从音乐中独立出来，可能是在文字产生之后，因为有了文字，人们就有了用文字表达思想和情感的冲动与必要。当歌词用文字记录下之时，歌词就成了诗。虽然歌词经文字记录就成了诗，但音乐中仍然有歌词，也就是说，诗有两种形态，融入音乐而为歌词，脱离音乐而为诗。

---

① 朱光潜：《诗论》，生活·读书·新知三联书店 1984 年版，第 221 页。

中国的诗天然地具有音乐的美。首先,诗是音乐的儿子。它的音乐美,来自音乐的乐律,作为配合歌唱的歌词,它必须顺应乐律;其次,诗的语言也具有音乐的美,语言发声即使只是用作表达意思,它的音色、音调、节奏也具有一种声音的美,我们可以称它为天然的声音美;最后,就是人工地调整语言的音色、音调、节奏,让它产生一种堪与乐律相比的声音美,诗律就具有这种功能。

产生于西周的诗歌选集《诗经》中的诗都是歌词,也就是说,它原都是可以演唱的。但是后来音乐因没有完善的记谱手法而没能记录下来,而歌词因为有文字作载体而保留下来了。

《汉书·艺文志》说:"书曰:'诗言志,歌咏言。'故哀乐之心感,而歌咏之声发。诵其言谓之诗,咏其声谓之歌。"① 言,就是歌词,当其离开歌而为诵时,就成为诗;声就是乐曲,当配合词而吟唱乐曲时,就成为歌(音乐)。

朱光潜先生说:"我们可以推测《诗经》时期还是音重于义时期。它的最大功用在伴歌音乐,离开乐调的词在起始时似无独立存在的可能。"② 这种状况延续到汉代,发生了变化。诗与乐开始实质性地脱离,就是说,有些诗本就是用来阅读的,不是歌词;有些曲调,就是一个声音的空壳,它本没有固定的词,也就没有固定的意义,什么样的话套进去,就有意义了。汉代的乐府诗中其中一类大体上就是这样的。乐府是政府部门,负责搜集整理民间歌谣及为朝廷各种需要而创作歌曲。大体上,民间流传的歌谣一般既有词又有曲的,其中有些曲式因为受到人们喜爱,就被看作一种模式,诗人只要将词填进去,就成为一首新作。乐府中的曲式除了一部分沿袭于民间之外,也有一些为乐师据旧有曲式而改编,或为乐师新作。李延年就是当时著名的音乐家,负责作曲,司马相如是当时著名诗人,负责为歌曲填词。他们合作,完成了一些皇上交给的祭歌创作。在这个词与曲分头进行双向合作的过程中,词的写作逐渐地脱离曲,诗人会根据自己的兴趣,创作一些

---

① 《汉书·艺文志第十》。
② 朱光潜:《诗论》,生活·读书·新知三联书店 1984 年版,第 224 页。

与曲不相干的作品。

脱离了曲式的诗，其音乐美就不能靠曲式了，而只能靠诗句本身的语音。正是在这个背景下，为了让诗的音乐美不仅得以延续而且有新的创造，诗人们创造了诗律。在这个过程中，有些诗仍然套用乐府的旧题目，但不再套用乐府的曲调。这种做法，后来得到延续，唐代白居易就写过不少这样的新乐府诗。

诗的独立开始于汉，而在南北朝齐梁时期已经完成，正是在这个时期就有了周颙、沈约等对于音律的创造。

第三节　南朝：周颙、沈约创四声论

四声的创造，是南朝于诗歌音律的重要贡献。

重视诗歌形式美包括音乐美是中国诗歌发展的内在的原动力，正是历代诗人的不断追求，才有四声理论的创造。这一理论，产生于南北朝时期的南朝。主要创造者，为周颙和沈约。

周颙为南朝齐人。《南齐书·周颙传》说他"音辞辩丽，出言不穷，宫商朱紫，发口成句。……每宾客会同，颙虚席晤语，辞韵如流，听者忘倦"①。他的功劳主要是发明四声。

沈约为南朝梁人。《梁书》有传，他"历仕三代，该悉旧章，博物洽闻，当世取则"。作为当时的大学问家、文坛领袖，沈约著述甚多，有"晋书百一十卷，《宋书》百卷，《齐纪》二十卷，《高祖纪》十四卷，《迩言》十卷，《谥例》十卷，《宋文章志》三十卷，文集一百卷……又撰《四声谱》"②。可惜的是他的《四声谱》失传，我们只能在别的书如《文镜秘府论》中找到一些材料。

沈约的主要贡献是将文字的四声论用之于诗歌，创立了诗歌的音律理论。

①　《南齐书·列传第二十二·周颙》。
②　《梁书·列传第七·沈约》。

关于音律的建设，沈约突出的贡献有四：

第一，强调音律对于造就艺术美的重大意义。

沈约承认"曲折声韵之巧，无当于训义，非圣哲立言之所急也"，但是，如果懂得音律，当使文章大为增色。他说："若以文章之音韵，同弦管之声曲，则美恶妍蚩，不得顿相乖反。"①

第二，将文字的四声与音乐的五声予以整合，让诗产生音乐般的声韵美。

关于四声与五声的关系，沈约认为两者并不相矛盾，而是有一种内在的关系，可以将它们调整好，他说："经典史籍，唯有五声，而无四声。然则四声之用，何伤五声也。五声者，宫商角徵羽，上下相应，则乐声和矣。"②

第三，将四声理论与《周易》的四象论建立关系，提升四声论的哲学品格。

沈约说："昔神农重八卦，卦无不纯，立四象，象无不象。……四象既立，万象生焉；四声既周，群声类焉。……春为阳中，德泽不偏，即平声之象；夏草木茂盛，炎炽如火，即上声之象；秋霜凝木落，去根离本，即去声之象；冬天地闭藏，万物尽收，即入声之象。"③ 这种配合，我们可以明显地看出董仲舒的天人相应论的影响。

第四，提出"八病说"。

沈约认为，如果四声调配不得当，则会生病，沈约提出"八病"：

> 诗病有八：平头、上尾、蜂腰、鹤膝、大韵、小韵、旁纽、正纽。惟上尾鹤膝最忌，余病亦通。④

关于这"八病"的病情，《文镜秘府论》有所介绍：

---

① 《南齐书·列传第三十三·陆厥》。
② 沈约：《答甄公论》，转引自〔日〕遍照金刚：《文镜秘府论》，人民文学出版社1975年版，第32页。
③ 沈约：《答甄公论》，转引自〔日〕遍照金刚：《文镜秘府论》，人民文学出版社1975年版，第32—33页。
④ 王应麟：《困学纪闻·引诗苑类格》。

一是平头。五言诗中第一字不能与第六字同声。如"芳时淑气清，提壶台上频。"第一字"芳"与第六字"提"同声。

二是上尾。五言诗中第五字不得与第十字同声。如"西北有高楼，上与浮云齐。""楼"字与"齐"字同声。

三是蜂腰。五言诗中一句中，第二字不得与第五字同声，言两头粗中间细，如蜂腰。如"徐步金门出"，"步"字与"出"字同声。

四是鹤膝。五言诗中第五字不得与第十五字同声，言两头细中间粗，似鹤膝。如"拨棹金陵渚，遵流背城阙。浪蹙飞船影，山挂垂轮月。"第五字"渚"与第十五字"影"同声。

五是大韵。五言诗若以"新"为韵，上九字中，不得安"人""津""邻""身""陈"等字，既同其类，名犯大韵。如"泾清扬浊清"，"泾""清"在十字内犯同韵。"良无磐石固，虚名复何益。""石""益"在十字内犯同韵。

六是小韵。除韵外，还有迭相犯者，名为犯小韵病。如"搴帘出户望，霜花朝漾日，晨莺傍杼飞，早燕挑轩出。"在前九字中而论小韵，第九字"漾"，与第五字"望"同韵，而相犯。

七是旁纽。五言诗中一句中有"月"字，更不得安"鱼""元""阮""愿"。这些字为双声字，双声即犯旁纽。

八是正纽。一韵之内，有一字四声分为两处，如"轻霞落暮锦，流火散秋金。""金""锦""禁""急"是一字四声，今分为两处，犯了正纽。

关于诗所犯的声律病，还有许多说法，多达 28 种病。《文镜秘府论》论及南朝文风时说："颙（周颙）约（沈约）已降，兢（元兢）融（王融）以往，声谱之论郁起，病犯之名争兴；家制格式，人谈疾累；徒竞文华，空事拘检；灵感沈秘，雕弊实繁。"[①]

四声强势推行，给齐梁文风乃至以后时代的文风造成的正反两面的影响都不宜低估：

---

① ［日］遍照金刚：《文镜秘府论·西卷·论病》。

从正面来看，首先它为齐梁诗迅速走向崇美主义添加了助力，崇美主义不是贬义，诗就是要讲究美包括音律之美，但此力之助过头，造成了唯美主义，流风所及，不只南朝而是中国此后诗风。齐梁文风因此而背上了绮丽轻薄的恶名，成为批评对象。

第四节　隋朝：刘善经的《四声指归》

在诗歌音律的建设上，隋朝学者刘善经功不可没。《隋书》有传："河间刘善经，博物恰闻，尤善词笔。历仕著作郎、太子舍人。著《酬德传》三十卷，《诸刘谱》三十卷，《四声指归》一卷，行于世。"①

《四声指归》一书早已失传。对于此书的下落，罗根泽先生做了这样的说明：日本铃木虎雄《文镜秘府论校勘记》曾引刘善经的《四声指归》，但论音韵的几部分未见，只是在论文笔十病得失引了刘善经的一些话，这些话是不是出于《四声指归》，不可知。为此，罗先生函问对《文镜秘府论》有特殊研究的储皖峰先生，储皖峰认为，"西卷（泽案：《秘府论》分天地东西南北六卷）中所引刘氏语甚多，当是刘善经语。又《文镜秘府论》之《四声论》，似是刘善经《四声指归》原文"②。

如果真如储皖峰所言，那么，刘善经在诗歌音律学建设的贡献主要在对四声的理论阐释，主要有四：

第一，关于四声发明的历史渊源。

刘善经认为，中国文学重视音律美是有传统的，概括起来，则是"自《诗》《骚》之后，晋宋以前，杞梓相望，良已多矣。莫不扬藻敷荣，文美名香，飏彩与锦肆争华，发响共珠林合韵"③。这种传统到齐梁年间，由于种种原因，"才人比肩，声韵抑扬，文情婉丽，洛阳之下，吟讽成群"④。刘勰著的《文

---

① 《隋书·列传第四十一·刘善经》。

② 罗根泽：《中国文学批评史·一》，上海古籍出版社 1984 年版，第 177 页。

③ 转引自 [日] 遍照金刚：《文镜秘府论》，人民文学出版社 1975 年版，第 24 页。

④ 转引自 [日] 遍照金刚：《文镜秘府论》，人民文学出版社 1975 年版，第 28 页。

心雕龙》也大谈双声、叠韵。正是在这种背景之下，才有了四声的发明。

四声的发明，沈约曾自负地说："自灵均（屈原）以来，此秘未睹。"虽然有些诗人的某些诗篇合乎声律，但"曾无先觉"。① 刘善经认为此说是对的，他说："宋末以来，始有四声之目。"② 正是因为是新东西，所以很多人就不知道四声，梁武帝萧衍就不知四声，他曾问中领军朱异："何者名为四声？"朱异回答："'天子万福' 即是四声。"而梁武帝竟没有悟却，云："天子寿考，岂不是四声也？"③

第二，对四声价值的高度评价。

刘善经认为："四声者，无响不到，无言不摄，总括三才，苞笼万象。"④ "无响不到，无言不摄"，强调四声在语言上的普遍性。作为理论，四声论是一个创造，作为语言现象，四声一直就存在于人们的说话之中。"总括三才，苞笼万象"，三才，为天地人，本来说的是《周易》的八卦，如今用来说四声，四声的地位就与八卦并列了。

对于周颙、沈约等创造的四声论，刘善经在他的《四声指归》中引用沈约所写的《宋书·谢灵运传》予以高度评价："五色相宜，八音协畅，由乎玄黄律吕，各适物宜。欲使宫羽相变，低昂互节。若前有浮声，则后须切响。一简之内，音韵尽殊；两句之中，轻重悉异。妙达此旨，始可言文。"⑤ 这种音律之美，一是前后呼应；二是错综交错；三是高低抑扬；四是变化有离；五是和谐协畅；六是"各适物宜"。

第三，坚定地捍卫四声论。

四声论产生后，有诸多批评，其中钟嵘的批评比较厉害。钟嵘认为，讲究四声，"使文多拘忌，伤其真美"⑥。他说，做文章只要"清浊通流，口吻调

---

① 《南齐书·列传第三十三·陆厥》三，中华书局 1972 年版，第 898 页。
② 转引自 [日] 遍照金刚：《文镜秘府论》，人民文学出版社 1975 年版，第 25 页。
③ 参见 [日] 遍照金刚：《文镜秘府论》，人民文学出版社 1975 年版，第 31—32 页。
④ 转引自 [日] 遍照金刚：《文镜秘府论》，人民文学出版社 1975 年版，第 25 页。
⑤ 《宋书·列传第二十七·谢灵运》。
⑥ 钟嵘：《诗品》。

利,斯为足矣。至平上去入,则余病未能"①。在《四声指归》中,刘善经尖锐地批评钟嵘,他说:"嵘徒见口吻之为工,不知调和之有术。"② 意思是钟嵘根本不懂四声的妙处,对于钟嵘称自己不懂四声为"病",犀利地批评道,"观公此病,乃是膏肓之疾"。

第四,对"四声"论做深入研究。

一是关于文字四声与音乐五声调和问题。

沈约自己没有做具体的说明,刘善经在《四声指归》中引用"知音之士"李节的说法,做了解释。"齐太子舍人李节,知音之士,撰《音谱决疑》,其序云:'案《周礼》,凡乐,圜钟为宫,黄钟为角,太簇为徵,沽洗为羽,商不合律,盖与宫同声也。……沈约取以和声之律吕相合,窃谓宫商徵羽角,即四声也。'"③ 按此种解释,四声与五声的配合则是:平声:宫、商;上声:徵;去声:羽;入声:角。

刘善经高度肯定李节的这一解释,他说:"每见当此文人,论四声者众矣,然其以五音配偶,多不能谐,李氏忽以《周礼》证明,商不合律,与四声相配便合,恰然悬同。"④

二是关于诗的四声如何在其他文体⑤ 中运用。

沈约有涉及,但同样未加深入阐述。刘善经则做了比较深入的研究。他认为在文体中的不同运用会造成不同的音律美。刘善经说:

> 然声之不等,义各随焉。平声哀而安,上声厉而举,去声清而远,入声直而促,词人参用,体固不恒。请试论之:笔以四句为科,其内两句末并用平声,则言音流利,得靡丽矣;兼用上去入者,则文体动发,成宏壮矣。⑥

---

① 钟嵘:《诗品》。

② 转引自 [日] 遍照金刚:《文镜秘府论》,人民文学出版社 1975 年版,第 29 页。

③ 转引自 [日] 遍照金刚:《文镜秘府论》,人民文学出版社 1975 年版,第 34 页。

④ 转引自 [日] 遍照金刚:《文镜秘府论》,人民文学出版社 1975 年版,第 34 页。

⑤ 按古代的文体分类法,分为文与笔两大类,文有诗、赋、铭、颂、箴、赞、吊、诔等,笔有诏、策、移、檄、章、奏、书、启等。即而言之,韵者为文,非韵者为笔。

⑥ 转引自 [日] 遍照金刚:《文镜秘府论》,人民文学出版社 1975 年版,第 222—223 页。

据此论，平声的特点是平，给人的感觉是哀伤而舒缓；上声的特点是尖利，给人的感觉是上扬；去声的特点是清亮，给人的感觉是悠远；入声的特点是直截，给人的感觉是急促。不同的文体，其四声的运用不同，产生的审美效应也不同。以笔这种文体论之，笔以四句为一个单元，两句一组，如果第二句、第四句都用平声字，则语音流利，就得到靡丽这种美感；而如果平声兼用上去入三声，则获得宏壮这种美感。

三是对于诗文声律上的各种病有很多的解释。

刘善经虽然不是四声的发明者，但可以说是四声最深刻也最有力量的解释者与捍卫者。

附录　唐朝上官仪等的对偶说

中国诗律的完成在唐朝，主要体现则是绝句与律诗完善。绝句与律诗的完善，除了四声的粘对合律外，还有对偶的贴切。

对偶运用由来已久，汉代的辞赋就很讲究对偶，但并没有提炼出规律来，刘勰的《文心雕龙》倒是提到了对偶："故丽辞之对，凡有四对，言对为易，事对为难，反对为优，正对为劣。"①

对偶可以归结为两类，一类为义对，另一类为声对。《文心雕龙》说的四对，其事对、反对、正对主要为义对。言对兼及义对与声对。刘勰说："是以言对为美，贵在精巧。"这精巧就不只是其义对得精巧，还有其声对得精巧。这声对得精巧就是四声的恰当运用。刘勰说："若夫事或孤立，莫与相偶，是夔之一足，跂踔而行也。若气无奇类，文乏异采，碌碌丽辞，则昏睡耳目。必使理圆事密，联璧其章。迭用奇偶，节以杂佩，乃其贵耳。"②

中国诗的魅力大部分来自对偶，这是中国诗美的特色，也是中国诗美的灵魂。

虽然对偶并不是唐朝最早提出的，但是作为诗学理论，它是在唐朝建立并成熟的。

---

① 郭晋稀：《文心雕龙注译》，甘肃人民出版社1982年版，第452页。
② 郭晋稀：《文心雕龙注译》，甘肃人民出版社1982年版，第455页。

一、对偶理论的提出

最早提出诗的对偶理论的是上官仪。上官仪（605—617）生活于隋末唐初。贞观年间做过弘文馆直学士，高宗年间，为秘书监，为初唐重要诗人，工五言诗，时称"上官体"。

有《笔札华梁》，为专论属对声律者，此书不存。《诗人玉屑》卷七载有他的"六对""八对"说：

> 诗有六对：一曰正名对，天地日月是也；二曰同类对，花叶草芽是也；三曰连珠对，萧萧赫赫是也；四曰双声对，黄槐绿柳是也；五曰叠韵对，彷徨放旷是也；六曰双拟对，春树秋池是也。又曰诗有八对：一曰的名对，"送酒东南去，迎琴西北来"是也；二曰异类对，"风织池间树，虫穿草上文"是也；三曰双声对，"秋露香佳菊，春风馥丽兰"是也；四曰叠韵对，"放荡千般意，迁延一介心"是也；五曰联绵对，"残河若带，初月如眉"是也；六曰双拟对，"议月眉欺月，论花颊胜花"是也；七曰回文对，"情新因意得，意得遂情新"是也；八曰隔句对，"相思复相忆，夜夜泪沾衣；空叹复空泣，朝朝君未归"是也。①

虽然上官仪并没有论述对是什么，但从八对我们可以总结出对是什么。

（1）对是两的关系，两两为对。对含有对立并联结两重意思。对立，说明它们具有平等性、对立性。平等性指性质、地位、规模；对立性指二者不交叉，不重合，而具有某种反对性。

（2）的名对，是对的标准。《文镜秘府论》说："的名对者，正也。凡作文章，正正相对。上句安天，下句安地。"②

（3）对有义对，也有声对。八对中，双声对、叠韵对是声对。双拟对、联绵对兼义对与声对。"双拟对者，一句之中所论，假令第一字为'秋'，第三字亦是'秋'，二'秋'拟第二字，下句亦然，如此之类名为双拟对。

---

① 周祖譔编选：《隋唐五代文论选》，人民文学出版社1990年版，第47页。

② 转引自 [日] 遍照金刚：《文镜秘府论》，人民文学出版社1975年版，第98页。

诗曰：'夏暑夏不衰，秋阴秋未归；炎至炎难却，凉消凉易追。'"①"联绵对者，不相绝也。一句之中，第二字、第三字是重字，即名联绵对。但上句如此，下句亦然。诗曰：'看山山已峻，望水水仍清；听蝉蝉响急，思卿卿别情。'"②

二、对偶理论的创新

《文镜秘府论》谈"二十九对"，其中第十二对至十七对，这六对，标明"元兢髓脑"。元兢，生卒年不详，自称唐高宗龙朔元年（661）为周王府参军，后又为朝廷协律郎，曾与许敬宗、上官仪等同修类书《芳林要览》三百卷，又摘选自汉至唐上官仪诗为《古今诗人秀句》二卷。其诗论著作有《诗髓脑》一卷，《新唐书·艺文志》误作《宋约诗格》，现不存，片段保存在《文镜秘府论》"二十九对"中，六对为：

平对：为平常之对，若青山对绿水。

奇对：为出奇之对，如马颊河对熊耳山，曾参对陈轸。参与轸均是二十八宿名。

同对：为同类性质之对，如大谷对广陵，薄云对轻雾。

字对：强调某字与某字之对，如桂楫之桂对荷戈之荷。桂与荷同为花。

声对：指声同之对。如晓路对秋霜。路本与霜不对，但路与露同声，借露来与霜相对。

侧对：侧对字义俱别，形体半相同。如诗句"玉鸡清五洛，瑞雉映三秦"。玉鸡与瑞雉其形体有一半相同。元兢对于此对，有详细的解释。他说："侧对者，若冯翊、龙首。此为'冯'字半边有'马'，与'龙'为对；'翊'字半边有羽，与'首'为对：此为侧对。又如泉流、赤峰；'泉'字其上有'白'，与'赤'为对。凡一字侧耳，即是侧对，不必两字皆侧也。"③

元兢六对不是上官仪八对重复，而是发展，这发展一是继承，二是创新。

---

① 转引自〔日〕遍照金刚：《文镜秘府论》，人民文学出版社1975年版，第102页。

② 转引自〔日〕遍照金刚：《文镜秘府论》，人民文学出版社1975年版，第104页。

③ 转引自〔日〕遍照金刚：《文镜秘府论》，人民文学出版社1975年版，第116页。

平对、同对，可以说是继承，而奇对、字对、声对、侧对，则明显超出了上官仪八对的范围。值得指出的是，虽然超出上官仪八对的范围，但它并没有突破上官仪所划定的对的性质。不管怎么创新，它仍然是对。

对偶论的创新者，还有崔融（653—706）。他提出三种对：切侧对、双声侧对、叠韵侧对这三种对见于《文镜秘府论》"二十九对"中的第二十六对至二十八对。这三种对均为险对，像切侧对，是说两句所说的理完全不同，但文字同类，这样就结成了对子，举的例子是"浮钟宵响彻，飞镜晓光斜"。上句与下句，就意义来说，完全没有关系；而它用的词——"浮钟""飞镜"却能构成对子。双声侧对，叠韵侧对，同样是上下句意义不相关，只是两句的关键词存在或双声或叠韵的关系而构成了对。

三、对偶理论的宽容

对偶理论在其创始之初，偏于严格，到后来就有些宽松了。盛唐的诗僧皎然（730—799）提出的八对，就见出宽松的气象。皎然是盛唐重要诗人。有多种著作：《杼山集》十卷，《儒释交游传》《内典类聚》共四十卷，《号呶子》十卷，《诗式》五卷，《评论》三卷，《诗议》一卷。他还曾参与颜真卿《韵海镜源》的编撰。《文镜秘府论》"二十九对"中的第十八对至二十五对，为皎然提出的对。[①]

邻近对：上句是义，下句是正名，如"死生今忽异，欢娱竟不同。"这一对，对仗是不够严格的，"忽异"与"不同"只能说马马虎虎的对。

交络对：举例，"出入三代，五有余载。"解释说，"古人但四字四义皆成对，故偏举以例也"。意思，从表面上看，这两句是构不成对子的，但古人这么对，也就宽容一点算了。

当句对：举例，"薰歇烬灭，光沉响绝。"这里所谓"当句"，指形式上为两句，实为一句。

---

① 关于［日］遍照金刚《文镜秘府论》"二十九对"中哪些对是上官仪的、元兢的、崔融的、皎然的，均采用罗根泽先生成果，见罗根泽：《中国文学批评史》第二册第一章"诗的对偶及作法"（上），上海古籍出版社1984年版。

含境对：举例，"悠远长怀，寂寥无声。"所谓"含境"，强调它含有一种悠远的境界，其实，对仗是不工整的。

背体对：举例，"进德智所拙，退耕力不任。"背体，指反着说，同样，对仗也是不工整的。

偏对：举例，"萧萧马鸣，悠悠旆旌。"此对，加了个注："谓非极对也。"解释说："全其文采，不求至切"，也就是说，对仗不工整。

双虚实对：举例，"故人云雨散，空山来往疏。"此对中，"云雨"对"来往"，云雨是实，来往是虚。不是通常的实对实，虚对虚。

假对：举例，"不献胸中策，空归海上山。"所谓假对，大概是不是真正的对，而是形式上的对。此例上下两句，一个连贯的意思，不构成对立。

皎然所提出八对，有一个突出特点，就是对仗不工整。不工整的对，也称为对，说明对偶已经不那么严格了。

一方面，是对偶的建构，让诗歌形式更有秩序，更为严谨；另一方面，是对偶适当解构，让诗在抒发情感上有一个自由的天地。这样，中国诗歌的对偶理论体系大体完成，其后，不断地丰富，不仅追求声音之和谐与美妙，而且追求意义的深刻与意境的深邃。

中国文字的魅力在对偶上得到最为充分、最为突出的体现。中国古典诗歌的美于此大放光彩，辉耀世界！

中国诗的形式美——诗律美，主要在唐朝形成的。诗律的主体是音律，音律中，除了上面说的四声与对偶以外，还有韵律。虽然诗句押韵早在《诗经》时代，就有了，但比较严格的押韵方式还是在唐朝建立的，因为写诗的押韵的要求，故产生了韵书。隋朝陆法言的《切韵》盛行于世，为诗的押韵提供了极大的方便。此韵分为206类，也就是说，有206韵。这未免太严格了，唐朝规定相近的韵可以通押。在实践的过程中，逐渐地将许多韵合并，于是就有了107韵，后人又减了一韵，为106韵。韵的适当合并非常有利于诗歌的发展。事实上，唐朝诸多有名的诗篇在韵律上并不那么严格，也许正是韵的不够严格，才让某些诗句更美好，更有魅力。南宋时代，学者刘渊将韵进一步整理，称之为"平水韵"，平水韵为权威的诗韵，影响至今。

诗律完成的标志是近体诗完成，近体诗是律诗，分为绝句和律诗。诗律的完成，让唐朝的诗歌实现空前的繁荣。诗，成为中华文化的瑰宝，而在美学上，诗，成为审美的标准与范例。而在对待诗律的态度上，盛唐的两位大诗人李白、杜甫有异，李白只能说以自由抒发情感为最高原则，适当兼顾诗律；杜甫则力求做到自由抒发情感与严格诗律的统一。元稹在称赞杜甫的诗"铺陈终始，排比声韵，大或千言，次犹数百，词气豪迈，而风调清深，属对律切，而脱弃凡近，则李尚不能历其藩翰，况堂奥乎"①！

由西周到唐朝，诗律的建设走过了一个漫长的过程。这期间隋朝的作用是关键性的。南北朝是四声理论的发明，而隋朝，则是四声理论的完善，还有《切韵》的出现。当我们在高度赞美唐朝诗歌的成就之时，不可忽视隋朝为此所作出的贡献。

---

① 周祖诜编选：《隋唐五代文论选》，人民文学出版社 1990 年版，第 287 页。

第 三 章
文章美学的新发展

南北朝的战乱对于开国皇帝隋文帝的影响是巨大而又深刻的。他深深感受到以"亡国之音"为标签的齐梁文学及音乐是如何腐蚀南北两岸的最高统治者的。新政权刚刚建立，浮夸奢靡之风断不可长，对于纯以浮词娱情的齐梁文学，隋文帝存有巨大戒心。《隋书·文学传序》云："高祖初统万机，每念斫雕为朴，发号施令，咸去浮华，然时俗词藻，犹多淫丽，故宪台执法，屡飞霜简。"① 为了政权的稳固，他下诏改革文风。泗州刺史司马幼之不知此事厉害，他上文帝的表章仍然充斥着浮夸的言辞，隋文帝大怒，将司马幼之交付有司治罪。在中国历史上，将文风的改革提升为政治行为，且动作幅度很大，这可能是第一次。隋文帝改革文风的负面影响，一直受到后世的批评，有的甚至说是否定了文学。而在笔者看来，否定文学的帽子可能不合适。隋文帝的改革不是否定文学，而是否定一种文风——浮而不实的文风。隋文帝本人虽然不从事文学创作，但是，他鼓励文学创作。《隋书·高祖本纪》载，开皇九年（589），全国统一，隋文帝下诏："代路既夷，群方无事，武力之子，俱可学文，人间甲仗，悉皆除毁，有功之臣，降情文艺，

---

① 《隋书·列传第四十一·文学》。

家门子侄,各守一经。"① 隋朝文学成就确实不大,主要原因还是隋朝存在的时间短,然不能因此而否定由隋文帝发起的文风改革的正面价值,实际上,隋文帝是在倡导一种新的文章美学,这种美学在李谔等人的文章中得到比较充分的阐述。

第一节　李谔:论齐梁文风

李谔的《上隋高帝革文华书》是隋朝文风改革的纲领性文献。在这篇文章中,他论述了如下四个重要问题。

一、"化民"与文风

李谔从化民的高度来论述隋朝文风改革的意义。他说:

> 臣闻古先哲王之化民也,必变其视听,防其嗜欲,塞其邪放之心,示以淳和之路。②

"化",教化。教化百姓为什么要变其视听? 这是因为视听与人的心理有着密切关系。视听是一种感性享受,感性享受,是人性之欲,此欲是正当的,但如果缺乏必要的控制,就成为纵欲,而纵欲就可以危及心理。

这是中国古代一种共识,不独儒家这样认为,道家也这样认为,老子就说"五色令人目盲,五音令人耳聋,五味令人口爽"③。

文学是能给人带来感性愉快的,愉快的来源一是内容,二是形式。内容没有问题,只要内容健康,就于人的心理有益。形式则有两种情况,一是与内容贴合的形式,这种形式如果美,则有助于内容;二是超出内容或脱离内容的形式,这种形式如果美,就有可能让人忘掉内容,而沉醉于形式。

文章,按中国古代儒家诗教、文教说,它是用来"化民"的。既如此,它就不仅要重视文章内容,"思无邪",载礼义之道,而且一定要重视文章的形

---

① 《隋书·本纪第二·高祖下》。
② 《隋书·列传第三十一·李谔》。
③ 《老子·十二章》。

式，既不能不修饰形式，让文明道；也不能过于修饰形式，让文伤道。

二、论"建安文学"

李谔说，古代的文章注重内容，文风淳厚，有益于化民，而"降及后代，风教渐落，魏之三祖，更尚文词，忽君人之大道，好雕虫之小艺，下之从上，有同影响，竞骋文华，遂成风俗"。① 这段文论述，在后世引起很多批评，说是否定了以曹操父子为代表的建安文学。

其实，这只不过在追溯齐梁文学的源头。众所周知，齐梁文学讲究文采，比较重视文学的艺术性。建安文学在这点上倒是给了齐梁文学比较大的影响。李谔在这里只是陈述了一个事实，不涉及对"魏之三祖"以及建安文学的整体评价，即算说"魏之三祖，更尚文词，忽君人之大道，好雕虫之小艺"，或许失之偏颇，但也不算言之无据。的确，曹操父子在文学上较之其他作家，"更尚文词"，这没有错。曹操于儒家的"君人之大道"，确有所忽视，甚至有所违背。曹操不是儒家的信徒。说他们"好雕虫之小艺"，也是事实。曹操父子确喜欢文学。至于说文学是"雕虫小艺"，这是李谔的看法。此看法的确值得商榷。曹丕就不这样看，他认为"文章，经国之大业，不朽之盛事"。整个这段文字，除了"雕虫小艺"用语也许欠妥外，其他没有问题，都是事实，完全没有否定以曹氏父子为代表的建安文学的意思。

三、批齐梁文风

对于齐梁文风的批判，是李谔这篇文章精华。他是这样说的：

> 江左齐梁，其弊弥甚，贵贱贤愚，唯务吟咏，遂复遗理存异，寻虚逐微，竞一韵之奇，争一字之巧。连篇累牍，不出月露之形；积案盈箱，唯是风云之状。②

---

① 《隋书·列传第三十一·李谔》。
② 《隋书·列传第三十一·李谔》。

这种看法已经成为论齐梁文风的经典。其实，是过分的。

齐梁，只是一个代名词，不一定是南北朝北齐和南梁，它指南北朝期间一股弥漫于整个文坛的竞逐形式美的风气。这段文字，对于南北朝文学过分竞逐形式美而忽略内容的雅正厚重有所批评，这是对的。中国文学自先秦始，强调"诗言志"，后来，不独诗重在言志，文也重在言志。志，不是一般的心志，而是家国之志。家国之志重在个人对于社会、对于国家的责任。"诗言志"是儒家美学的精髓。自汉代确立儒家的正统地位，儒家对于文学的统治严格，文学的社会功能比较单调，"言志"几乎成为诗歌创作唯一的指导思想。魏晋，社会动乱，以寻求人的心灵家园的玄学兴起。玄学给作家心灵带来一股清新之风，作家的精神得到一定程度上的解放。文艺不再只是言志，还要抒情；不再只是追求承担社会责任，还要娱乐，不只娱人，还要娱己。一句话，文学的自我意识增强了，寻求自我，表现自我，娱乐自我，成为许多作家的创作宗旨。这就给文学带来一种新的创新，那就是在艺术形式上创新，追求形式美。具体体现，就是诗歌声律上的探求。声律重视诗歌的音韵美，与此相关，也追求文辞的画面美。齐梁文风就是在这种背景下产生的。李谔用"竞一韵之奇，争一字之巧。连篇累牍，不出月露之形；积案盈箱，唯是风云之状"描述齐梁文风，是准确的。

追求文学的形式美，应该说，不是坏事，而是好事，它是文学自觉的体现。文学的本质应该是美。美有内容与形式两因素。两个因素中，内容方面，本质为善，它之成为美，只能在转化成形象之后。而它转化成形象，需要借助一定的形式，是形式将内容转化成形象，美在形象。因此，美的两个因素中，形式因素最重要。

文学的这种自觉，是精神解放成果。它是文学的进步，是社会的进步，因此，齐梁文风并不应该全部否定。

齐梁文风的问题，是某些作品在追求形式美时，将文学也应重视的社会责任这一面忽视了。至于统治者用这种文学寻求享乐，这不是此种文学的责任，而是统治者自己的责任。

李谔批评齐梁文风，总体上是对的，但也存在过头的问题。其一，不是

"贵贱贤愚,唯务吟咏",不要说不少百姓不会写诗,就是会写诗的人,也不是"唯务吟咏"。其二,齐梁间的诗,也不全部是形式主义的坏诗,"连篇累牍,不出月露之形;积案盈箱,唯是风云之状"这种唯形式美的作品,有,但只是一部分。还有很多作品是兼顾内容与形式美的。南北朝间就出了不少优秀的诗人,如鲍照、何逊、谢灵运、谢朓、阴铿、王褒、庾信等。他们就不是唯形式主义者,其华美的形式中蕴藏着健康雅正的内容。他们对于唐朝的诗歌创作产生过正面的影响。

关于齐梁文风,《隋书·列传文学》中有一段话值得重视:

> 江左宫商发越,贵于清绮,河朔词义贞刚,重乎气质。气质则理胜其词,清绮则文过其意,理深者便于时用,文华者宜于咏歌,此其南北词人得失之大较也。若能掇彼清音,简兹累句,各去所短,合其两长,则文质彬彬,尽善尽美矣。①

应该说,这个评论是最恰当的。

此论立足于南北文风差异。江左即南方,讲究声律,重视形式,风格上以清绮为贵;河朔即北方,关注词义,重视内容,风格上以坚毅为重。用文学功能论来说,江左的文学重视娱情悦性;北方的文学重视教化喻理。这两者,都有优点,也各有不足,最好是将其二者统一起来,去其所短,合其两长,这样就"文质彬彬,尽善尽美"了。

四、隋文帝改革文风的目的

李谔是隋文帝杨坚的心腹重臣,隋建国前,先后仕官于齐、周,与杨坚为同僚,那个时候,李谔就认为杨坚"有奇表,深自结纳",而杨坚也很看重李谔的意见,曾经说:"朕昔为大司马,每求外职,李谔陈十二策,苦劝不许,朕遂决意在内,今此事业,谔之力也。"② 李谔是真正的儒者,以维护儒家礼制为职责。隋朝初年,经南北朝的动乱,礼教凋敝,公卿死后,爱妾侍婢很

---

① 《隋书·列传第四十一·文学》。
② 《隋书·列传第三十一·李谔》。

快就嫁他人或被发卖，李谔认为不合礼制，"无廉耻之心，弃友朋之义"，于是上书隋文帝，要求改变此种风气。隋朝初年，由隋文帝发起的文风改革，虽然出自隋文帝的本意，却是由李谔从理论上加以论证的。在这篇奏章中，李谔说：

> 及大隋受命，圣道聿兴，屏黜轻浮，遏止华伪。……开皇四年，普诏天下：公私文翰，并宜实录。其年九月，举泗州刺史司马幼之文表华艳，付所司治罪。自是公卿大臣，咸知正路，莫不钻仰《坟》《集》，弃绝华绮。择先王之令典，行大道于兹世。①

这里将文风改革的目的说得非常清楚，它不是为了文学的发展，而是为了政权的巩固。政治的目的是唯一的。因此，从总体上看，由隋文帝发起的这场文风改革是没有多少进步意义的。事实是，这场文风改革也没有能够继续下去，到隋炀帝即位，就不再提"屏黜轻浮，遏止华伪"了，因为隋炀帝就是一个好齐梁华艳之风的皇帝。尽管如此，这场文风改革运动还是多少起到了一定的进步作用。《隋书·列传第四十一》说，虽然隋炀帝"初习艺文，有非轻侧之论"，但是，他即位之后，多少受到由他父亲发起改革文风的约束，所写的诗文尚能"并存雅制，归于典则。虽意在骄淫，而词无淫荡"。这就影响到当时的文坛。虽然由于隋朝太短，成就不显著，但却影响到唐朝，唐朝的文学从一开始就走在综合南北文学之长"文质彬彬，尽善尽美"的道路上。

第二节　王通：论儒家诗教说

隋朝最大的学者应为王通（584—617），绛州龙门（今山西河津）人，人称"文中子"。王通曾中过秀才，没有在朝廷做过官，只是在蜀郡做过书吏，他一生的事业是讲学，人称"王孔子"。他的弟子记述其言行，成《中说》一书。王通是唐朝著名诗人王勃的爷爷，也是唐朝诗人王绩的兄长。王通

---

① 《隋书·列传第三十一·李谔》。

是儒家学者,他的美学思想主要为儒家诗教说的阐述。

一、文与道义

文与道是儒家美学中的重要问题。唐朝的韩愈、柳宗元,宋朝的周敦颐、程颐、朱熹均对此问题做出过论述,虽然具体说法有些不同,均以道为文之本。这一问题早在隋朝,就由王通论述过了。王通说:

> 学者博诵云乎哉！必也贯乎道;文者苟作乎哉！必也济乎义。①

在这里,学与文区分开来,学为"博诵",文为"作"。"诵",当然不只是读诵,而是学习研究,学习研究的对象当然是经典。怎样学习研究经典?就是要从众多的经典中找出贯穿性的理论,这理论就是道。"贯"不只是具贯穿义,还具贯通义,通达义。"贯乎道"是贯通道。为文,难道仅只是作文吗?不是,而是为了"济乎义"。"义"在这里就是道,或者说,适宜于对象的某一种或某一方面的道,"济"在这里就是实现、完成,"济乎义",就是实现义,完成义,达到义。

王通在这里将文的功能讲得非常通彻,文就是为传达道、实行道的工具。王通的文"必也济乎义"开唐宋古文运动文道论之先河。

二、诗与教化

关于诗的教化功能,孔子提出"四教"说:"诗可以兴,可以观,可以群,可以怨。迩之事父,远之事君,多识于鸟兽草木之名。"② 王通在接受孔子的"四教"说之后,又提出他的"四教"说:

> 《续诗》可以讽,可以达,可以荡,可以独处。出则悌,入则孝,多见治乱之情。③

《续诗》是王通仿《诗经》编的一部诗歌集,此诗集早已亡佚,据杨炯《王勃集序》说:"甄正乐府,取其雅奥为三百篇以续《诗》。"这些诗歌选自

---

① 王通:《中说·天地》。

② 《论语·阳货》。

③ 王通:《中说·天地》。

哪些朝代，据有关史料，为晋、宋（南朝）、北魏、北齐、北周、隋，或再加上南齐。王通选诗的意图很明显，就是企望继承《诗经》的教化传统，以诗辅政。关于《续诗》的教化功能，王通说：

第一，"可以讽"。讽就是讽谏，对统治者进行批评。王通没有强调《毛诗序》说的"文而谲谏"，也许，他对于《毛诗序》所说的"言之者无罪，闻之者足以戒"，心存疑惑，不敢或者说不便表示明确的态度。

第二，"可以达"。达，含义丰富。这里可能主要指通达，通达体现为政治上的适度民主、开放，也可能兼有晓达意，让百姓明白如何遵守礼仪规范、道德规范，做一个自觉守法之人。

第三，"可以荡"。荡，含贬、褒两义，作为贬，指淫逸；作为褒，指自由。这里可能指适度的自由——心灵的自由、情感的自由和审美的自由。

第四，"可以独处"。独处，在这里，指诗的修身养性功能。

四个"可以"，基本上概括了诗全部功能，与孔子的四教不相矛盾而又有一定的新意。"达"和"荡"，体现出王通对于诗的审美功能的重视。审美具有心灵解放的意义，"达"隐约地见出审美理性上的解放；而"荡"则更多地见出审美情感上的解放。

王通强调了诗的道德说教功能，所谓"出则悌，入则孝"，这毫无新意，但他说的诗可以让人"多见治乱之情"，见出他的家国情怀。隐含着他的一个重要美学观点，文艺要直面人生，直面社会，而不应粉饰太平，更不应一味歌功颂德。

王通认为，诗的教化功能是建立在认识功能的基础之上的。在王通看来，《诗经》之所以能起到教化的作用，就是因为它正确地反映时代人民生活的情状。于是，他提出"情性"说：

> 诗者，民之情性也。情性能亡乎？非民无诗，职诗者之罪也。①

"情性"即"情状"。虽然孔子说"诗可以观"，但并没有明确地说观什么，而"情性"说，则将"民之情性"摆在突出的地位上，不能不说是对孔子"诗

---

① 王通：《中说·关朗》。

可以观"一个重大发展。

基于对商纣亡国的认识,周天子知道没有得到人民支持的政权是不可能稳定的。周武王的伐商战争,打的旗号就是"顺乎天而应乎人"。周朝的采诗制度就立根于此。《诗经》正是采诗制度的产物。而在后世,采诗制度逐渐废弛了,正是因为如此,他才说"非民无诗,职诗者之罪也"。

《中说·问易》中,王通说:

> 诸侯不贡诗,天子不采风,乐官不达雅,国史不明变。呜呼,斯则久矣,《诗》可以不续乎?

周朝时,统治者高度重视民歌的价值。一方面,各地诸侯有责任向朝廷贡诗;另一方面,天子派人下去搜集民歌,名之曰"采"风,这样做,有三个用处:(1)通过民歌了解民俗民情民生。(2)用民歌作为纯正朝廷雅乐,民歌之所以能让乐官"达雅",是因为民歌体现了百姓的利益需求,这种需求是雅即正的重要标尺。周朝时,统治者具有民本意识,至少从理论上看,对于百姓的需求与心声是重视的。(3)用民歌作为编写国史的重要材料。按《毛诗序》:"以一国之事,系一人之本,谓之风;言天下之事,形四方之风,谓之雅。雅者,正也,言王政之所由废兴也。"国家、政教、社会处于不同情况,"风"不一样。太平之时,风与雅是为正常的,而如果"王道衰、礼义废、政教失,国异政,家殊俗,而变风、变雅作矣",这个时候的民歌就成为"变风""变雅"了。

王通对于诗的"变风""变雅"更为重视。"变风""变雅"是乱世的产物,乱世当然不是人们所希望的,王通重视"变风""变雅"是希望从"变风""变雅"中发现社会动乱的深层的原因,让有作为的统治者有针对性地找到治理乱世的良方。

王通在《中说·王道》中说:"吾欲续《诗》,考诸集记,不足征也,吾得《时变论》焉。"《时变论》是他的先人王玄则的著作,王通认为此书"言化俗推移之理竭矣",就是说,这本书将社会风俗变迁的道理说尽了。正是因为他编这样一本诗集,为的是更好地认识时代变迁的原因,以求获得治国之良方,他选诗的标准,就不会太重视艺术性,更不会太重视审美性,而只会重视它的认识性和政治性。

这就影响到这部诗集的编辑体例。关于《续诗》的编辑体例,王通提出"四名""五志"说:

> 薛收问《续诗》。子曰:"有四名焉,有五志焉。何谓四名? 一曰化,天子所以风天下也;二曰政,蕃臣所以移其俗也;三曰颂,以成功告于神明也;四曰叹,以陈诲立诚于家也。凡此四者,或美焉,或勉焉,或伤焉,或恶焉,或诫焉,是谓五志。"①

"名"即名目,在这里指编的名目。《续诗》共有四个编目,为化、政、颂、叹。

(1)"化",即教化,《毛诗序》称之为"风"。与《毛诗序》不同的是,《毛诗序》说的风有两种,一种是上以风化下,另一种是下以风刺上。而王通只讲上化下,即"上以风化下",而不提百姓对统治者的批评即"下以风刺上"。这一编诗的主题很清楚了,就是统治者高高在上,对百姓进行训导。

(2)"政"。指政绩,体现为社会生活。这一部分诗歌最为重要,它最具现实性。这部分诗歌可能与《诗经》中的"国风"相似。王通在《中说·事君》中说:"《续诗》之有化,其犹先王之有雅乎? 《续诗》之有政,其犹列国之有风乎?"

(3)"颂"。"以成功告于神明",神明主要指祖先,这部分诗歌可能与《诗经》中的"颂"相似。

(4)"叹",道德教诲。这部分诗歌与"政"构成互补,"政"重在记录生活,突出诗的记事功能;"叹"重在道德教化,突出诗的行善功能。

这样一部囊括七个朝代的诗歌集,其主要使命是反映朝代的兴衰变迁。

王通说到"五志",五志是诗歌的五种情感态度:"美",赞赏;"勉",劝勉;"伤",悲伤;"恶",憎厌;"诫",戒惧。"五志"倒是接触到了诗的抒情品质,但是,抒情,在王通看来,是次要的。

---

① 王通:《中说·事君》。

三、文与德

文与德的关系问题，曹丕在《典论·论文》中有所言及。他认为，虽然"古今文人，类不护细行，鲜能以名节自立"，但也有不少文人能做到人品与文品的统一。

王通似乎比较悲观，对于南朝一些声望很高的文人，他的评价却不怎么高：

> 子谓文士之行可见。谢灵运小人哉，其文傲，君子则谨。沈休文小人哉，其文冶，君子则典。鲍照、江淹，古之狷者也，其文急以怨；吴筠、孔稚珪，古之狂者也，其文怪以怒；谢庄、王融，古之纤人也，其文碎；徐陵、庾信，古之夸人也，其文诞。
>
> 或问孝绰兄弟，子曰："鄙人也，其文淫。"
>
> 或问湘东王兄弟，子曰："贪人也，其文繁。谢朓，浅人也，其文捷；江总，诡人也，其文虚。皆古之不利人也。"
>
> 子谓颜延之、王俭、任昉有君子之心焉，其文约以则。
>
> ……
>
> 子曰："君子哉，思王也。其文深以典。"①

王通在这里，提到的人物均是文学史上的名人，应该说，均在文学上有建树，但他们的德行与性格却不都值得称道。大体上，有两种情况：一种是德与文是一致的；另一种是德与文是不一致的。这里涉及的问题比较复杂。首先，文，指的是哪个方面，是形式方面，还是内容方面，还是风格方面？德，也很复杂，是指品德，还是也包括性格？性格其实与德行完全不是一回事，但通常将性格也算作德行了。其次，品德，也还有一个评价标准问题，即使用的是同一标准，也有一个理解问题。

上面，王通说到的南朝文人，其中谢灵运、谢朓、鲍照，文学史上的评价都是极高的，但王通评价都不高。谢灵运，他说是"小人"，其文评价是

---

① 王通：《中说·事君》。

"傲"。"傲"在这里不是褒义词,因此,谢灵运的德行与文品倒是统一的,只不过统一为低。说谢灵运"小人",那是持的标准问题,《宋书·列传第二十七》中也只是说谢灵运"文章之美,江左莫逮",至于德行与性格方面,颇有微词,说他"性奢豪","性偏激,多愆礼度","自谓才能宜参权要,既不见知,常怀愤愤。"至于"文傲",也并非空隙来风,他《山居赋》就颇有傲意。显然,王通是站在儒家的立场看问题的,于是,就对于谢灵运的做派看不惯,对他文章所透出的钟情山水,笑傲王侯也看不惯。南朝齐梁间的钟嵘就不这样看,他认为谢灵运的作品"名章迥句,处处间起;丽典新声,络绎奔会,譬犹青松之拔灌木,白玉之映尘沙,未足贬其高洁也"①。

王通以"君子"论作家,属于君子的作家有两类:一类代表为颜延之、王俭、任昉。他们的文章"约以则"——简约而又合乎儒家规范。另一类代表为曹植。他的文章"深以典"。"深以典",思想深刻,文风典雅。钟嵘的《诗品》将曹植的诗列为上品,位于李陵、汉婕好班姬之后,这种排法显然有他意,在钟嵘的心目中,曹植为第一。曹植德行无亏,属于君子之列无疑。曹植的作品,《诗品》评说是:"其源出于《国风》,骨气奇高,词采华茂,情兼雅怨,体被文质,粲溢今古,卓尔不群。"② 这种评论,显然是王通所能接受的。

关于文章与德行的关系,历南北朝、隋及初唐的姚思廉有一段话:

陈吏部尚书姚察曰:"魏文帝称'古之文人,鲜能以名节自全'。何哉?夫文者妙发性灵,独拔怀抱,易邈等夷,必兴矜露,大则凌慢侯王,小则傲蔑朋党,速忌离訹,启自此作。若夫屈、贾之流斥,桓、冯之摈放,岂独一世哉?盖恃才之祸也。

"群士值文明之运,摘艳藻之辞,无郁抑之虞,不遭向时之患,美矣!"③

这一说法比较深刻!它揭示了中国传统文化内部深层的矛盾。这样一

---

① 钟嵘:《诗品·宋临川太守谢灵运》。

② 钟嵘:《诗品·魏陈思王植》。

③ 姚思廉:《梁书·文学传后论》。

种状况只属于传统的中国。

从美学基本理论来看，德行与文学具有一定的联系，也就是说德行对于文学有一定的影响，但是这种影响并不具有绝对性。第一，德行只是影响文章的某些内容，不是全部。第二，有些文章不以德行为内容，德行悬置，因而不能显现出德行对于文章的影响，比如山水诗、山水散文。第三，文学的形式，与作家的修养才华直接相关，而与德行关系不大或者没有关系。第四，不同的道德标准影响对于文章的评价。同样，不同的文学观也影响着对于文章的评价。第五，性格问题与德行不是一回事，但有相关性。性格对于文章的风格是有一定影响的。性格很难以好与不好来评价。倒是修养对于文章的影响很大，修养是综合性的，包括德行与性格，还有气质与学问。

总起来说，王通是隋朝重要的儒家代表人物，他的《中说》是唐代古文运动的重要理论来源之一。在天下大乱急需重整纲纪之际，这一著作具有拨乱反正的意义。

第三节　刘善经：论作文之道

如果从美学角度看隋朝的文论，刘善经的贡献胜过王通。刘善经著有《四声指归》，对于诗的声律学做了深刻的阐述，除此外，他还有关于文章做法之类的著作，同样，散见在遍照金刚的《文镜秘府论》一书中。王利器先生认为，《文镜秘府论》"南卷"中《论体》《定位》两篇为刘善经所作。这两篇文章实在是刘勰《文心雕龙》之后，极为难得的论文之作。

一、论文体

文体，不是现今说的体裁，但包括体裁。现今说体裁，为文章的形式，诸如小说、散文、诗、词等，而刘善经说的文体，是内容与形式的统一体，它既有内容的要求，又有形式的要求。刘善经说"人心不同，文体各异"。这里说的"人心"指所需要表达的内容，可见内容是决定性的。

基于内容决定论,刘善经将文体分为六种:博雅、清典、绮艳、宏壮、要约、切至。这种分法明显地具有美学的意义。下面简单地评述之:

博雅:体裁为颂、论,它的功能是"模范经诰,褒述功业"。风格为"渊乎不测,洋哉有闲",博大深邃,大气舒展。

清典:体裁为铭、赞。内容是"敷演情志,宣照德音"。风格为"植义必明,结言唯正",端方正直,钦崎磊落。

绮艳:体裁为诗、赋。内容是"体其淑姿,因其壮观"。风格为"文章交映,光彩傍发",情充意发,目炫心惑。

宏壮:体裁为诏、檄。内容是"魁张奇纬,阐耀威灵"。风格为"纵气凌人,扬声骇物",文如惊雷,激我摧敌。

要约:体裁为表、启。内容是"指事述心,断辞趣理"。风格为"微而能显,少而斯洽",文辞简约,明白爽利。

切至:体裁为箴、诔。内容是"舒陈哀愤,献纳约戒"。风格为"言唯折中,情心曲尽",一语中的,情理透显。

不同的文体,特色鲜明,但要求特而不偏,偏必失。六种文体,各有其偏失处:

> 博雅之失也缓,清典之失也轻,绮艳之失也淫,宏壮之失也诞,要约之失也阑,切至之失也直。①

刘善经关于文体的阐释,立足于文章的审美效应,反推到它的内容与形式,落实在审美风格上。这种阐释以前是没有的,充分显示出刘善经对于文章审美性质的重视。

二、论构思

刘善经认为:"凡作文之道,构思为先。"②构思重在整体观。他说:

---

① 刘善经:《文体》,转引自 [日] 遍照金刚:《文镜秘府论》,人民文学出版社 1975 年版,第 151 页。

② 刘善经:《文体》,转引自 [日] 遍照金刚:《文镜秘府论》,人民文学出版社 1975 年版,第 152 页。

篇章之内，事义甚弘，虽一言或通，而众理须会。若得于此而失于彼，合于初而离于末，虽言之丽，固无所用之。故将发思之时，先须惟诸事物，合于此者。既得所求，然后定其体分。必使一篇之内，文义得成，一章之间事理可结。通人用思，方得为之。①

从总体上着眼，关注整体效应，也就是注重文章的有机性。这也反映出一种美学观。这种美学观可以名之曰"有机整体观"。

有机整体观，不仅关涉作为审美对象的文章的审美品格，而且关涉作家写作时审美构思：

（一）定一

刘善经说：

文思之来，苦多纷杂，应机立断，须定一途。②

定一，即定主旨，主旨一定，材料的取舍就容易了。

（二）通变

刘善经说：

文无定方，思容通变，下可易之于上，前得回之于后。研寻吟咏，足以安之，守而不移，则多不合焉。③

"文无定方"，这一提法十分重要。它强调文也只是手段，它的目的是表达作者想要表达的思想与情感，为了充分地表达特定的思想与情感，有时不得不对文章的格式、写法做一定的突破，这种突破好像"下可易之于上，前得回之于后"。而如果死守陈规，文章的效果就差多了。

（三）待时

文章不可蛮写，必要的放弃，为的是等待时机。刘善经说：

---

① 刘善经：《文体》，转引自 [日] 遍照金刚：《文镜秘府论》，人民文学出版社 1975 年版，第153 页。

② 刘善经：《文体》，转引自 [日] 遍照金刚：《文镜秘府论》，人民文学出版社 1975 年版，第153 页。

③ 刘善经：《文体》，转引自 [日] 遍照金刚：《文镜秘府论》，人民文学出版社 1975 年版，第153 页。

心或蔽通，思时钝利，来不可遏，去不可留。若又情性烦劳，事由寂寞，强自催逼，徒成辛苦。不若韬翰屏笔，以须后图，待心虑更澄，方事连缉。非止作文之至术，抑亦养生之大方耳。①

这种等待，刘善经认为不只是作文之至术，还是养生的大方。这中间的道理涉及的方方面面就多了。就审美来说，它有一个灵感问题，灵感是思维的跃升，它具有一定的偶然性，但也有一定的必然性。必然中有思想的积累与情感的汇集。当这种积累与汇集达到一定的量的时候，思维就会出现突变、质变，而突变、质变的产生，又多需要触媒。

三、论定位

定位，文章结构。刘善经说：

凡制于文，先布其位，犹夫行陈（阵）之有次，阶梯之有依也。先看将作之文，体有大小；又看所为之事，理或多少。体大而理多者，定制宜弘；体小而理少者，置辞必局。须以此义，用意准之，随所作文，量为定限。既已定限，次乃分位，位之所据，义别为科，众义相因，厥功乃就。故须以心揆事，以事配辞，总取一篇之理，折成众科之义。其所用也，有四术焉：一者，分理务周；二者，叙事以次；三者，义须相接；四者，势必相依。②

位，在这里指文章中诸多材料的安排，即为结构。布位好像行阵有次序，也好比阶梯有依托。那么，如何布位？刘善经说，主要看二：一为体，二为理。体有大小；理有多少。

体，即文体，不同的文体，有不同的规模。碑、志、论、赋、檄，体法大；启、表、铭、赞，体法小。写文章首先要明确用的是哪种体，体决定了文章的体量。

理，为文理，即文章所要说的道理。道理有多有少，它是由文章所谈的

---

① 刘善经：《文体》，转引自［日］遍照金刚：《文镜秘府论》，人民文学出版社1975年版，第153—154页。

② 刘善经：《定位》，转引自［日］遍照金刚：《文镜秘府论》，人民文学出版社1975年版，第155—156页。

事决定的，有些事比较复杂，理就多；有些事比较简单，理就少。

"体大而理多者，定制宜弘；体小而理少者，置辞必局。"就依这个"义"为原则来考虑文章的体量，安排文章的结构。

写文章总会有种种考虑，种种考虑就是种种"义"，种种"义"虽然分属不同科目，但在文章中构成有机关系，即所谓"义别为科，众义相因"。如能做到这样，大功告成。

具体来说，有四个理论：

"一者，分理务周。"理要说清楚，要考虑分理。分理，不是将理拆开，而是考虑好说理的次序，何者先说，何者继之，务必做到周密。

"二者，叙事以次。"叙事的次序与事情本身的次序不是一回事。叙事的次序并不等于事情本身的次序。叙事次序的设置要考虑的是叙事的效果，怎样能让听众听懂，又最能突出事情的关键。

"三者，义须相接。"文章可能不止一个主旨，也许有几个，每一个主旨都是一个"义"，这诸多的"义"需相接，不能存在断裂、矛盾的状况。

"四者，势必相依。"势为文章的气脉，气脉有前继，有后伸，还有旁涉，要合理安排，以体现出文章灵活自如的生命力来。

刘善经说的这"四术"，前三者，体现为思维的缜密，见出一种科学的美；第四者，重在文气的灵动有致，体现出生命的活力，见出一种生命的美。

势的提出，显示出刘善经对于文章审美的高度重视。中国古代文论专论势并不多，刘勰的《文心雕龙》有"定势"篇，他说："情致异区，文变殊术。莫不因情立体，即体成势也。势者，乘利而为制也。如机发矢直，涧曲湍回，自然之趣也。圆者规体，其势也自转；方者矩形，其势也自安：文章体势，如斯而已。"刘勰的"势"指的是自然之趣，刘善经的"势"与刘勰的"势"是差不多的，但他强调的是理势，这与明末清初王夫之的论"势"相似。王夫之在《姜斋诗话》中说："以意为主，势次之。势者，意中之神理也。"他认为，"唯谢康乐为能取势，宛转屈伸以求尽其意；意已尽则止，殆无剩语"。

四、论遣句

文章是由句累积而成的，刘善经论作文之道，最后落实到句。他说：

> 篇既连位而合，位亦累句而成。然句无定方，或长或短。长有逾于十，如陆机《文赋》云："沈辞怫悦，若游鱼衔钩而出重渊之深；浮藻联翩，犹翔鸟缨缴而坠层云之峻。"短极于二，如王褒《圣主得贤臣颂》云："翼乎，若鸿毛之顺风；沛乎，若巨麟之纵壑。"在于其内，固无待称矣。然句既有异，声亦互舛，句长声弥缓，句短声弥促，施于文笔，须参用焉。①

文章是语言的艺术。文章之美很大程度上体现为语言之美，语言之美就其形式美来说，音韵占有重要地位，因此，句的长短、字的平仄，还有韵文的押韵、对仗，散文的节奏与顺畅，均显得非常重要。刘善经在这里主要说的是句的长短问题，他认为"七言已去，伤于太缓，三言已还，失于至促"，"至于四言，最为平正"，但也不能全篇都用四言，还是要根据文章的体势合理选用句子为好。他说：

> 其七言、三言等，须看体之将变，势之相宜，随而安之，令其抑扬得所，然施诸文体，互有不同：文之大者，得容于句长；文之小者，宁取于句促。何则？附体立辞，势宜然也②。

这种说法无疑是完全正确的。汉语自有它特殊的美，这种美在诗词中体现得淋漓尽致，但诗词毕竟距离实际生活有一些距离，人们平素说话，不能句句为诗，但散文就不同了，散文基本上可以移植于生活。在生活中，用散文作为口语，人们并不觉得不自然。所以在散文中讲究声韵，实际上也就是在生活用语中讲究声韵。中国语言的美就这样架构于文学与生活之间。

隋朝文论家还有李百药。李百药是《北齐书》的修撰者，在《北齐书·文

---

① 刘善经：《定位》，转引自[日]遍照金刚：《文镜秘府论》，人民文学出版社1975年版，第158页。

② 刘善经：《定位》，转引自[日]遍照金刚：《文镜秘府论》，人民文学出版社1975年版，第160页。

苑传序》中，他也提出一些重要观点。

一、"言之不文，岂能行之远乎"①

此语强调"言"要"文"，这里的"文"，就是美的意思，就是说要讲究文采。这一观点与刘善经的"附体立辞"说是一致的。

李百药对于文的重视，可能达到史之极致。他说："夫玄象著明，以察时变，天文也；圣达立言，化成天下，人文也。达幽显之情，明天人之际，其在文乎？"② 当然，这里的"文"不是文学但包括文学。

二、"文之所起，情发于中"③

关于文学的发生，自先秦至隋已有多种说法。《尚书》有"诗言志"说；孔子有"有德者必有言"说；屈原有"发愤以抒情"说；钟嵘有"物感"说；刘勰有"志足而言文"说……

李百药的"情发于中"说应该说是最平易的，也是最切合的。这一说法立足于对文学审美本质的认识，在李百药看来，文学的本质，就是情感的外化，具体为情感的语言化。情为文学审美之本。这一看法是深刻的。

隋朝的学者姚思廉是《梁书》《陈书》的作者，他所撰的《梁书·文学传序》《梁书·文学传后论》《陈书·后主纪论》《陈书·文学传序》也有一些值得注意的美学观点，比如，关于文的重要性，姚思廉说："经礼乐而纬国家，通古今而述美恶，非文莫可也。"④ 这一观点与李百药相似，只是姚思廉说得具体，而李百药说得比较空泛。

姚思廉对于文学易遭到权贵不喜，有独特的认识。他说：

> 夫文者妙发性灵，独拔怀抱，易遒等夷，必兴矜露，大则凌慢侯王，小则傲蔑朋党，速忌离訧，启自此作。若夫屈、贾之流斥，桓、冯之摈放，

---

① 李百药：《北齐书·文苑传序》。
② 李百药：《北齐书·文苑传序》。
③ 李百药：《北齐书·文苑传序》。
④ 姚思廉：《梁书·文学传序》。

岂独一世哉？盖恃才之祸也。①

姚思廉认识到文学"妙发性灵，独拔怀抱"的性质。这正是文学的价值所在，也正是文学审美所在。独特性、妙创性是文学审美的生命所在，凡是优秀的文学无不具有这样的品格。这种独特性、妙创性是艺术个性的优秀显现，它的社会效应必然会"凌慢侯王""傲蔑朋党"，因而为权贵之所不容。姚思廉将这种文学的罹祸，归之于文学家的"恃才"是不对的。这是优秀的文学家坚持文学应具的审美品格所造成的。优秀的文学家必然会是社会的正直与良心的代表，这一优秀的道德品格内化在他们的艺术个性之中。虽然艺术个性的显现总是艺术的，但仍然让权贵们感受到批判的锋芒，他们不能容忍这种批判存在，这也是优秀的文学家必然罹祸的原因所在。

---

① 姚思廉：《梁书·文学传后论》。